航空运输地理

胡 月 邓广山 主 编

谭杰倪 张文晖 廖颖涵 副主编

科学出版社

北 京

内 容 简 介

本书内容分为三个部分：第一部分为航空运输与地理环境，包括绪论、地理环境与飞行；第二部分为航空运输要素，包括航空运输布局、影响航空运输布局的因素、影响航空运输布局的行业；第三部分为航空区划，包括中国航空运输布局、国际航空运输布局。全书理论适度，注重对学生实践能力的培养。

本书既可作为高职院校空中乘务、民航运输等专业的教材，也可作为航空行业从业人员的参考用书。

图书在版编目（CIP）数据

航空运输地理/胡月，邓广山主编. —北京：科学出版社，2018.10
ISBN 978-7-03-058558-5

Ⅰ.①航… Ⅱ.①胡… ②邓… Ⅲ.①航空运输-运输地理 Ⅳ.①F56

中国版本图书馆 CIP 数据核字（2018）第 191839 号

责任编辑：唐寅兴 都 岚 / 责任校对：陶丽荣
责任印制：吕春珉 / 封面设计：东方人华平面设计部

科 学 出 版 社 出版
北京东黄城根北街 16 号
邮政编码：100717
http://www.sciencep.com
新科印刷有限公司 印刷
科学出版社发行 各地新华书店经销
*
2018 年 10 月第 一 版 开本：787×1092 1/16
2019 年 12 月第二次印刷 印张：14
字数：326 000

定价：39.00 元

（如有印装质量问题，我社负责调换〈新科〉）
销售部电话 010-62136230 编辑部电话 010-62195035

前　言

六十多年光阴荏苒，几乎从零开始的中国民航业总规模已跃居世界第二位。近年来，中国民航业高速发展，行业的发展需要专业人才的支撑，需要对人才培养给予更大投入、更多关注和更有力的支持。

“航空运输地理”是高职院校民航运输类专业的专业基础课程，其核心内容是地理学和航空运输的关系。本书在内容编排上注重启发引导，设置了案例导入、资料链接、知识拓展等模块，以适应高职院校人才培养和素质教育的需要。

本书由重庆城市管理职业学院胡月、邓广山担任主编，由谭杰倪、张文晖、廖颖涵担任副主编。具体编写分工如下：邓广山编写第一章、第二章，胡月编写第三章、第七章第一节；谭杰倪编写第四章、第五章；张文晖编写第六章；廖颖涵编写第七章第二节、第三节，全书由胡月统稿和定稿。

编者在编写本书的过程中，参考了国内外相关专著、论文及部分网站的有关文章及资料。元翔（厦门）国际航空港股份有限公司人力资源部总监蔡臻为本书提供了大量素材并提出了宝贵的建议。另外，本书还得到了朱世蓉、刘嘉、肖温雅、刘静、段娟等的大力支持。在此，向相关人员表示衷心的感谢。

由于编者水平有限，书中难免存在不足之处，恳请广大读者批评指正。

编　者

2018年4月

目　录

第一部分　航空运输与地理环境

第二部分　航空运输要素

第三部分　航 空 区 划

第一部分

航空运输与地理环境

第一章 绪 论

知识目标

1. 了解地理学的产生与发展。
2. 了解地理学的学科特点和分类。
3. 理解航空运输的特点和作用。

技能目标

1. 理解并掌握航空运输涉及的地理学知识要点。
2. 能够快速选择合适的货物运输方式。

案例导入

哥伦布，意大利航海家，于 1492 年 8 月 3 日黎明前率三艘帆船出发，在大西洋上克服种种困难，于 10 月 12 日登上了巴哈马群岛，发现了新世界的土地。哥伦布十年间四次西渡大西洋，发现了南美洲大陆和加勒比海一些岛屿，但他至死仍认为自己所到地点是亚洲的南洋群岛，所以把加勒比海岛屿称为西印度群岛。他去世后不久，一位名叫亚美利加的意大利人才发现大西洋彼岸不是亚洲，而是新的大陆，从此将美洲命名为亚美利加。

1497 年，瓦斯科•达•伽马率葡萄牙船队，避开了强大的本哥拉洋流和赤道以南沿岸的顶头风，沿非洲西海岸绕过好望角，沿非洲东海岸向北航行，经过莫桑比克，穿过印度洋到达了印度，从而发现了这条苏伊士运河开通前欧洲人前往亚洲的唯一航道。随着这条航道的开通，葡萄牙人占领了印度的果阿，在马六甲海峡建立了基地，首次开始了与日本的贸易。接着，大批欧洲人涌入了亚洲，他们带来了基督教，带来了欧洲文明，这也开启了亚洲人遭受欺侮和压迫的历史。从此，地中海、大西洋的欧洲文明，与印度文明、中国文明连接起来，人类彼此隔绝的时代基本结束。

麦哲伦原为葡萄牙人，后为西班牙效力。在西班牙国王的赞助下，他于 1519 年 9 月出发横渡大西洋，绕过南美洲的麦哲伦海峡（以他的名字命名），驶入太平洋。由于长期在太平洋上航行，有的船员患了坏血病，没有粮食、淡水，靠吃老鼠、牛皮、木屑，喝脏水生活，历尽千辛万苦，麦哲伦本人也在与菲律宾本土人的冲突中死亡，最后只剩18名水手穿过印度洋，绕过好望角，于1522年4月回到西班牙。他们向西行而从东归，用事实证明了地球是圆球体。

地理大发现给地理科学带来了巨大变革，其意义也超过地理科学，对自然科学和哲学有巨大的推动力，是人类近代飞跃性进步的先声。地理大发现给人类开拓了广阔的发展空间，使人类发现了在当时看来是无穷无尽的资源，刺激了产业革命的迅速发展，成为人类历史上、科学发展史上伟大的事件之一。

（资料来源：唐小卫，等，2012. 航空运输地理[M]. 北京：科学出版社）

思考：近代以来人类地理环境的发现有哪些？

第一节　地理学概述

一、地理学的产生与发展

（一）地理学的产生

随着人类社会的发展，地理知识成为人类生产、生活不可或缺的知识。“地理”在我国最早出现于《周易•系辞》：“仰以观于天文，俯以察于地理，是故知幽明之故。”以地理命名的著作最早是东汉时期班固编写的《汉书•地理志》，班固按行政区划对当时各行政区内的户口、山川、矿藏、物产、经济、聚落、名胜等进行记述。在西方，英文地理一词“geography”由希腊文“geographein”而来，它最早由古希腊学者埃拉托色尼提出。希腊文“geo”为地球、地表、土地之意，“graphein”为记载、描述之意。“地理”一词的由来和解释，说明地理学是记载地表事物或者描述地球的科学。

随着社会生产力的发展，人们对地理学的认识不断加深。1810年，德国地理学家李特尔指出，布满人的地表空间是地理学的研究领域。此后，德国地理学家李希霍芬进一步阐述，地表是具有相当厚度的一个层或者带，包括大气的下层和地壳的表层，即陆、水、气三界的界面。美国地理学家哈特向指出，地球表面是岩石圈、水圈、人圈相互混合的地球外壳部分，是地理学的研究领域。我国科学家钱学森指出，地球表层是一个巨系统，包括非生物、生物和人三个相互关联、相互制约、相互作用的部分，系统的空间范围上至对流层上层，下至岩石圈上部，该系统即地理环境。地理环境是人类社会赖以生存和发展的环境，它不局限于狭义的自然环境，而是由无机的、有机的、社会的三个方面的要素构成的广义的地理环境，这三个方面的要素分别受自然规律、生物规律和社会经济规律的支配。作为整体的地理环境，其发展是上述三个方面要素相互作用的结果。其他学科研究这些要素的个别方面，而地理学综合研究其整体。因此，一般认为地理学是一门研究地理环境结构、分布及其发展变化规律的科学，融自然科学和社会科学于一体。简单地说，地理学是研究人与地理环境关系的学科，研究的目的是更好地开发和保护地球表面的自然资源，协调自然与人类的关系。

（二）地理学的发展

根据地理学的发展过程，可以将其分为古代地理学、近代地理学和现代地理学三个时期。

1. 古代地理学

自远古至 18 世纪末是古代地理学时期。该时期主要以描述性记载地理知识为主。这个时期的地理知识记载多呈片断性，缺乏科学的理论体系，地理学内部尚未出现学科分化，各国的地理学基本是在本国封闭的条件下发展起来的。在早期，以中国和古希腊的成果尤为显著。中国的《尚书•禹贡》《管子•地员》《山海经》《水经注》等著作，是世界上较早的地理学著述。到了后期，欧洲地理大发现，涌现出了哥伦布、达•伽马、麦哲伦等地理探险家，极大地推动了地理学的发展。

资料链接 1-1

《尚书•禹贡》成书于战国前后，全书只有 1 189 字，由“九州”“导山”“导水”“水功”“五服”五部分组成。“九州”假托大禹治水时划分的疆界，将全国分为冀、青、徐、扬、荆、豫、梁、雍、兖九州，实际上是以河流、山脉、海洋等自然分界划分的，带有自然区划的萌芽。“九州”至今还是中国的代称之一，其中有的州名现今仍在沿用。“导山”部分记述山岳，“导水”部分专写河流，“水功”部分记述大禹治水的功绩，“五服”部分以都城为中心由近及远分为甸、侯、绥、要、荒，从整体区域角度记述政治和社会生活。

《周礼》与《尚书•禹贡》成书于同一时期，它把全国的土地分为五类，是目前我国最早的有文字记载的综合自然地理知识的萌芽。战国时期的《管子•地员篇》，是公元前 3 世纪前后管仲等人所作，总计 389 篇。该书把土地先按地表组成物质和中小地貌形态分成 25 个亚类，再按肥力对农林的适宜程度分上、中、下三等（上土、中土、下土），这是世界上最早的土地分类方法。此外，还有班固的《汉书•地理志》、玄奘的《大唐西域记》、沈括的《梦溪笔谈》、徐霞客的《徐霞客游记》，这些都体现了把自然、经济、人文结合在一起的综合性。

（资料来源：唐小卫，等，2015. 航空运输地理[M]. 北京：科学出版社）

思考：地理学者及其著作对地理学的发展有哪些作用？

2. 近代地理学

19 世纪初到 20 世纪 50 年代是近代地理学时期。德国洪堡的《宇宙》和李特尔的《地学通论》两书相继问世，标志着近代地理学的形成。近代地理学是产业革命的产物，是随着工业社会的发展而成熟起来的。地理学的各部门学科大多数是在这个时期出现、建立的，因此这个时期也是部门地理学快速发展的时期。

洪堡和李特尔是近代地理学的开拓者和奠基人。洪堡治学广泛，涉及自然地理、地质学、地磁学、气候学、生物地理学等各个方面，为自然地理学、植物地理学的建立奠定了基础。他著有《新大陆热带地区旅行记》（30卷）、《新西班牙王国政治论文集》、《植物地理论文集》和巨著《宇宙》（5卷）。他的著作被译成各国文字出版，在学术界有着深刻的影响。李特尔最重要的功绩在于他确立了地理学的概念和体系。他指出，地理学的研究对象不是整个宇宙，也不是地球的全部，而是地球表面，地球上所涉及的全部领域，均为地理学的研究对象。

资料链接 1-2

德国地理学家洪堡（1769—1859）和李特尔（1779—1859），以他们富有创造性的工作揭开了近代地理学的新篇章。

洪堡被称为科学史上十大科学家之一，与达尔文、牛顿等人并列。他知识渊博，被称作“万能学者”，乐于进行野外考察，具有细心观察的兴趣和能力。28岁时，母亲去世，洪堡把得到的遗产全部用于考察。他继承和发展了“宇宙派”的思想，并以大半生的精力创立了一门科学——自然地理学。洪堡是一个自发的唯物主义者，他运用了黑格尔的辩证法，对野外考察的具体资料进行综合概括，在广泛综合的基础上提出许多深刻的结论。现在这些结论有的已经过时，有的则仍具有生命力。他长期从事地理考察，足迹遍布欧、亚、美三大洲，对南美洲的考察尤为详细。在对自然和物质世界深刻认识的基础上，洪堡尽其后半生完成了地理巨著《宇宙》一书。这部凝聚了他一生的科学发现和学术成就的巨著奠定了自然地理学的理论基础。

李特尔著有《地学通论》一书，他的地理思想深受唯心主义的影响，但也不能低估他对科学的积极贡献：①把自然现象和人类活动结合起来研究，强调变化中的“人和自然的统一”；②把地球表面看作人类活动的舞台，认为地理学是研究人类居住的地球表面；③把古代的地志学发展成为人文地理学。然而，李特尔用唯心主义的观点来解释人地关系，认为自然环境对人类社会的发展起着决定性作用。这一观念被他的追随者发展为“地理环境决定论”，在地理学界深受批评。

两位地理学家在同一年去世，詹姆斯在《地理学思想史》一书中把这一年称为地理学的转折点。两位地理学家被看作古典地理学的掘墓人、近代地理学的奠基人。他们运用地理大发现所带来的大量新资料，按各自的方法考察、写书、讲学，汇合成综合性巨著，在全世界学术界、教育界形成的巨大影响，是史无前例的。

（资料来源：唐小卫，等，2015. 航空运输地理[M]. 北京：科学出版社）

思考：近代地理学为何起源于欧洲？

3. 现代地理学

20世纪60年代至今是现代地理学时期。现代地理学是现代科学技术革命的产物，它随着科学技术的进步而发展。现代地理学最主要的标志是地理数量方法、理论地理学的诞生和计算机制图、地理信息系统、卫星等应用的出现。社会需求是现代地理学发展的主要动力。从 20 世纪中叶开始，科学技术的发展突飞猛进、社会的快速发展也带来了人口、资源、环境与发展等一系列问题，这些社会问题和社会需求对地理学研究提出了新的要求。同时，科学技术的进步也为地理学提供了新的研究手段，使地理科学研究水平的提高得到了保证，并促使现代地理学的研究内容和研究方法发生了实质性的变化。

首先，地理学的数量革命，特别是20世纪60年代以来的电子计算机的运用，使地理学从以描述为主的形式发展成为以数量和函数来取代文字性的因果说明，并进一步预测人类的空间行为和社会的空间组织趋势。其次，现代地理学把空间和过程研究结合起来，改变了传统地理学脱离过程、满足于静态研究的方式。区域地理学研究内容由过去重描述、解释，强调区域个性，把注意力局限于形态一致的区域，向注重区域内各部分存在功能上的联系的功能区域方向发展，直到现在面向实践和预测未来。最后，现代地理学的“人文化”趋势非常明显，它把人类和人类社会作为研究的中心，应用地理学和实验地理学的发展，使地理学的知识与技能成为解决经济、社会、环境等实际问题的主要研究方法之一。

资料链接 1–3

目前，现代地理学主要有以下发展趋势。

1）理论上向系统化、模式化方向发展。系统论、信息论、控制论、协同论、耗散结构和突变论等横断科学的概念、理论和方法与地理学综合性、整体性的认识论和方法不谋而合。它们为地理综合体的研究，特别是多因素相关、多功能结构模拟、反馈特性分析、综合体系统概括等，提供了理论武器，促进了地理学的现代化。

2）更加注重应用研究。20 世纪 80 年代后期，北京大学陈传康教授倡导发展建设地理学，在全国范围内掀起建设地理研究的高潮。建设地理学针对改造和管理周围环境的有关问题，发挥地理学综合性的特色，应用定量方法，直接参与经济规划与设计方案的拟订，主要研究合理利用自然资源、环境保护、人口和经济的合理配置及综合地理预报等，促进了应用地理学的发展。

3）实验研究不断加强。从发展趋势看，微观研究的深化主要表现为由静态的类型和结构研究转变为动态的过程和机制研究，以及进一步的动态监测、优势调控及预测预报的研究。从总体上看，这些都属于地理过程的研究，如地形发育、径流形成、元素迁移转化、土壤发生形成、植被演替、荒漠化、城镇化等。

4）技术手段现代化和理论思维模式日益更新。对地理学发展影响较大的现代科学技术手段包括：①信息获取的遥感、遥测技术；②物质、能量、信息的测试和分析技术；③模拟与实验技术；④信息计算与处理的技术。遥感、遥测技术，特别是卫星遥测大大提高了地理研究的效率和质量。

地理学传统的思维模式（以观察材料和事实为基础，从相互关系中去认识和阐述规律、概括理论，属于经验归纳型综合）向现代地理学的综合模式发展：①有更强的整体观念，更多地从系统整体出发，使分析与综合辩证统一；②综合的内容更加深广，包括空间与时间、质量与数量、静态与动态、内部与外部、自然与人文等方面，深入研究系统的结构功能及动态演变过程；③综合的方法更具有逻辑性和精确性，多通过结构分析、功能评价、过程监测与动态预测等途径来解决，并且可能用形式化语言、图解模式、数学模式等来表达综合的结果。

5）注重人类与自然环境关系及可持续发展研究。地理学内部自然与人文的一体化是当今地理学发展的趋势之一。人地关系的研究既是人文地理学的研究对象，也是综合自然地理学应该回答的重要问题。人地关系的研究应该从以下四个方面进行：①环境问题（包括地球本身的环境问题），如火山、地震，以及人类发展过程中造成的资源环境破坏和环境污染；②土地承载力研究，如环境人口容量、土地人口容量；③土地演替、生态设计与人工调整；④可持续发展。

（资料来源：https://wenku.baidu.com/view/ebc02ble0166f5335a8102d27ba20029bd64631b.html）

思考：航空运输地理有哪些发展趋势？

二、地理学的学科特点与分类

（一）地理学的学科特点

地理学具有综合性和区域性的特点，且两者相互联系、不可分割。

1. 综合性

现代地理学的研究对象为地理综合体，即自然-生物-人类系统。这个综合体在形式上可以分为自然环境和人类社会两大方面，所以地理学也可分为自然地理学和人文地理学两大部门。自然地理学研究整个地球表面的自然环境，包括地球的形状与运动、气候、水文、地貌、土壤、植被与动物、自然地理环境的地域分布规律与自然带等内容。人文地理学研究人类社会各种经济生活和文化现象，包括与地理环境有关的社会、经济、政治、文化等内容。自然环境和人类社会之间，以及构成两者本身的各种因素之间紧密联系，相互依存、相互制约、相互影响，从而形成地理综合体，这就必然具备综合性特点。地理学不只限于研究地球表面的各个要素，更重要的是将各个要素作为统一的整体，综合研究其组成要素及它们的空间组合。它着重于研究各要素之间的相互作用、相互关系，以及地表综合体的特征和时间、空间变化规律。以机场布局问题为例，从研究对象的角度来讲，它属于人文地理学的研究问题，但机场的布局也离不开自然地理学的内容。这就体现了地理学研究的综合性。

2. 区域性

现代地理学具有区域性。从全球范围看，地理环境是一个整体，但是地球上不同的地区却存在着明显的地域分异。由于各地区纬度高低不同、海陆分布不同、地形的高低起伏不同，对热量和水分的收支都有不同影响，可能出现不同的气候、不同的植被、不同的农业、不同的人类生活和社会现象。各地区经过综合研究，可以划分为农业区、工业区、经济特区、沿海开放城市等，突出地表现各地区的地理景观特色，并可作为各地区开发建设的科学依据。这就显示出区域性研究的重要意义和重大作用。由于不同的地区存在不同的自然现象和人文现象，一种要素在一个地区呈现出的变化规律在另一个地区可能完全不同，因此研究地理区域就要剖析不同区域内部的结构，包括不同要素之间的关系及其在区域整体中的作用、区域之间的联系，以及它们之间发展变化的制约关系。

（二）地理学的分类

1. 采用两分法的分类体系

地理学可以分为自然地理学和人文地理学两部分。

（1）自然地理学

自然地理学研究自然地理环境，包括未经人类作用的天然环境和人类作用后发生变化的自然环境。自然地理学将组成自然环境的各种要素相互联系起来，进行综合研究，以阐明自然地理环境的整体、各组成要素及其相互间的结构、功能、物质迁移、能量转换、动态演变及地域分异规律。自然地理学按研究对象分为综合自然地理学和部门自然地理学。综合自然地理学即狭义的自然地理学，对自然环境整体进行系统的综合研究，阐明其历史形成、现代过程、类型特征、地域分异和发展演化，包括古地理学、热量水分平衡、化学地理、生物地理群落（生态系统）等领域，以及景观学、土地学和区域自然地理学等。部门自然地理学以组成自然地理环境的各要素为研究对象，包括地貌学、气候学、水文地理学、土壤地理学、植物地理学和动物地理学等。

（2）人文地理学

人文地理学以人地关系理论为基础，探讨各种人文现象的地理分布、扩散和变化，以及人类社会活动的地域结构的形成和发展规律等内容。人文地理学又可分为综合人文地理学和部门人文地理学。综合人文地理学着重对整体社会经济活动和人文现象进行系统的综合研究，以阐明其历史形成、空间分布和发展演化规律。部门人文地理学以某一具体人文现象的空间分布特征和规律为研究对象。部门人文地理学涉及的领域十分宽广，包括经济地理学、城市地理学、旅游地理学、政治地理学、文化地理学、人口地理学、行为地理学和军事地理学等。部门人文地理学根据研究对象又可进一步细分为若干学科，如经济地理学（包括工业地理学、农业地理学和交通运输地理学等），文化地理学（包括语言地理学、民俗地理学等）。航空运输地理学属于交通运输地理学的范畴，是交通运输地理学的一个分支。

2. 钱学森划分的现代地理学学科体系

我国著名科学家钱学森认为，地理科学包括地理学及其相关学科，具有三个层次，即基础理论层次、直接应用的技术层次和介于两者之间的技术理论层次。基础理论层次是地球表层学，包括综合自然地理学、综合人文地理学；直接应用的技术层次包括区域规划、资源开发、环境保护、气象和地震预报等；技术理论层次包括计量地理学、生态经济学、国土经济学、城市学、遥感学、制图学等。这一体系的划分是从现代科学的角度出发，具有鲜明的时代性。该体系加强了应用与应用理论层次，适应了现代科学技术和生产实践的需要，是真正意义上的现代地理学学科体系。

第二节　航空运输概述

一、五大运输体系

现代运输业是一项社会性生产行为，它与社会的其他生产行为相互依赖、相互促进和相互制约，形成了一个紧密联系的社会经济体。现代运输业有水路运输、公路运输、铁路运输、管道运输、航空运输五大运输方式。

1. 水路运输

水路运输是一种古老的运输方式，它的优势在于运价低廉，特别是在国际货物运输中水运占了绝大部分。我国水运在货运上占的比重最大，而且近年来有明显的上升趋势，但在客运上只占不到1%的份额。水路运输的优点是运量大、投资少、成本低等；其缺点是速度慢、灵活性和连续性差、受航道水文状况和气象等自然条件影响大等。

2. 公路运输

公路运输是运输业中较早产生的形式，随着汽车的普及和公路网的形成，公路运输无论在货运上还是在客运上都占有很大的比重，它的服务灵活性和网络的覆盖面具有突出的优势。我国近年来高速公路网的迅速发展，公路运输得到了长足的发展。到 20 世纪 90 年代初，公路运输在客运的周转量上已经超过铁路运输，但在货运上不及铁路运输的一半。公路运输的优点是应用面广、机动灵活、周转速度快、装卸方便、对各种自然条件适应性强等；其缺点是运量少、耗能多、成本高、运费贵等。

3. 铁路运输

铁路运输出现于 19 世纪初，随着工业革命的发展，铁路运输成为陆上运输的主要力量。目前，在世界范围内，铁路运输在货运方面依然占据主导地位，但在客运方面的比例逐渐下降。我国铁路运输在客运周转量中一直占据 35%左右的份额，在运输业中排名第二位，仅次于公路运输；铁路运输货运周转量近年来的份额下降比较明显，主要是由于水运增长较快。铁路运输的优点是运量大、速度快、运费较低、受自然因素影响小等；其缺点是修筑铁路造价高、消耗金属材料多、占地面积大、短途运输成本高等。

4. 管道运输

目前，管道运输只适用于一些特殊物体，如原油、天然气、煤炭等。管道运输于19世纪中叶开始出现，在我国的货运中只占1%～2%的份额。管道运输的优点是运量大、损耗少、安全性高等；其缺点是设备投资大、灵活性差、适用性差等。

5. 航空运输

航空运输出现得最晚，发展得最快，近20年来世界航空运输的年增长率在10%左右，我国则以每年20%左右的速度增长。我国航空运输占客运周转量的比例仅位于公路、铁路之后，航空货物由于受到价格和体积的限制，主要用于高品质、特殊需要的货物的运输。航空运输的优点是速度快、舒适性好，是比较快捷的运输方式；其缺点是运量少、运费高、设备投资较大等。民用航空运输业是一项现代社会服务业，是生产劳动社会化的形式之一，也是国民经济的重要基础和支柱。

资料链接 1-4

航空运输是使用飞机、直升机及其他航空器运送人员、货物、邮件的一种运输方式。航空运输具有快速、机动的特点，是现代旅客运输（尤其是远程旅客运输）的重要方式，为国际贸易中的贵重物品、鲜活货物和精密仪器运输所不可或缺。航空运输的成本很高，主要适合运载的货物有两类：一是价值高、运费承担能力强的货物，如贵重物品的零部件、高档产品等；二是紧急需要的物资，如救灾抢险物资、急救药品等。航空运输主要担负以下功能：中长途旅客运输，这是航空运输的主要收入来源；鲜活易腐等特种货物，以及价值较高或紧急物资的运输；邮政运输。

（资料来源：https://baike.baidu.com/item/航空运输/2457488）

思考：外出时，应如何选择交通方式？

二、航空运输的特点与作用

（一）航空运输的特点

航空运输是综合运输系统的重要组成部分。它通过飞机的快速飞行实现人和物的长距离便捷位移，与陆路交通和水路交通既相互竞争又相辅相成，共同组成国家综合运输系统，是国家经济运行的大动脉。

1. 航空运输系统与其他运输系统的共同点

1）需要交通基础设施和运载工具。

2）生成能力相对固定但出现波动。

3）生产过程即消费过程，产品不能运输，没有售完的座位或吨位还是会“生产出来”，但不会产生收益。

4）运输产品是无形的，购买前不能事先对它的质量进行判断，只能在消费过程中感受，消费完后才能对质量做出评估。

2. 航空运输系统与其他运输系统的不同点

1）载运工具是飞机，属于高科技产品，价格高昂，以空中客车 A380 为例，其造价高达每架 2.4 亿～2.5 亿美元。

2）航路由导航系统规定，且有不同的高度层，不需要占用大量土地资源，地形的限制较少。

3）运行速度快，固定成本高，但边际成本低。

4）机场是航空运输与陆路交通的衔接点，是重要的运输活动场所。

5）安全管理特别重要。

6）可实现国际性快速运输，同时也容易受到全球经济危机、战争、大范围流行病、传染病和国际恐怖主义的影响。

7）受天气、气候等自然因素的影响较大。

（二）航空运输的作用

1. 航空运输的经济作用

经济运行要伴随物资、人员、信息和资金的流动。其中，物资和人员的流动主要依靠交通运输来完成，人员的流动常常伴有资金、信息和知识的流动，物资的流动也伴有资金、信息甚至知识的流动，因此交通运输是连接生产与消费的重要环节，是经济运行的基础。现代经济的快速运行，要求运输速度越来越快，因此航空运输作为比较快捷的运输模式，越来越受欢迎，已成为人们长距离出行较常选择的交通方式。而经济全球化和信息化的特征更加依赖于航空运输的发展。一个国家或地区的经济越发达，其航空运输系统也越发达。与其他交通方式相比，航空运输以更快的速度促进地区间交流，促进更高效生产方式的实现，提供更多的就业机会。

航空运输业的发展促进了经济的发展，同时航空运输业的发展受到经济发展水平的制约。虽然国民经济的增长可带来航空运输业的更高速增长，但国民经济运行的不平稳将带来航空运输的大波动。经济危机将带来航空运输的大滑坡，因此经济运行的不平稳将直接给航空运输经营带来风险。

现代化机场不再是飞行器飞行的保障基地，不再限于陆路与空中运输的衔接点，已成为促进当地经济发展的发动机。大型现代机场就是一座航空城，保税区和航空物流园区的建设使机场成为重要的贸易加工区，发达的零售业、餐饮业和娱乐业不但增加了旅客的消费，而且吸引了大量当地居民到机场购物和娱乐。临空经济现象已经引起人们的关注。

知识拓展

临空经济是指以航空运输（人流、物流）为指向的产业在经济发展中将形成具有自我增强机制的聚集效应，不断引致周边产业的调整与趋同，这些产业在机场周边形成的经济发展走廊、临空型制造业产业集群及各类与航空运输相关的产业集群，进而形成以临空指向产业为主导、多种产业有机关联的独特经济发展模式，这种以航空货流和商务人流为支撑的经济就称为临空经济。

依据机场的空间结构模式，可将临空经济区分为四个环形：中心机场环、商业服务环、制造配送环和外围环。

1）中心机场环。中心机场环的范围在机场周边的1千米内。它包括机场的基础设施机构和直接与航空运输业相关的产业，如飞机后勤、旅客服务、航空货运、停车场和航空公司的办事机构。

2）商业服务环。商业服务环的范围在机场周边的1～5千米内。它主要是商业服务区，为空港运营、航空公司职员和旅客提供相关的商业服务，如住宅、大型超市、金融机构、生活服务设施等。

3）制造配送环。制造配送环的范围在机场周边的5～10千米内，或15分钟车程可达范围内。它主要是利用机场的交通优势和口岸所发展的高时效性、高附加值的相关产业，如资金和技术密集型的高新技术产业，以及用机场的区位优势所发展的物流配送。此外，有时还包括旅游博览、办公会务等第三产业。

4）外围环。外围环的范围在机场周边的10～15千米内。随着与中心机场距离的加大，所受影响力逐渐减弱，在此以外的区域，不受空港的影响。

（资料来源：https://baike.baidu.com/item/临空经济/10996727?fr=aladdin，有改动）

2. 航空运输的社会作用

航空运输的发展对社会发展具有巨大的促进作用，主要表现为航空运输不受地面障碍的影响，可以扩大和促进地区间人员、信息、文化的交流。机场不但是一个地区的窗口、一个城市的门户，而且通过航空城的建设可以促进机场周边区域的城市化进程。航空运输迅速快捷，可替人们节约更多的出行时间，使人们更有效地利用时间。例如，用更多的时间来学习和更新自己的知识；或者进行旅游和娱乐活动，促进第三产业的发展和产品结构的优化。在发生重大自然灾害时，路面交通往往遭到破坏，航空运输在救灾抢险方面（如运送救灾物资和受伤人员）可发挥重要作用，有利于社会福利的发展。航空运输的发展也会加强国防建设，当国家安全受到外来力量的威胁时，可以快速调遣军队和运送军事物资。

三、航空运输系统的组成

航空运输系统由航空公司子系统、机场子系统和空管子系统组成。系统的边界是机场陆路到达系统，它有时也作为航空运输系统的一部分进行处理。航空运输系统作为社会系统的子系统，它的外部是社会系统的其他部分和气象等自然系统，系统的服务对象是运输需求发生地的旅客或货主。

航空运输是运输产生的主体，是航空运输系统直接面对旅客或货主的主要部分。旅客通过与航空公司的接触感受航空公司的服务质量，包括机票销售、航站楼服务和机上服务等。航空公司的服务质量取决于服务链上的每个环节，从机队规划（机型的选择）、航线规划、航班规划、机务维修到运行控制，甚至旅客服务信息系统，处处都体现出航空公司的服务水平和服务质量。机场和空中交通管理局则为航空公司提供生产保障服务，帮助和支持航空公司完成运输生产任务，因此航空公司在航空运输系统内部是机场和空管局的客户。

知识拓展

为进一步深化民航运输价格和收费机制改革，为民航业安全健康发展营造良好的价格收费环境，2015 年 12 月 22 日中国民用航空局（以下简称“民航局”）公布《中国民用航空局关于推进民航运输价格和收费机制改革的实施意见》（以下简称《意见》），加快推进国内航空运输价格市场化改革，继续深化民用机场收费、空管服务收费、飞行校验服务收费和航空油料销售价格改革。

根据《意见》，此次民航运输价格和收费机制改革的指导思想是：全面贯彻落实党的十八大和十八届三中、四中、五中全会精神，按照《中共中央 国务院关于推进价格机制改革的若干意见》和《国务院关于促进民航业发展的若干意见》要求，主动适应和引领民航业发展的新常态，紧紧围绕使市场在资源配置中起决定性作用和更好发挥政府作用，加快民航运输价格和收费机制的改革步伐，尊重企业自主定价权、消费者自由选择权，以激发市场活力。规范政府定价行为，推进政府定价公开透明，深入推进简政放权、放管结合、优化服务，加强事中、事后监管，为民航业的安全健康发展营造良好的价格收费环境。

《意见》提出了坚持市场决定、坚持放管结合、坚持改革创新、坚持稳慎推进的基本原则和“到 2017 年，民航竞争性环节运输价格和收费基本放开。到 2020 年，市场决定价格机制基本完善，科学、规范、透明的价格监管体系基本建立。”的主要目标，并提出以下七个方面的主要任务。

1）推进国内航空运输价格市场化改革。会同国务院价格主管部门积极有序推进民航运输价格市场化改革，逐步扩大国内航线客运票价由航空公司自主制定的范围。改革完善燃油附加与航油价格联动机制。到 2017 年，对已经形成竞争的国内航线客运票价由政府指导价改为市场调节价，同步健全价格行为监管规则。到 2020 年，国内航线客运票价主要由市场决定的机制基本完善，科学、规范、透明的价格监管制度基本建立。

2）继续深化民用机场收费改革。到 2020 年，非航空性业务收费均由市场决定，同步建立健全民用机场收费监管规则。

3）不断完善空管服务收费政策。到2020年，建立科学、透明的空管服务收费动态调整机制。

4）健全飞行校验服务收费定价机制。到2020年，实现飞行校验服务收费由政府制定收费标准向制定收费规则转变，实行飞行校验服务收费动态调整机制。

5）加快推进航空油料销售价格改革。到2020年，依据航空油料供应市场的竞争状况，定价规则主要限定在自然垄断环节。

6）规范政府定价行为。完善政府定价过程中的各相关方参与、合法性审查、专家论证等制度，保证工作程序明晰、规范、公开、透明。对经营者自主定价领域，要确保经营者依法享有自主定价权。

7）加强民航运输价格和收费监管。各级价格、民航主管部门要按照各自法定职责，加强民航运输价格和收费市场监管工作，保护消费者合法权益。要强化经营者诚信体系建设，依托国家相关信用平台，对违规行为进行联合惩戒，逐步建立以诚信为核心的监管机制。

据了解，2014年11月，民航局、国家发改委就曾联合下发《关于进一步完善民航国内航空运输价格政策有关问题的通知》，全面放开民航国内航线货物运价，进一步放开相邻省份之间与地面主要交通运输方式形成竞争的短途航线旅客票价，由航空公司自主确定具体价格水平。同时，对继续实行政府指导价的航线票价，改变监管方式，简化监管程序，变事前审批为事中、事后监管。

（资料来源：中国民用航空网，2016. 民航局进一步深化民航运输价格和收费机制改革[EB/OL].（2016-01-01）[2017-12-15]. http://ccaonline.cn/news/hot/25056.html.）

第三节 航空运输地理

航空运输地理学是交通运输地理学的一个分支，它也是地理学和航空运输交叉渗透的产物。

一、交通运输地理学

交通运输地理学研究的对象是交通运输的生产力在地域组合中的作用，研究客、货流的形成和变化，以及交通线网和枢纽地域结构的组成、类型及其分布规律。交通运输地理学是从地理学的角度研究交通运输的学科。在地理学体系内，交通运输地理学被列入广义的人文地理学范围，是作为经济地理学的重要分支和组成部分而发展起来的一门独立学科。经济地理学研究生产力和地域组合，为国家、区域、城镇和工业区、农业区的布局提供理论和规划依据。这种地域组合或布局包括区域内经济结构和区域间经济联系两个方面，二者的实现都离不开交通运输这个环节。所以，交通运输地理学的研究历来是经济地理学必不可少的内容。除独立的交通运输地理研究外，在经济地理学、农业地理学、工业地理学、城市地理学和区域地理学的著述中也有大量的交通运输地理学的内容。这门学科是随着交通运输业和经济地理学的发展而发展的，并逐渐形成了自己的学科体系，发展成为一门密切结合我国社会主义现代化建设的理论性、实践性、地域性很强的独立学科。

交通运输业是从事社会化运输的一个独立的物质生产部门，是社会分工的结果。交通运输业作为国民经济和国防建设的一个重要组成部分，把社会生产、分配、交换、消费有机地联系起来，是沟通城乡和联系国民经济各部门、各地区的纽带，是国际交往的桥梁，也是确保人民生活安定和巩固国防的重要条件。交通运输地理从地理学的角度揭示交通运输生产的地区分布和在生产力组合中的作用，即研究交通生产和地理环境的关系。地理环境（条件）包含大量的社会经济现象，又涉及社会经济规律，如各种运输方式的建设与发展取决于社会需要，需要的动力与运量的矛盾是基本经济规律在交通运输中的反映，它决定着交通运输发展的各个方面。同样，地理环境也包含自然现象，涉及自然规律。交通运输是与自然因素有着密切关系的社会经济现象，自然条件对各种运输方式的发展都有具体影响，而各交通线对自然条件的要求也不相同。由此可以看出，交通运输既涉及生产力方面，又涉及生产关系方面，既由社会经济规律决定，又受自然因素制约。因此，交通运输地理学是一门与交通运输、社会经济、自然科学有着密切联系的特殊学科，是一门以社会科学为主、带有应用性质的、介于社会科学与自然科学之间的边缘学科。

二、航空运输地理学

地理学是研究人类生存的地理环境，以及人类活动与地理环境关系的科学。航空运输是人类活动的组成部分，因而航空运输地理学是一门研究航空运输与地理环境的关系，以及航空运输的空间分布及其发展规律的学科。

作为交通运输地理学的一个分支，航空运输地理学研究的对象和科学性质决定了它具有区域性和综合性这两个鲜明特点。区域性是地理学，也是交通运输地理学的基本属性，所以也是航空运输地理学的基本特点。由于各地区地理环境的差异，工农业生产布局的特点及经济发展水平不一样，人口分布也不同。因而，在不同的地域内航线、航站分布及客货流的流量、流向等表现出明显的差异，都具有一定的地域性、地理分布性。航空运输地理学是从自然、社会、经济、技术等因素的相互联系中来探讨航空运输布局和发展规律的。在分析问题上，强调很多因素和区域间相互联系的观点和系统结合的分析方法，并且注意区域的历史发展过程（动态的）、现状特点的形成及与未来发展趋势预测的紧密结合。因此，无论它涉及的多因素，还是它在时间和空间的结合，都具有十分深刻的综合性特点。

资料链接 1-5

航空运输始于 1871 年。1918 年 5 月 5 日，飞机运输首次出现，航线为纽约—华盛顿一芝加哥。同年6月8日，伦敦与巴黎之间开始定期飞行邮政航班。20世纪30年代有了民用运输机，各种技术性能不断改进，航空工业的发展促进了航空运输的发展。进入21世纪后，随着全球经济一体化的进程加快，世界航空运输业得以迅速发展。中国航空市场是目前世界上发展最快，潜力最大的航空市场。目前，中国已经拥有除了美国以外的全球第二国内航空货运市场。自1991年以来，中国航空货运市场年平均增长率超过20%。根据波音公司预测，未来20年内中国的国内航空货运市场还将以年均10.6%的速度增长，这种增长速度已经远远超过世界同期的6.2%的平均增长速度。

尽管目前航空物流行业面临一些困难，但整体而言，这些困难只是暂时的。而航空物流作为商贸活动中省时、快捷的物流和货运方式，是符合时代发展潮流的，因此具有强大的生命力和巨大的发展空间。

（资料来源：节选自 baike.baidu.com/item/国际航空运输/11056730?fr=aladdin，有改动）

思考：航空运输的发展历程是什么？

小 结

本章介绍了地理学的产生、发展历程、特点及分类，介绍了五大运输体系及航空运输的作用、特点和组成，以及交通运输地理学、航空运输地理学相关知识。学生需要重点掌握航空运输体系的组成及航空运输地理学的特点与研究内容。

思考与练习

1. 简述地理学的概念、研究内容及其分类。
2. 试举例说明地理学的特点。
3. 简述航空运输在五大运输体系中的地位及特点。
4. 航空运输地理学的研究对象是什么？

实 训

实训主题：讨论航空运输的发展。
实训目的：理解航空运输的作用及发展。
实训形式：小组活动，学生5～7人为一组。
实训步骤：学生以小组为单位讲述航空运输的发展及其重要性。
实训评价：其他小组评价+教师评价。

第二章 地理环境与飞行

知识目标

1. 了解地球与导航的基本知识。
2. 了解时差与飞行小时的计算。
3. 了解常见的影响飞行的气象现象。
4. 了解影响航空运输的地理要素。

技能目标

1. 掌握航空运输飞行小时的计算。
2. 掌握航空运输中常见的气象现象及其所造成的影响。

案例导入

恶劣天气可能导致航空事故，如风切变、雾、寒冷天气引致机翼结冰、暴风雪或暴雨、火山灰、乱流等。2000年以来，恶劣天气成为多起空难事故的主要原因或诱因。

1）2000年10月31日，新加坡航空有限公司的006号航班在“象神”台风的暴雨天气中于台北中正国际机场起飞，由于机组人员操作错误导致航班进入错误的跑道，起飞时撞到障碍物而坠毁，机上83人罹难。

2）2003年1月8日，土耳其航空公司的634号航班从伊斯坦布尔阿塔图尔克机场前往迪亚巴克尔机场，在最后降落前坠毁在浓雾中。机上所有的5名机组人员和70名乘客丧生，5名乘客幸存下来，但也身受重伤。

3）2005年2月3日，阿富汗卡姆航空公司的904号航班在一场暴风雪中坠毁，机上96名乘客和8名机组人员全部遇难。

4）2005年8月2日，法国航空公司的358号航班在多伦多降落时，因机组人员操作失误及恶劣天气的影响，未能在跑道结束前减速停止，冲出跑道末端并起火燃烧，所幸所有乘客与机组人员都及时逃出，无人死亡。事故主要原因是降落时的天气状况造成机组人员压力过大，引发操作失误。另外，在当时天气恶劣的情况下，塔台仍要求358号班机降落在全长只有2.7千米的24L跑道（该机场最短的跑道），亦令情况雪上加霜。

5）2005 年 12 月 8 日，美国西南航空公司 1248 号航班在降落芝加哥中途国际机场时遭遇暴风雪，最后冲出跑道并撞上跑道外一条公路上的一辆汽车，虽然全机人员生还，但造成被撞汽车上的一名 6 岁男童死亡。

6）2007 年 9 月 16 日，泰国 One-Two-GO 航空公司 269 号航班（MD-82 飞机）由泰国曼谷飞往普吉岛，疑似遭遇风切变，降落时滑出跑道，造成机身断裂爆炸起火，丧生人数超过 89 人。

7）2008 年 6 月 10 日，苏丹航空公司一架客机在喀土穆国际机场降落时因遭遇恶劣天气，在跑道上失控并冲出跑道，继而引发大火，导致 1 名机组人员及 29 名乘客死亡，另有 6 名乘客失踪。

8）2009 年 6 月 30 日，也门航空公司 626 号航班在接近科摩罗赛义德·易卜拉欣王子国际机场附近时试图着陆但未成功，随后在空中进行了一个 U 形转弯后，在凌晨 1 时 51 分与莫罗尼机场失去联系。后被发现坠毁于科摩罗群岛附近海域。当时天气状况不佳，风速达到了 61 千米/小时。

9）2009 年 12 月 22 日，美国航空公司 331 号航班在牙买加京斯敦国际机场降落时因天气恶劣及机场导航灯故障，全机滑出跑道尽头并断为三截，所幸无人因此而丧生。

10）2010 年 4 月 10 日，一架载有波兰总统莱赫·卡钦斯基、政府和立法机构众多高官的图-154 型专机在俄罗斯斯摩棱斯克坠毁，机上包括机组人员在内共 97 人全部遇难。依据俄罗斯专家解读出的黑匣子的录音内容显示，飞机飞行时性能良好，也无任何技术问题，完全是人为因素所致。录音内容显示，机场塔台航管对飞机驾驶发出的警告指令，机场浓雾不宜降落，飞机驾驶员亦未接受建议指令改至其他机场降落，仍然试图降落，最终失败酿成悲剧。

11）2010 年 7 月 28 日，（巴基斯坦）蓝色航空公司 202 号航班由卡拉奇飞往伊斯兰堡，在降落前坠毁于伊斯兰堡北部。机上有 146 名乘客和 6 名机组成员共 152 人。事发后，巴基斯坦政府宣布举国哀悼一天，并取消了一次内阁会议。大雨、多雾天气被认为是这次坠机发生的主要原因。

12）2011 年 1 月 9 日 19 时 45 分，伊朗航空公司 277 号航班在即将降落于乌尔米耶机场时坠毁，当时机上有 105 人，其中 77 人死亡，26 人受伤。报道称，导致此次空难的可能是天气原因。

13）2012 年 4 月 20 日，巴基斯坦 Bhoja Air 航空公司 213 号航班从卡拉奇真纳国际机场起飞，由于恶劣天气坠毁在伊斯兰堡贝娜齐尔·布托国际机场，机上 127 人全部丧生。Bhoja Air 航空公司认为，由于飞机降落时，天空中大雨倾盆，雷电交加，飞机坠毁的原因可能是被闪电击中。

14）2013 年 1 月 29 日，哈萨克斯坦 SCAT 航空公司 760 号航班在距离阿拉木图机场 5 千米处坠毁，机上共有 5 名机组人员和 16 名乘客，无人生还。SCAT 航空公司初步推断，客机坠毁原因是当地天气条件不佳，能见度有限。阿拉木图及周边地区 29 日笼罩在大雾中，空气潮湿。

15）2013 年 2 月 13 日，乌克兰一架载有足球球迷的安-24 客机在顿涅茨克紧急降落时冲出跑道，并在脱离跑道 700 米的地方停下来。飞机起火，机身裂开，造成至少 5 人死亡。事故发生时，机场附近正被浓雾笼罩。

16）2013 年 3 月 4 日，刚果（金）一架福克 50 飞机在恶劣天气中降落在刚果（金）东部戈马市机场时坠毁。据飞机运营商 CAA 航空公司称，此次失事至少已造成 5 人遇难。飞机在降落到戈马机场过程中坠毁在居民区，飞机残骸散落在约 1 千米的范围内。恶劣的天气状况可能是坠机的主要原因。

17）2013 年 10 月 16 日，老挝航空公司 301 号航班的 ATR 72 飞机，疑似因天气不佳，冲入距离机场 8 千米的湄公河中，机上共载有 44 名乘客和 5 名机组人员，不幸全部罹难。

（资料来源：民航资源网，2014. 2000 年以来恶劣天气下发生的 17 起重大空难[EB/OL].（2014-07-23）[2017-12-15]. http://news.carnoc.com/list/288/288918.html，有改动）

思考： 天气对航空运输产生的影响有哪些？

地表是一个与人类有直接关系的地理环境。航空运输的活动范围在地表空间，地表空间与地球本身的空间位置、地球的结构、性质紧密相关。地球的运动造成了昼夜变化、四季更替、地方时差等与飞行有关的地理现象。飞机相对于地表运动，由此产生了飞行偏移、飞行中昼夜长短等特殊现象。在飞行中，还会伴随各种复杂的天气现象，从而影响和制约飞行活动，威胁飞行的安全。本章主要讨论地球与导航、时差与飞行、气象与飞行，以及影响航空运输的其他自然地理要素。

第一节　地球与导航

一、地球的基本知识

宇宙中的一切天体都在运动，地球的运动对自然环境和人类活动产生了巨大影响。地球的运动产生了昼夜更替、运动物体的偏移、四季的更迭和昼夜的长短等现象，这些现象与航空运输活动有密切关系。

（一）地球的自转

地球运动——地球自转

地球绕地轴自西向东转动，从北极上空俯视，地球以逆时针方向旋转；从南极上空观看，则以顺时针方向旋转。地球自转一周的时间是 1 日，如果以距离地球遥远的同一恒星为参照点，则一日的时间长度为 23 小时 56 分 4 秒，即一个恒星日。如果以太阳为参照点，则一日的时间长度为 24 小时，称为太阳日，这是我们通常使用的地球自转周期。一个太阳日与一个恒星日之间的差异主要是受地球公转影响的结果。

除两极外，地球上任意一点自转的角速度约为 15°/小时，地球表面每点的线速度随纬度增加而减小，其具体的数值为赤道的线速度乘以纬度的余弦，所以线速度在赤道最大，向两极递减，两极的线速度最小。在地球赤道上的自转线速度约为 1 670 千米/小时，北纬 60° 处的自转线速度约为赤道的一半，为 837 千米/小时。

地球的自转主要造成了昼夜更替、地方时差、地转偏向力等重要现象。按照惯性原理，物体具有保持原来匀速直线运动或者静止状态的一种性质。但是，由于地球本身在旋转，从而使各地的方向坐标也在不断变化，也就是东西南北的方向在不断变化，这就使运动物体相对发生了偏移。在北半球，运动物体向运动方向的右侧偏转；在赤道上，运动物体不发生偏转；在南半球，运动物体向运动方向的左侧偏转。地转偏向力的作用使飞机在飞行时产生一定程度的偏移，尤其是当飞机在长距离飞行时其作用更加明显，在实际飞行中，必须克服这一偏转，才能到达目的地。

（二）地球的公转

地球在自转的同时，还围绕太阳公转。由于地球轨道是椭圆形的，随着地球的绕日公转，日地之间的距离就不断变化。地球轨道上距太阳最近的一点，即椭圆轨道的长轴距太阳较近的一段，称为近日点。地球过近日点的日期大约在每年 1 月初，此时地球距太阳约为 147 100 000 千米，通常称为近日距。地球轨道上距太阳最远的一点，即椭圆轨道的长轴距太阳较远的一端，称为远日点。地球过远日点的日期大约在每年的 7 月初，此时地球距太阳约为 152 100 000 千米，通常称为远日距。近日距和远日距的平均值为 149 600 000 千米，这就是日地间的平均距离。

地球绕太阳公转一周所需的时间，就是地球的公转周期。地球公转周期是一年。地球上的观测者，观测到太阳在黄道上连续经过某一点的时间间隔，需要 365 日 6 时 9 分 10 秒。由于地球自转轴与公转轨道平面斜交呈约 66.33° 的倾角，在地球绕太阳公转的一年中，有时地球北半球倾向太阳，有时南半球倾向太阳。太阳的直射点总是在南北回归线之间移动，于是产生了昼夜长短的变化和四季的更替。

地球的公转和地轴的倾斜，造成了地球上四季更替和昼夜长短的变化。在北半球，由于冬半年白天比夏半年白天短，为了充分利用白天，冬半年的航班时刻比夏半年提前 1～2 小时。我国民航航班计划安排是每年 3 月的最后一个星期日至 10 月的最后一个星期六执行夏秋季航班计划，10 月的最后一个星期日到第二年 3 月的最后一个星期六执行冬春季航班计划。同时，根据航季的不同，各航空公司将参照执行的航班收益情况，在新航季里对现有航班进行调整，具体内容涵盖增加新航线、增加新航班、调整航班时刻、调整航班线路及取消航线、航班等工作。例如，我国于 2014 年 3 月 30 日～10 月 25 日执行夏秋航班计划，于 2014 年 10 月 26 日～2015 年 3 月 28 日执行冬春航班计划。根据太阳高度和昼夜长短随纬度的变化，按纬度划分为热带、南温带、北温带、南寒带和北寒带 5 个气候带，飞机跨越这些气候带时，要考虑气候带间气候特点的差异，从而对飞机的适航性能做出评估。

（三）地球的圈层

地球是具有明显圈层结构的球体。地球每个圈层的成分、密度、温度等各不相同，可以分为外部、内部两大圈层。

1. 外部圈层

外部圈层可分为大气圈、水圈、生物圈和岩石圈 4 个基本圈层，它与飞行密切相关。

（1）大气圈

大气圈是地球外圈中最外部的气体圈层，它保护地球生物免受外层空间宇宙射线的危害，并且防止地表温度的剧烈变化和水分散失。地球大气的主要成分为氮和氧，由于地心引力的作用，几乎全部气体都集中在距离地面 100 千米的高度范围内，其中 75%的大气又集中在地面至 10 千米高的对流层范围内，风、云、雨、雪等天气现象大多数发生在这一层。大气圈对生物界和人类的影响非常大，地球上的一切生命都离不开大气圈，飞机活动的范围主要在大气圈。按照大气在垂直方向上温度的变化特点及空气运动的规律，大气圈可以分为 5 层，即对流层、平流层、中间层、热层、散逸层。目前，民航运输飞机飞行高度大多在 12 000 米以下，高空飞行的飞机飞行高度一般不超过 20 000 米，飞行活动主要集中在对流层和平流层下部的范围之内，这两层的性质与特点，严重影响和制约着飞行活动。而平流层以上的中间层、热层、散逸层与航空运输关系不大，故不做详细介绍。

对流层是地球大气中最低的一层。对流层中气温随高度的增加而降低，空气的对流运动极为明显，空气温度和湿度的水平分布也很不均匀。对流层集中了全部大气约 3/4 的质量和绝大部分的水汽，是天气变化最复杂的层次，也是对飞行影响最重要的层次。飞行中所遇到的各种重要天气现象大多出现在这一层，如雷暴、浓雾、低云、雨、雪、大气湍流、风切变等。在对流层内，按气流和天气现象分布的特点，又可分为下层、中层和上层 3 个层次。对流层下层，又称摩擦层。在下层中，气流受地面摩擦作用很大，风速通常随高度的增加而增大。在复杂的地形和恶劣天气条件下，常存在剧烈的气流扰动，威胁着飞行安全。突发的下冲气流和强烈的低空风切变容易导致飞行事故。另外，充沛的水汽和尘埃往往导致浓雾和其他影响能见度的现象，对飞机的起飞和着陆构成严重的障碍。对流层中层的底界即摩擦层层顶，上界高度约为 6 千米，这一层受地表的影响远小于摩擦层。大气中云和降水现象大都发生在这一层。这一层的上部，气压通常只有地面的一半，在这里飞行时需要使用氧气。一般轻型运输机、直升机等航空器在这一层中飞行。对流层上层的范围从 6 千米高度伸展到对流层的顶部。这一层的气温常年都在 0℃以下，水汽含量很少。在中纬度和副热带地区，这一层中常有风速等于或大于 30 米/秒的强风带，即所谓的高空急流。飞机在急流附近飞行时往往会遇到强烈颠簸，使旅客不适，甚至破坏飞机结构以致威胁飞行安全。

平流层位于对流层顶之上，现代大型喷气式运输机的高度可达到平流层低层。在平流层下半部，随着高度的增加气温最初保持不变或微有上升，到 25～30 千米及以上气温升高较快。平流层的这种气温分布特征同它受地面影响小和存在大量臭氧有关。在平流层中，空气的垂直运动远比对流层弱，水汽和尘粒含量也较少，因而气流比较平缓，能见度较佳。对于飞行来说，平流层中气流平稳、空气阻力小是有利的一面，但因空气稀薄，飞行器的稳定性和操纵性恶化，这又是不利的一面。综合而言，其利大于弊，这个空间是飞机比较理想的飞行高度层。随着飞机飞行上限的日益增高和火箭、导弹的发展，对平流层的研究也日趋增多。

此外，在对流层和平流层之间，还有一个厚度为数百米到 2 千米的过渡层，称为对流层顶。对流层顶对垂直气流有很大的阻挡作用，阻挡了下层水汽和杂质向上扩散，使对流层顶上下的飞行气象条件有较大的差异。

（2）水圈

地球上的水以气态、液态和固态三种形式存在于空气、地表与地下，成为大气水、海水、陆地水（包括河流、湖泊、地下水、冰雪水），它们共同构成了水圈。海洋、湖泊、河流、地表及植物茎叶中的水分，经蒸发、蒸腾转化为水蒸气，上升到大气圈内，随气流转移。大气圈中的水蒸气又以降雨、降雪等形式回到地面、海洋、河流和湖泊，并可从地表渗透到地下。这些水不停地运动以水循环的方式构成水圈，是地球外圈中最为活跃的圈层，也是一个连续、不规则的圈层。它与大气圈、生物圈和地球内圈相互作用，直接关系到影响人类活动的表层系统的演化。飞机在飞行时常遇到的雨、雪、雷电等天气状况，都与大气圈和水圈密切相关。

（3）生物圈

生物圈是指地球表面有生命活动的圈层，实际上与大气圈和水圈相互交叉渗透。上至大气层的对流层顶，下至海洋深处都有生命存在。对飞行影响最大的生物是鸟类，全世界每年大约发生 10 000 起鸟撞飞机事件，部分撞击造成了严重后果。

资料链接 2-1

北京时间 2013 年 6 月 4 日上午，中国国际航空公司（以下简称“国航”）由成都飞往广州的 CA4307 航班起飞约 20 分钟，飞机雷达罩遭遇飞鸟撞击，机组人员沉着应对，按程序操作，为确保安全，迅速返航，机上旅客安然无恙。

此事件也令众多网友对撞击物感到好奇，国航证实，飞机是被鸟撞击的。目前，鸟击是威胁航空安全的重要因素之一。

体型小、重量轻的鸟类，与钢筋铁骨的飞机相撞应该是以卵击石的效果，为什么能把飞机撞坏？这是因为破坏主要来自飞行器的速度而非鸟类本身的质量。根据动量定理，一只 0.5 千克的鸟与时速 100 千米的飞机相撞，会产生 200 余千克的冲击力；一只 7 千克的大鸟撞在时速 960 千米的飞机上，冲击力将达到 144 吨。高速运动使鸟击的破坏力达到惊人的程度，一只麻雀就足以撞毁降落时的飞机的发动机。

飞行器的导航系统大多位于前部，由于导航的需要，这些设备的防护罩包括挡风玻璃的机械强度大多较其他部位差，更容易在受到鸟击后损坏。但是，鸟飞行的高度有限，飞机能撞击鸟的高度一般是在刚起飞或快着陆时，这时的速度并不是非常大，在 150 千米/小时左右。这时如果机头或翼根等坚固部位撞鸟则问题不大，或者驾驶舱玻璃被撞碎，就如同在高速公路上把车窗打开的感觉，立即返航也不会有大的问题。但是发动机就不一样了，发动机的叶片很薄，而且是在高速旋转的，很容易被打碎。更严重的是发动机以巨大的力量将周围空气吸入，因此附近的飞鸟只要处于发动机附近就会被吸进去。发动机叶片一旦被打碎就会使发动机无法正常动转，这样飞机就只能依靠余下的发动机挣扎返航。这时，如果发动机出现着火现象，飞行员会立即关闭发动机。如果是起飞阶段撞鸟，飞行员会继续爬升到安全高度然后调转机头返航。不用担心只有两台发动机的飞机在一台发动机失去动力后就会掉下来，双发动机飞机在设计时已经考虑到这点，通常会将垂直尾翼设计得非常大，以保证飞机在只用一台发动机的情况下仍能以一定上升率爬升到安全高度并支撑飞机返航。

主动的鸟击防治主要是驱赶鸟类离开机场空域，驱赶的方式主要是恐吓、破坏栖息环境和迁移栖息地。恐吓驱赶鸟类，比较常用的有煤气炮、恐怖眼、录音驱鸟、猎杀、豢养猛禽等方法。煤气炮是一种以煤气为燃料的爆炸装置，定时燃放的煤气炮发出巨大声响，驱走鸟类，但是长期使用煤气炮会使鸟类对其声响产生耐受性。恐怖眼是绘制有巨大眼睛图案的气球，吓跑鸟类，但是长期使用也会面临耐受问题。录音驱鸟是用高音扬声器播放猛禽的鸣叫声或鸟类受到虐待时发出凄厉叫声的录音，但这种驱鸟方式受到地域的限制，必须使用本地鸟类的录音才会有较好的驱赶效果。猎杀是最简单有效的驱鸟方式，不过这种方式由于生态保护的原因遭到反对。豢养猛禽是一种以鸟治鸟的方式，在机场人工驯化和饲养一定数量的猛禽，定时放飞，赶走野生鸟类。破坏栖息环境是另一种避免鸟击的方式。例如，妥善处理机场及附近社区产生的生活垃圾，选择本地鸟类不喜欢的草种树种进行机场绿化，及时处理机场草坪令鸟类无法藏身，清理机场附近的湿地、树林等适宜鸟类栖息的环境，以及使用鸟类厌恶但对环境没有影响的化学制剂。迁移栖息地是相对比较困难但环保、有效的方式。上海九段沙湿地保护区的建立就成功地吸引了原本栖息在浦东国际机场附近的鸟类，降低了该机场的鸟击事故发生率。

（资料来源：唐小卫，等，2015. 航空运输地理[M]. 北京：科学出版社）

思考：鸟类对飞行造成的影响有哪些？

（4）岩石圈

地球岩石圈主要由地壳和地幔圈中上地幔的顶部组成，从固体地球表面向下一直延伸到软流圈。岩石圈厚度不一，平均厚度约为100千米。

2. 内部圈层

地球内部圈层可进一步划分为三个基本圈层，从地表向地球中心分为地壳、地幔和地核。地壳为一个极薄的、由岩石组成的固体外壳。大陆上的平均厚度为33千米，如果把海洋考虑进去，平均厚度只有17千米。地幔平均厚度约为2 900千米，它仍然是固态，但是在地幔的底部可能存在一个很薄的软流层。地核在2 900千米以下至地心。地核又分为两部分：外核和内核。其中，外核为液态，内核为固态。

二、导航

导航是引导飞行器沿一定航线从某地运动到另一地的方法，是飞机正常航行必不可少的技术手段。最初，人们仅靠目视判别地表物体确定航向，后来人们掌握了天空中一些天体的准确位置和运行规律，于是利用仪器对天体进行观测，从而确定航向。随着科学技术的进步，无线电技术、空间技术、电子计算机等先进技术逐渐在导航、通信、监控等方面得到应用，大大提高了导航的准确性。导航的实质是确定物体所在的经纬度位置。常用的导航方法有天文导航、无线电导航和卫星导航。

（一）天文导航

天文导航是根据天体来测定飞行器位置和航向的航行技术。天体的坐标位置和它的运动规律是已知的，测量天体相对于飞行器参考基准面的高度角和方位角就可以计算出飞行器的位置和航向。天文导航系统是自主式系统，不需要地面设备，不受人工或自然形成的电磁场的干扰，不向外辐射电磁波，隐蔽性好，定向、定位精度较高，定位误差与时间无关，因而天文导航在航天器上得到一定的应用。但是这种导航方式容易受到天气条件的制约，当空中能见度较差时，无法对天体进行观测，也就无法实施导航。

（二）无线电导航

无线电导航是指利用无线电保障运载工具安全、准时地从一地航行到另一地的技术和方法。无线电导航在军事和民用方面都有着广泛的应用。通过测量无线电导航台发射信号（无线电电磁波）的时间、相位、幅度、频率参量，可确定运动载体相对于导航台的方位、距离和距离差等几何参量，从而确定运动载体与导航台之间的相对位置关系，据此实现对运动载体的定位和导航。无线电导航的优点是不受时间、天气限制，精度高，定位时间短，设备简单可靠；缺点是必须辐射和接收无线电波，因而易被发现和干扰，需要载体外的导航台支持，一旦导航台失效，与之对应的导航设备就无法使用。

（三）卫星导航

卫星导航定位是指利用卫星导航定位系统提供的位置、速度、时间等信息来完成对地球各种目标的定位、导航、监测和管理。在卫星导航系统中，卫星的位置是已知的，用户利用其导航装置接收卫星发出的无线电导航信号，并经过处理，可以计算出用户相对于导航卫星的几何关系，最后确定用户的绝对位置，有时还可以确定运动速度。卫星导航系统由导航卫星、地面台站和用户导航设备三大部分组成，由多颗卫星组成的导航卫星网构成一组流动的导航台，地面站台负责对卫星跟踪测量和控制管理，地面控制中心根据跟踪测量数据计算出轨道，并将随后一段时间的卫星星历预测数据注入卫星，以供卫星向用户发送。用户导航设备通常由接收机、定时器、数据预处理器、计算机和显示器等组成。全球主要的卫星导航系统有以下几种：

1. 美国全球定位系统

美国于1964年建成世界上第一个卫星导航系统子午仪，1973年开始研制更先进的全球定位系统（global positioning system，GPS），并于20世纪90年代中期正式组网运营。GPS的空间部分由24颗卫星组成，可供用户进行三维的位置和速度确定，定位精度军用的为1厘米，民用的为10米。每颗卫星都不断发出测距信号和导航电文；地面上的接收机接收到卫星发出的信号，可以测定接收机天线到导航卫星间的距离，并解算导航电文得到卫星空间坐标。一般同时接收4颗卫星的信号，并经过解算就能确定接收者所处的位置、行进速度等。定位卫星发出的信号覆盖全球，而且不受天气影响，因此能全天候对地球上任何地方的目标进行导航定位，无论目标是移动的还是固定的。

2. 俄罗斯全球卫星定位系统

俄罗斯全球卫星定位系统（global navigation satellite system，GLONASS）拥有21颗工作卫星，分布在3个轨道平面上，同时有3颗备份星。每颗卫星都在1.91万千米高的轨道上运行，周期为11小时15分。因为GLONASS卫星一直处于降效运行状态，现在只有少数卫星能够正常工作。GLONASS的精度比GPS系统的精度低。

3. 欧洲伽利略系统

伽利略系统是欧洲计划建设的新一代民用全球卫星导航系统，于2008年建成系统并投入运营。按照规划，伽利略系统耗资约27亿美元，系统由30颗卫星组成，均匀地分布在高度约为2.3万千米的3个轨道面上，其中包括27颗工作星，另有3颗备份卫星。伽利略系统的典型功能是信号中继，即向用户接收机的数据传输可以通过一种特殊的联系方式或其他系统的中继来实现，如通过移动通信网来实现。伽利略接收机不仅可以接收本系统定位，而且可以接收GPS、GLONASS这两大系统的信号，并且具有与移动电话功能或其他导航系统相结合的优越性能。

4. 中国北斗卫星导航系统

我国是世界上第三个拥有卫星导航系统的国家，称为北斗卫星导航系统，它是我国自行研制开发的区域性有源三维卫星定位与通信系统，是继美国的全球定位系统、俄罗斯的全球卫星定位系统之后第三个成熟的卫星导航系统。该系统是利用地球同步卫星为用户提供快速定位、简短数字报文通信和授时服务的一种全天候、区域性的卫星定位系统。北斗卫星导航系统由空间段、地面段和用户段组成，其中，空间段计划由35颗卫星组成。该系统可向用户提供24小时即时定位服务，定位精度与GPS相当。

资料链接 2-2

2015年7月25日，第18、第19颗“北斗”导航卫星发射升空。该次发射采用了一箭双星的发射方式，这种卫星使用了新一代高精度铷钟，定位、测距和授时等功能更加精确。

2015 年 9 月 30 日，第 20 颗“北斗”导航卫星发射升空。这颗卫星首次搭载氢原子钟，随后开展星间链路、新型导航信号体制等试验验证工作，并将适时入网。

氢原子钟是一种极精密的计时器，每 100 万年产生的误差为 1 秒，比铯原子钟精确 100～1 000 倍。中国的氢原子钟已实现了核心部件国产化、轻型化和自主可控。

何谓星间链路呢？在卫星通信技术中，通常有三种通信链路方式，即卫星与地球的星地链路、卫星与卫星的星间链路，以及卫星与行星际的星际链路。星间链路，就是使卫星与卫星之间互通信号，实现高精准、大容量、极快速的数据传输，大大减少地面飞行控制技术的难度和设备成本。

在北斗卫星导航系统中，由于一部分卫星运行在南半球和西半球上空的轨道上，因此 70%以上的卫星是在地面的中国飞行控制中心根本无法监测到的。在这种情况下，怎样指挥与控制卫星呢？除世界各地建设飞行测控地面站外，依靠星间链路也是一种解决方案。中国飞行控制中心只要找到一颗卫星，就能实现全球的卫星与卫星之间的通信。相控阵天线技术，让卫星的星间链路、自主运行成为可能。星间链路对建设北斗卫星导航系统具有划时代的重大意义。建成后的北斗卫星导航系统不仅服务于国家的现代化建设，而且可以大幅度地提升我国的国防能力和军事高科技水平。

（资料来源：“北斗”，导航地球和未来.（2016-06-03）[2017-12-15]. http://www.sohu.com/a/80021060_355112，节选有改动）

思考：我国北斗卫星导航系统的发展对航空运输地理学的发展有哪些影响？

第二节　时差与飞行

地球自转造成了不同经度地区的时刻不同，当飞行跨越经度时，就产生了时刻上的不统一。目前，世界主要航线多呈东西向，沿着这些航线飞行时必然跨越经度，所以就涉及时差换算、航班计划安排的问题。此外，时差和飞行中昼夜长短的变化对机组人员的生物钟也会产生较大影响。因此，正确掌握时差换算，对于航空运输活动具有重要意义。

一、时差

（一）地方时和时差

随着地球的自转，太阳东升西落。太阳经过某地天空的最高点为此地地方时的正午 12 点。因此，不同经线上具有不同的地方时。此时间只适用于当地，故称为地方时。由于地球不停地自西向东旋转，使东面总比西面先见到太阳，也就是东面白天来得比较早，正午时刻也来得早，这就造成了不同经度地区时刻的不同。

（二）地方时的计算

根据地球自转的角速度可以进行不同经度之间地方时的换算。两地地方时之差，就是地球以ω的角速度转过两地经度差所用的时间。例如，0° 经线与 90° E 经线两地的地方时之差是指地球转过 90° 所用的时间，即 6 小时。实际上，只要知道任何两地之间的经度差，就可以相互换算地方时。

两地之间的经度差根据经度确定，若都在东经或西经则相减；若一地在东经，另一地在西经则相加。地方时计算起来比较麻烦，经度不同，时刻也就不同。如果把经度分得很细，就会出现许多地方时。如果 1° 设置一个地方时，全球就会出现 360 个地方时，这对于通信和交通是极为不利的。为了克服这一缺点，需要引入理论区时。

二、时间的种类

（一）理论区时

随着世界交往的日益频繁，需要一个全球统一且符合各地人民生活习惯的计时方法。1884 年，国际上开始采用划分时区的办法。地球每一昼夜自转一周，即每 24 小时自转 360°，每个小时旋转经度 15°，这样每隔经度 15°划一个时区，每个相邻时区都相差 1 小时。

国际上规定，以伦敦格林尼治天文台的 0° 经线为标准，从西经七度半到东经七度半划为中区，又称为零时区。在这个时区内，以 0° 经线的地方时间为标准时间，称为格林尼治时间（Greenwich Mean Time，GMT）。从中区向东、西每隔 15° 各划一个时区，这样东西各划出 12 个时区。东面的依次称为东一区、东二区……；西面的依次称为西一区、西二区……。其中，东十二区和西十二区是重合的。各时区都以该区的中央经线的地方时为该区的共同的标准时间，即理论区时。例如，北京在东经 116.5°，划分在东八区，这一区的中央经线为东经 120°，因此，北京时间以东经 120° 的地方时为标准时间。

在国际无线电通信之间，为了统一时间使用协调世界时（universal time coordinated，UTC），又称通用协调时、世界标准时间。UTC 是经过平均太阳时（以 GMT 为准）、地轴运动修正后的新时标，以及以秒为单位的国际原子时所综合精算而成的时间，计算过程相当严谨精密，比 GMT 更加精准。UTC 与 GMT 相差必须在 0.9 秒以内，若大于 0.9 秒则由位于巴黎的国际地球自转事务中央局发布闰秒，使 UTC 与地球自转周期一致。当前全世界民用时指示的时刻就是 UTC，世界上授时台发播的时号大部分是 UTC 时号。

（二）当地标准时

区时是为了计时方便，经国际协商而定的一种计时手段。实际上，一些国家的时区并不完全按照经线，而是参照各国行政区域和自然界限来划分，因此与理论区时略有差异。这样划分的时刻系统称为当地标准时（local standard times，LST），它是各国实际采用的时刻系统。在世界各国实际划分的时区图上，时区之间的界限不完全是经线，多呈曲线与折线，其主要原因是考虑了行政区划。例如，我国疆域从西到东跨越 5 个时区，但是为了减少时间转换的麻烦，只用北京时间作为全国的标准时间。

世界各地都以自己所看到的太阳位置确定一天的标准，把自己所在地方相应的地球另一面的一条经线作为日期变更线，这样就有很多条日期变更线，使用起来很不方便。为了解决这个问题，1884 年国际经度会议规定了一条全世界共同的、可供对照的日期变更线，这条日期变更线称为国际日期变更线，简称日界线。日界线位于太平洋中的180° 经线上，作为地球上“今天”和“昨天”的分界线。为避免在一个国家中同时存在两种日期，日界线并不是一条直线，而是一条折线。它北起北极，通过白令海峡、太平洋，直到南极。这样，日界线就不再穿过任何国家。这条线上的子夜，即地方时间零点，为日期的分界时间。按照规定，凡越过这条变更线时，日期都要发生变化；从东向西越过这条界线时，日期要加一天，从西向东越过这条界线时，日期要减去一天，如图 2-1 所示。

图 2-1　国际日期变更线示意图

三、飞行小时的计算

在运输业务中，常常需要计算飞行小时，以安排旅客的旅行，或计算货物的在途时间。航班飞行小时的计算，大致可分为三个步骤。下面以例题来详细说明。

【例 2-1】货机航班 NW904，12 月 10 日 15:15 从香港出发，航班有两个经停站，将于第二天 01:25 到达纽约。请计算航班的全程运输时间。

1）查清始发地、目的地的地方时和标准时的关系。

香港：LST=GMT+8

纽约：LST=GMT−5

2）将始发时间和到达时间换算成标准时间。

香港始发时间 10 日：GMT=15:15−08:00=07:15

纽约到达时间 11 日：GMT=01:25+05:00=06:25 或 10 日 30:25（调整成同一天的时间）。

3）计算到达时间和始发时间的差额，即航班全程运输时间。

NW904，香港—纽约：30:25−07:15=23 小时 10 分

【例 2-2】航班 AF033，12 月 10 日 10:30 从巴黎出发，将于同日 11:55 到达蒙特利尔。请计算航班的飞行时间。

1）查清始发地、目的地的地方时和标准时的关系。

巴黎：LST=GMT+1

蒙特利尔：LST=GMT−5

2）将始发时间和到达时间换算成标准时间。

巴黎始发时间：GMT=10:30−01:00=09:30

蒙特利尔到达时间：GMT=11:55+05:00=16:55

3）计算到达时间和始发时间的差额，即为飞行时间。

巴黎—蒙特利尔飞行小时：16:55–9:30=7 小时 25 分

有的航班飞行跨越国际日期变更线，会出现日期上的前一天到达或后一天到达，甚至后几天到达的有趣现象。

资料链接 2-3

航空公司航班时刻表中公布的出发和到达时间都是以地方时间为标准的。例如，航班 CA6221 每天 11:25 从北京出发，到达法兰克福的时间为地方时间 14:35。在航班计划安排的过程中，计划人员要熟知时差的概念和应用，这样才能合理地安排航班计划。

时差对于长途旅行者和机组人员造成的最大问题就是飞行时差反应。飞行时差反应是指因短时间内穿越多个时区而导致的睡眠模式和其他生理功能节律（身体生物钟）的失调。飞行时差反应的负面影响通常有脱水、疲劳和紧张等症状，还会导致消化不良、感觉不适、失眠和身心反应迟钝。所以一般在长距离国际航线飞行时，乘务人员会帮助旅客调整时差，如把座舱灯光调暗，把窗帘关上，这就是要营造一个睡眠的气氛。

如何度过漫长的跨半球飞行？我们可以好好规划，提高每一次旅行的质量。

（1）航行前的准备

看电影是很多人会选择的度过时光的方式。有些航空公司的机上电影只能通过旅客的电子设备观看，所以如果要享用免费高清画质的电影，务必在飞行前下载航空公司的 App，因为登机后，就没有无线了。例如，美国联合航空公司（以下简称“美联航”）的部分航班没有座位靠背上的屏幕，而是采用 App 向旅客提供 150 部以上的精选电影及将近 200 种电视节目。

安检后，建议自带保温杯，灌一杯机场提供的热水后上飞机。很多航空公司，除非主动要求，否则直到起飞 20 分钟后乘务人员才会开始发放饮料和热水。

（2）机上调整时差

时差会极大地降低旅行质量。专家总会建议旅客服用药物来减少时差感，如褪黑素。其实自然的方法就是依靠飞机上的漫长时光来调整。

1）睡眠时差。调整时差应该从睡眠时差开始，一登上飞机，就立刻将手机、手表调整成目的地时间。例如，目的地是芝加哥，若登机时刻为下午 4:00，那么可以心理暗示自己，现在是美国清晨的 4:00。所以此刻，务必安静祥和，想象自己坐于舒适柔软的沙发床上，正经历浅度睡眠，即将醒来迎接美好的清晨。你可以选择听一些轻快的音乐，忘记之前登机的疲惫，正式进入时差调整期。

2）胃部时差。胃部时差会严重影响旅行的质量，然而也是最容易被忽略的。飞机上的餐饮是按照始发地（中国）的时间提供的，并不能解决胃部时差。所以，带一些必要的零食上飞机，然后在食用飞机餐时，自行调整。

3）用送餐次数来划分航行时间。飞机上没有白天与黑夜的区别，生理和心理都无法遵循一定的逻辑。所以我们不妨借助外力——按照飞机乘务人员送餐的次数来划分我们的时间。

①第一次送餐前：补水期。安检后你可能会一直处于缺水状态，而乘务人员会在坐稳很久之后才开始送水，这时候之前准备的热水就发挥作用了。

②正餐后：振奋期。飞往美国的国际航班，乘务人员一般会在正餐后帮助旅客进入睡眠期。这个时候，如果可以，为自己来一杯咖啡。接着，你可以打开平板电脑，开始享受最佳的观影时间。

③下午茶。途中乘务员会提供一次零食，这是下午茶时间。旅客上机前可以为自己准备一些水果和零食，当作下午茶。

④第二次送餐后：休息期。你可以根据落地时间做出选择。如果落地后是夜间，此时你可以适度休息，更快适应到达旅馆后的休息。飞行中睡眠，肌肤容易干燥，可以进行适度保湿。最后，为自己准备一双厚棉袜。飞行时间漫长会导致腿部肿胀，这个时候穿一双袜子，将双脚放平在地面，可以缓解足部受到的压力。

如果每次旅行前可以做好规划，就能以较好的状态面对即将到来的旅程。

（资料来源：节选自 https://zhuanlan.zhihu.com/p/20268182，有改动）

思考：长途飞行中倒时差的方式有哪些？

第三节　气象与飞行

随着科学技术的不断进步，飞机本身的安全性达到了较高水平。但是有些特殊的严重影响飞行安全的危险天气、极端气候事件频繁发生，比以往更严重地威胁飞行安全。目前，飞行活动与气象条件之间的关系正在从气象条件决定能否飞行，变为在复杂气象条件下如何飞行。气象条件是客观存在的，而它对飞行活动影响的好坏，却往往因人们主观处置是否得当而有不同的结果。飞行人员、空中交通管制人员和民航其他工作人员需要具备一定的航空气象知识，才能做到充分利用有利天气，避开不利天气，预防和减少恶劣天气的危害，顺利完成飞行任务。

一、气象要素

气象要素主要包括气温、气压、湿度、风、云、降水、能见度、蒸发、辐射、日照及其他天气现象，其中气温、气压和湿度是三大基本气象要素。这些主要的气象要素中，有的表示大气的性质，如气温、气压和湿度；有的表示空气的运动状况，如风向、风速；有的本身就是大气中发生的一些现象，如云、雾、雨、雪、雷电等。气象要素随时间和空间而变化，其观测记录是天气预报、气候分析和有关科学研究的基础。与飞行有关的气象要素主要有气温、气压、湿度、风、云、降水、能见度等，它们的变化将直接影响飞行，甚至危及飞行安全。

（一）气温

气温是衡量空气冷热程度的物理量。一般情况下，我们将空气看作理想气体，这样空气分子的平均动能就是空气内能，因此气温的升高或降低就代表了空气内能的增加或减少。气温通常用摄氏温标（℃）来表示，也有用华氏温标（°F）表示的，理论研究工作中常用绝对温标（K）表示。气温对飞行直接或间接的影响是多方面的，而且对不同类型的飞机和其在不同高度的飞行影响也不同。三种温标的关系如图 2-2 所示。

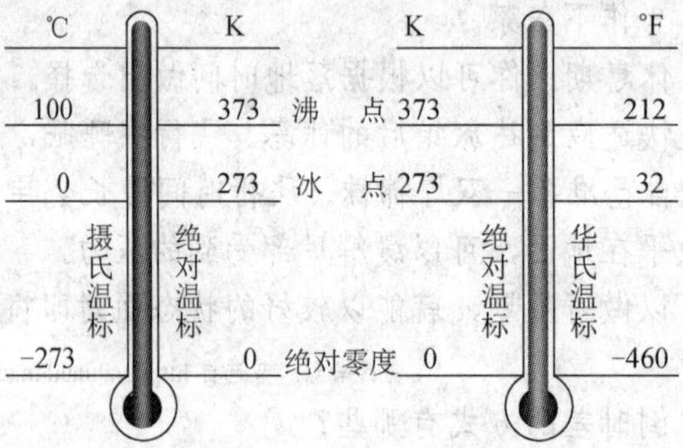

图 2-2　三种温标的关系示意图

（二）气压

1. 常用气压

气压是大气压强的简称，是指与大气相接触的表面上，空气分子作用在单位面积上的力。常用的气压单位有百帕（hPa）和毫米汞柱（mmHg）。航空上常用的气压有以下四种。

1）本站气压。本站气压是指气象台（站）气压表所在高度处的气压，一般由水银气压表测得，经过器差订正、温度差订正、纬度重力订正和高度重力订正后，其数值即可表示当时本站高度上的气压值。它是气象台（站）测量气压和研究气压的最基本数据，也是推算其他各种气压值的基础。

2）场面气压（query field elevation，QFE）。场面气压是指机场跑道上的气压，一般规定为离机场跑道 3 米高处的气压，它大致相当于飞机停在机场跑道时，飞机气压高度表所在高度的气压。《国际民用航空公约》建议使用着陆跑道入口端最高点处的气压作为场面气压，通常可用机场标高处的气压代替。场面气压是调整飞机上气压高度表的依据，直接关系到测定飞行高度的准确性。气压误差 1 毫米汞柱会造成 10 米左右的误差，因此必须准确无误。同时，气压是随时间和地点变化的，有的机场跑道两端标高不同，相应场面气压也不相同，为了能够正确指示飞机相对于机场跑道的高度，在飞机起飞或着陆时，必须根据当地当时的场面气压来校正飞机气压高度表的示度。

3）修正海平面气压（query normal height，QNH）。由于各测量站海拔高度不同，本站气压不便于相互比较，为了分析和研究气压水平的分布情况，将各地测得的本站气压订正到海平面高度。修正海平面气压是指本站气压按标准大气推算到海平面高度处（我国以黄海海面为基准）的气压值。海拔高度大于 1 500 米的测站不推算修正海平面气压，因为推算出的海平面气压误差可能过大，失去意义。

4）标准海平面气压（query normal elevation，QNE）。大气处于标准状态下的海平面气压称为标准海平面气压，其值为 1 013.25 百帕（或 760 毫米汞柱）。海平面气压是经常变化的，而标准海平面气压是一个常数。

2. 航空中常用的气压高度

飞机在飞行时，测量高度多采用无线电高度表和气压式高度表。无线电高度表所测量的是飞机相对于所飞越地区地表的垂直距离。无线电高度表能精确地测得飞机相对于所飞越地表的飞行高度，不能显示实际相对于机场标准高度或相对海平面的高度。如果在地形多变的地区上空飞行，飞行员试图按无线电高度表保持规定的飞行高度，飞机航迹将随地形起伏。而且，如果在云上或有限能见度条件下飞行，将无法判定飞行高度的这种变化究竟是由飞行条件受破坏造成的，还是由地形影响引起的。这样就使无线电高度表的使用受到限制，因而它主要在校正仪表和在复杂气象条件下着陆时使用。

气压高度表是主要的航行仪表。它是一个高度灵敏的空盒气压表，但刻度盘上标出的是高度，另外有一个辅助刻度盘可显示气压，高度和气压都可通过旋钮调定。高度表刻度盘是在标准大气条件下按气压随高度的变化规律而确定的，即气压式高度表所测量的是气压，根据标准大气中气压与高度的关系，就可以表示高度的数值。

1）高度的测量与定义。确定航空器在空间的垂直位置需要两个要素：测量基准面和自该基准面至航空器的垂直距离。最方便的方法是将海平面作为零点基准面来测量物体的高度。通常，海拔是指陆地某地高于海平面的高度，也称为绝对高度。海深是指海中某地低于海平面的高度。在飞行中，航空器对应不同的测量基准面，相应的垂直位置具有特定的名称。飞行中选择不同的气压高度基准面就对应不同的气压高度，飞行中常用的气压高度有场面气压高度、修正海平面气压高度和标准海平面气压高度。

2）场面气压高度。场面气压高度是飞机相对于起飞或着陆机场跑道的高度。为使气压式高度表指示场面气压高度，飞行员需按场压来拨正气压式高度表，将气压式高度表的气压刻度拨正到场压值上。

3）修正海平面气压高度。修正海平面气压高度是指以海平面气压调整高度表数值为零，上升至某一点的垂直距离，即气压式高度表拨正到修正海平面气压值时，高度指针所指示的数值就是修正海平面气压高度。在飞机着陆时，将高度表指示高度减去机场标高就是飞机距机场跑道面的高度。

4）标准海平面气压高度。标准海平面气压是指在标准大气条件下海平面的气压，其值为 1 013.25 百帕（或 760 毫米汞柱）。标准海平面气压高度是指以标准大气压调整高度表数值为零，上升至某一点的垂直距离，即气压式高度表拨正到标准大气压值时，高度指针所指示的数值就是标准气压高度。

3. 修正海平面气压和标准海平面气压的适用范围

在地图和航图上，地形和障碍物的最高点用标高表示。标高是指地形点或障碍物至平均海平面的垂直距离。为了便于管制员和飞行员掌握航空器的超障余度，避免航空器在机场附近起飞、爬升、下降和着陆过程中与障碍物相撞，航空器和障碍物在垂直方向上应使用同一测量基准，即平均海平面。因此，在机场地区应使用修正海平面气压作为航空器的高度表拨正值。在航路飞行阶段，由于不同区域的修正海平面气压值不同，如果仍使用修正海平面气压作为高度表拨正值，航空器在经过不同区域时就需要频繁调整修正海平面气压，并且难以确定航空器之间的垂直间隔。若统一使用标准海平面气压作为高度修正值，则可以使所有在航线上飞行的飞机有相同的“零点”高度，简化飞行程序，易于保证航空器之间的安全间隔。

4. 飞行高度层

以标准大气水平面为基准面，按一定高度差划分高度层，并把航空器配备在不同的高度层上，使航空器之间有规定的安全高度差，这是防止航空器互撞或航空器与地面障碍物相撞的重要措施。飞机高度层应当根据飞行任务的性质、航空器性能、飞行区域，以及航线的地形、天气和飞行情况等配备。国务院、中央军委修订的《中华人民共和国飞行基本规则》对此做了规定。航路、航线飞行或转场飞行的垂直间隔，按照飞行高度层配备。飞行高度层配备标准如图 2-3 所示。

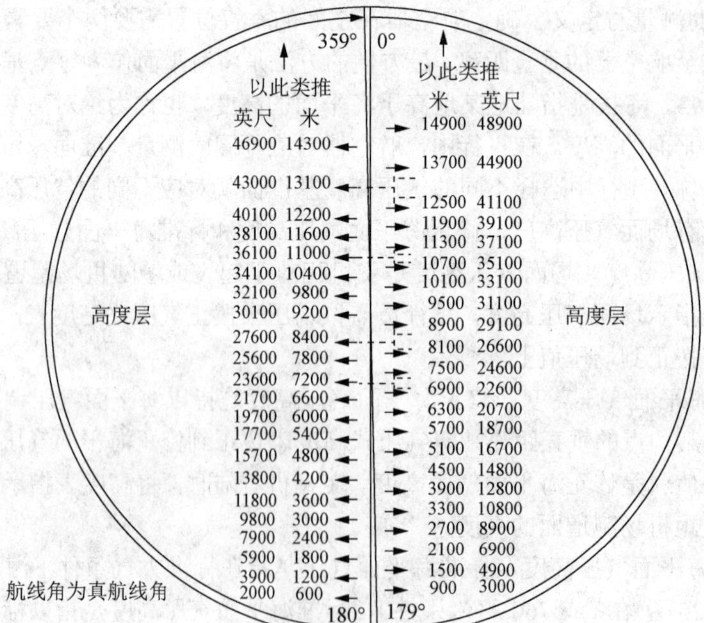

图 2-3　飞行高度层配备标准示意图

5. 高度表的拨正

1）离场航空器。离场航空器在爬升过程中，保持本场的修正海平面气压直至达到过渡高度（过渡高度是指一个特定的修正海平面气压高度，在此高度或以下，航空器的垂直位置按照修正海平面气压高度表示）。当穿越过渡高度或者在过渡高度以下穿越修正海平面气压适用区域的侧向水平边界时，必须立即将高度表气压刻度调到标准大气压 1 013.25 百帕，其后航空器的垂直位置用飞行高度层表示。航空器在修正海平面气压适用区域内，按过渡高度平飞时，应使用机场的修正海平面气压。

2）航路飞行。在航路、航线及未建立过渡高度和过渡高度层（在过渡高度之上的最低可用飞行高度层）的区域飞行，航空器应使用标准大气压 1 013.25 百帕作为高度表拨正值，并按照规定的飞行高度层飞行。

3）进场航空器。进场航空器在下降穿过机场的过渡高度层，或者在过渡高度以下进入修正海平面气压适用区域侧向边界时，应立即将高度表气压刻度调到本场修正海平面气压值，其后航空器的垂直位置用高度表示。

（三）湿度

湿度是用来度量空气中水汽含量或空气干燥或潮湿程度的物理量。常用的湿度表示方法有相对湿度、露点和温度露点差等。

1. 相对湿度

相对湿度表示空气中的实际水气压（e）与同温度条件下的饱和水汽（E）的百分比。其比值反映了空气距离饱和状态的程度。在温度一定的情况下，单位体积空气所容纳的水汽含量有一定的限度，如果水汽含量达到了这个限度，空气就呈饱和状态。饱和空气的相对湿度为 100%。相对湿度主要受水汽含量和气温的影响。水汽含量越多，水汽压越大，相对湿度越大；在水汽含量不变时，温度升高，饱和水汽压增大，相对湿度减小。通常情况下温度变化大于水汽含量的变化，所以一个地方的空气相对湿度主要受温度的影响。例如，早晚温度低，相对湿度大，而中午和午后温度高，相对湿度就小。

2. 露点和温度露点差

当空气中水汽含量不变且气压一定时，气温降低到使空气达到饱和时的温度，称为露点。气压一定时，水汽含量越多，露点温度就越高；水汽含量不变时，气压增加，露点温度也随之提高。当空气处于未饱和状态时，其露点温度低于气温，温度与露点之差称为温度露点差。可用温度露点差判断空气的饱和程度，温度露点差越小，空气越潮湿。潮湿空气会使发动机和飞机的某些金属部分锈蚀。金属锈蚀后，不但会降低材料的强度，缩短机件的使用年限，而且会影响飞机上某些设备的正常工作。飞机上的用电仪表、用电器具和电子设备等受潮后，会降低绝缘性能，导致元件性能改变，甚至发生故障。

知识拓展

气温、气压和湿度与飞行活动密切相关，飞机的飞行性能及某些仪表是按标准大气设计和标定的，当实际大气状态与标准大气状态不一致时，会影响某些仪表的指示精度和飞行性能。

1. 对飞机空速表的影响

飞机相对于空气运动的速度称为空速，又称为飞行真速或飞行速度。空速表是根据空气作用于空速表上的动压来指示的。当实际大气密度大于标准大气密度时，表速大于真空速；反之，则表速小于真空速。温度和湿度也会对空气密度产生影响，例如，在暖湿空气中飞行的飞机，空气密度低，空速指示值容易偏低；在干冷空气中飞行的飞机，空速指示值容易偏高。

2. 对高度表指示的影响

飞行中气压高度表指示高度与当时的气象条件有关，如果实际气压低于标准气压，则实际飞行高度低于高度表指示；反之，则实际飞行高度高于高度表指示。如果实际温度低于标准大气温度（如在冷空气中飞行），则实际飞行高度低于高度表所示高度；反之，则实际飞行高度高于高度表所示高度。在山区或强对流区飞行时，误差可达几百米甚至上千米。因此，在这些区域飞行时，尤其需要注意高度表指示与实际高度的差别，并对其他仪表的误差进行修正。

3. 对涡轮发动机推力的影响

飞机的可用推力随温度的增大而减小；反之，当温度降低时，飞机的可用推力将增大。当温度较低时（即在冷区），实际大气密度大于标准大气密度，空气作用于飞机上的力变大，发动机功率增加，推力增大；反之，当温度较高时，发动机推力减小。在实际条件下，推力随高度的变化情况比较复杂，它与气温的垂直分布有关。气温垂直梯度越大，气压下降引起的空气密度的减少越慢，推力的减少也越慢。在固定高度上飞行时，飞机穿越锋区时，在锋区内温度变化比较剧烈，推力会有明显变化。在个别情况下，在较短时间内推力可能减小（进入暖空气侧）或增大（进入冷空气侧）5%～10%。

4. 对飞机起飞和着陆的影响

飞机的起飞和着陆数据（起飞滑跑距离和离地速度、着陆滑跑距离和着陆速度），在很大程度上取决于大气状态的物理特性。气温对飞机起飞和着陆的影响主要表现为滑跑距离的长短。无论是从飞行安全考虑还是从机场建设需求考虑，都希望飞机的滑跑距离越短越好。若气温升高，机场海拔增高（即气压减小），其离地速度和滑跑距离均增大。因为空气密度减小，要获得同样的升力必须增大空速，同时空气密度减小，发动机功率减小，飞机增速减缓，使起飞滑跑距离变长。对大多数喷气式飞机而言，在发动机转数不变的条件下，气温每升高10℃，起飞滑跑距离增加13%，而气温每下降 10℃，起飞滑跑距离减少 10%。当大气物理状态发生变化时，飞机着陆性能同样也会受到很大的影响。根据估算，实际气温与标准气温偏差 10℃，着陆滑跑距离约变化 3.5%。所以，飞机在起飞或着陆时需要根据实际条件包括气温和气压进行严格计算，防止发生意外。

5. 对飞机载重量的影响

飞机的载重量受气温变化的影响很大。当气温高于标准大气温度时，空气密度变小，产生的升力减少，因而载重量减少；反之，则载重量增加。对于120吨载重的喷气式飞机，在30℃时比15℃时减少7吨载重量，在0℃时则可增加8吨载重量。对于25吨载重的螺旋桨飞机，若发动机内部的温度为外部温度的3倍，在30℃时要比15℃时减少0.9吨载重量，在0℃时则可增加1吨载重量。

6. 对燃油消耗的影响

当气压和气温下降时，每小时燃料消耗量是减少的。计算表明，如果气温变化30℃（如由冬季转为夏季，或由夏季转为冬季），每小时燃料消耗量变化5%~6%。一定距离沿航线的飞行所需要的燃料量，取决于每千米燃料消耗量。如果气温升高或降低时，同时改变飞行高度，那么即使飞行速度不变，每千米燃料消耗量也会有很大的变化。在高空飞行时（平流层），为了保持飞机的稳定性和可操纵性，避免飞机进入临界迎角，常常不得不降低飞行高度。在转入较低的高度层飞行时，由于气温升高，每千米燃料消耗量增加15%以上。

(四) 风

风是矢量，有大小和方向。气象上的风向是指风的来向，而航行上的风向是指风的去向。风向的测量单位一般用十六方位或360°表示。以360°表示时，由北起按顺时针方向度量。风速是指单位时间内空气的水平位移，常用的表示风速的单位是米/秒、千米/小时和海里/小时（也称为节）。风的测量方法主要有仪器探测和目视估计两大类。常用仪器有风向风速仪、测风气球、风带、多普勒测风雷达等。风向风速仪是测量近地面风常用的仪器。为了便于飞行员观测跑道区的风向风速，可在跑道旁设置风袋。风袋飘动的方向可指示风向，风袋飘起的角度可指示风速。高空风可用测风气球进行探测，现在一些大型机场也用多普勒测风雷达来探测机场区域内一定高度风的分布情况，对飞机起降有很大帮助。

1. 风压定律及其应用

根据长期气象实践可知风向与气压水平分布之间的关系，即自由大气中的风基本上是沿等压线吹的。在北半球，背风而立，低压在左，高压在右；在南半球则相反。在摩擦层中，由于风向斜穿等压线流向低压，故在北半球，背风而立，低压在左前方，高压在右后方；在南半球则相反。这就是白贝罗定律，又称为风压定律。

2. 风对飞行的影响

飞机的起飞和着陆通常是在逆风条件下进行的。因为逆风能使离地速度和着陆速度减小，也就能缩短飞机的起飞滑跑距离和着陆滑跑距离。由于逆风起飞能产生飞机的附加进气量，能增强飞机运动开始时的方向稳定性和可操纵性。顺风时则相反，因为增大了起飞和着陆的滑跑距离，使起飞时飞机的稳定性和操纵性变差，起飞和着陆变得困难。逆风着陆时，飞机滑跑时间和距离的变化，与起飞时类似，即逆风着陆将使飞机着陆滑跑时间和距离缩短。这是因为逆风增大了飞机的迎面阻力，使飞机减速加快。

在侧风较大的情况下，飞机起飞和着陆的操纵变得相当复杂。在侧风中滑跑时，飞机两翼所受的风作用力不相同，迎风一侧机翼的升力增加，背风一侧机翼的升力减小，于是产生了一个倾斜力矩。另外，由于侧风压力中心与飞机重心不重合，还会产生一个使飞机向逆风方向旋转的转弯力矩。当侧风很大时，与转弯力矩作用相反的跑道面对机轮的反作用力，不足以使飞机保持平衡，机头就向侧风方向偏转。所以飞机在侧风中滑跑时，应向侧风方向压杆以消除倾斜力矩，向侧风的反方向蹬舵以消除转弯力矩。

各种类型的飞机都有其起飞与着陆所允许的最大侧风值，其大小与飞机结构特点及翼载荷有关，不能超过其标准，否则将危及飞行安全。当风速一定时，与无风比较，顺风飞行可使航程增大，正侧风及逆风飞行可使航程缩短，且以逆风飞行航程减少最多。因此，只要条件允许，机组就应选择在顺风或顺侧风高度上飞行，以增大航程、节省飞行时间和燃料。

资料链接 2-4

1999 年 8 月 22 日，台湾某航空公司一架 MD11 飞机在香港国际机场南跑道着陆时遭遇台风引起的强侧风影响，因飞机侧风降落，且飞行员未注意下降速度过快，着地前没有调平角度而致右轮先着地，起落架当场折断，接着右边机翼折断，全机向右翻滚，飞机漏油爆炸，机腹朝天并发生严重大火。当时机上共有 300 名旅客和 15 名机组人员。此事故共造成机上 3 名旅客死亡，213 人受伤。

（资料来源：唐小卫，等，2015. 航空运输地理[M]. 北京：科学出版社）

思考：风对飞行的影响有哪些？

(五) 云

云是由悬浮在空气中的小水滴和（或）冰晶共同组成的可见聚合体。对目前性能较好的大型喷气式运输机来说，除了低云对飞机的起飞和着陆有限制外，一般的云通常已不会对飞行安全构成威胁，但是由于还伴随出现其他天气现象，仍会对飞行的安全产生影响，尤其是积状云，常造成飞机积冰、飞机颠簸、风切变、雷击和冰雹，成为飞行障碍甚至危及飞行安全。根据云底高度，云被分成三族，即低云族、中云族和高云族，如表 2-1 所示。它们既有不同的成因，又有不同的特征，对飞行的影响也不尽相同。

表 2-1　云的分类

云族	云种		简写符号	填图符号
高云族（6 000 米以上）	卷云		C_i	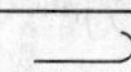
	卷层云		C_s	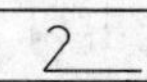
	卷积云		C_c	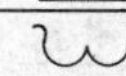
中云族（2 500～6 000 米）	高积云		A_e	
	高层云		A_s	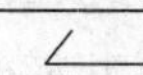
低云族（低于 2 500 米）	积云	淡积云	C_u	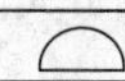
		碎积云	F_c	
		浓积云	TC_u	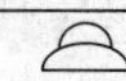
	积雨云		C_b	
	层积云		S_c	
	层云	层云	S_t	
		碎层云	F_s	
	雨层云	雨层云	N_s	
		碎雨云	F_n	

1. 低云对飞行的影响

低云通常是指云底高度在 2 500 米以下的云，这类云包括的种类很多，对飞行的影响最大。

1）淡积云。淡积云呈孤立分散的小云块，底部较平，顶部呈圆弧形凸起，像小土包，云体的垂直厚度小于水平宽度。从云上观测淡积云，像飘浮在空中的白絮团。淡积云对飞行的影响较小，云中飞行时，连续穿过许多云块，由于光线忽明忽暗，容易引起视觉疲劳。云上飞行比较平稳，若云量较多时，飞机在云中和云下时会有轻微颠簸。

2）碎积云。碎积云云块破碎，中部稍厚，边缘较薄，随风漂移，形状多变。云块厚度通常只有几十米。碎积云对飞行的影响不大，单云量多时，会妨碍观测地标和障碍物，影响着陆。

3）浓积云。浓积云云体高大，轮廓清晰，底部平坦而灰暗，顶部呈圆弧状重叠，似花椰菜，云体的垂直厚度大于水平宽度。成熟阶段的浓积云，云体厚度可达 4 000～5 000 米，显得庞大高耸，像地面上的群山异峰，伸展得很高的云柱犹如耸立的高塔，所以这种云也被称为塔状云。浓积云是由淡积云发展或合并而成的，由于浓积云比淡积云厚密庞大，不易透过阳光，从云上观测浓积云，凹凸的云表面有明显阴影，云顶在阳光照耀下比淡积云光亮。

淡积云和浓积云都属于积云，但浓积云对飞行的影响比淡积云大得多，在云下或云中飞行常有中度到强烈的颠簸。此外，由于云内水滴浓密，能见度十分恶劣，通常不超过 20 米，云中飞行还常有积冰。因此，一般不允许飞机在浓积云中飞行。

4）积雨云。积雨云的云体十分高大，像大山或高峰，云顶有丝缕状冰晶结构，顶部常扩展成砧状或马鬃状，通常高于 6 000 米，最高可达 20 000 米。云底阴暗混乱，起伏明显，有时呈悬球状、滚轴状或弧状，有时还会出现伸向地面的漏斗状的云柱，常伴有雷电、狂风、暴雨等恶劣天气，偶尔有龙卷风产生，有时还会下冰雹。积雨云对飞行的影响最为严重，云中能见度极低，飞机积冰严重，在云中或云区都会遇到强烈的颠簸、雷电的袭击和干扰，暴雨、冰雹、狂风都可能危及飞行安全。因此，禁止在积雨云中或积雨云区飞行。

5）层积云。层积云是由片状、团块或条形云组成的云层或碎片，有时呈波状或滚轴状，犹如大海波涛。在层积云中飞行一般较平稳，有时有轻颠，会产生轻度到中度的积冰。

6）层云。层云云底呈均匀幕状，模糊不清，像雾，但不与地面相接；云底高度很低，通常仅为50～500米，常笼罩山顶或高大建筑。云中飞行平稳，冬季会有积冰。由于云底高度低，云下能见度也很恶劣，严重影响起飞和着陆。

7）碎层云。碎层云常出现在雨层云、积雨云或厚的高层云下，往往是由消散中的层云或雾抬升而成。云体低而破碎，形状多变，移动较快，呈暗灰色。云高通常为50～500米，出现时多预示晴天。对飞行的影响与层云相同。

8）雨层云。雨层云云体均匀成层，能完全遮蔽日月，呈暗灰色，云底常伴有碎雨云。云层水平分布范围很广，出现时常布满天空。雨层云云底高度为600～3 000米，云层厚度可达4 000～5 000米，多出现在暖锋云系中，由整层潮湿空气系统抬升冷却而成。它往往会造成较长时间的连续降雨，降水呈灰茫茫的水帘状，使云层显得蓬松，云底因降水而模糊不清。云中飞行平稳，但能见度低，长时间在云中飞行会产生中度到强度的积冰。暖季的雨层云中可能会隐藏积雨云，给飞行安全带来严重威胁。

9）碎雨云。碎雨云常出现在雨层云、积雨云或厚的高层云下，云体低而破碎，通常有几十米到300米，形状多变，移动较快，呈暗灰色，主要是由于降水物蒸发，空气湿度增大，在乱流作用下凝结水汽而成。碎雨云主要影响起飞和着陆，特别是有时碎雨云会迅速掩盖机场，对安全威胁很大。

2. 中云对飞行的影响

中云的云底高度在2 500～6 000米，中云根据其外貌特征可分为高层云和高积云。高层云是浅灰色的云幕，水平范围很广，常布满天空。在高层云中飞行平稳，有可能产生轻度到中度的积冰。高积云是由白色或灰白色的薄云片或扁平的云块组成，这些云块或云片有时是孤立分散的，有时又聚合成层。成层的高积云中，云块常沿一个或两个方向有秩序地排列。在高积云中飞行通常天气较好，冬季会有轻度积冰，夏季有轻度到中度颠簸。

3. 高云对飞行的影响

高云的云底高度在 6000 米以上。高云有卷云、卷层云和卷积云三种。卷云是具有纤维状结构的云，常呈丝状或片状，分散地飘浮在空中。卷层云是乳白色的云幕，常布满天空。卷积云由白色鳞片状的小云块组成，这些云块常成群地出现在天空，看起来像微风拂过水面所引起的小波纹。卷积云常由卷云和卷层云蜕变而成，所以出现卷积云时，常伴有卷云或卷层云。飞机在卷云、卷层云和卷积云的云中或云上飞行时，冰晶耀眼，有时可产生轻度到中度的颠簸。

总的来说，对飞机起降和低空飞行影响最大的云主要是低云。在低云和有限能见度条件下，飞机的起飞、着陆及低空、超低空飞行都会变得相当困难。飞机在云区飞行容易导致低能见度和飞机颠簸等现象。云状不同，影响的程度也不同。以上各种云中，对飞行影响最大的是积雨云和浓积云，无论在航线上还是起落过程中都应避开。

（六）降水

降水是指云中降落至地面的水滴、冰晶、雪等现象。水汽分子在云滴表面上凝聚增长，在不断运动中，云滴不断凝结（或凝华）为雨滴、雪花或其他降水物，最后降至地面。若有水汽凝结物从云中落下，但因空气干燥，雨雪未及落地，就在空中蒸发，从而形成空中降水，这种现象称为雨幡。按降水物的形态和下降时的特征分类，降水可分为雨、毛毛雨、雪、冰雹、冰粒、米雪等。按持续时间和强度分类，降水可以分为小雨、中雨、大雨、暴雨、大暴雨、特大暴雨。降水常使能见度恶化，损失飞机的空气动力学性能，改变跑道状态，给飞机的飞行、起飞和着陆造成困难和危险。

1）降水使能见度降低。降水强度越大，能见度越差。降雪比降雨对能见度的影响更大。由于毛毛雨雨滴小、密度大，能见度也很差，一般与降雪的影响相当。有时小雨密度很大，也可能使能见度变得很差。在降水时飞行员从空中观测的能见度，还受飞行速度影响：飞行速度越大，能见度越小。其原因是降水使座舱玻璃黏附水滴或雪花，折射光线使能见度变差，以及机场目标与背景亮度对比减少。例如，在小雨或中雨时，地面能见度一般大于4 000米，在雨中飞行，速度不大时，空中能见度将减至2 000～4 000米；速度很大时，空中能见度会降低到1 000～2 000米及以下；在大雨中飞行时，空中能见度只有几十米。

2）含有过冷水滴的降水会造成飞机积冰。在有过冷水滴的降水（如冻雨、雨夹雪）中飞行，雨滴打在飞机上会立即冻结，因为雨滴比云滴大得多，所以积冰强度也比较大。冬季在我国长江以南地区飞行时最容易出现这种情况。

3）在积雨云区及其附近飞行的飞机可能遭雷暴袭击。飞机误入积雨云中或在积雨云附近几十千米范围内飞行时，有被雷暴袭击的危险。

4）大雨和暴雨能使发动机熄火。在雨中飞行时，喷气式飞机的飞行速度会增大一些。因为在发动机转速不变的情况下，雨滴进入涡轮压缩机后，由于雨滴蒸发吸收热量降低燃烧室温度，使增压比变大，增加了发动机推力，使飞机速度相应有所增大。但如果雨量过大，发动机吸入雨水过多，点火不及时也可能造成发动机熄火，特别是在飞机处于着陆低速的阶段。

5）大雨使飞机气动性能恶化。大雨对飞机气动性能的影响主要来自以下两个方面。

一是空气动力损失。雨滴打在飞机上使机体表面形成一层水膜，气流流过时，在水膜上引起皱纹。同时雨滴打在水膜上，形成小水坑。这两种作用都使机体表面粗糙度增大，改变了机翼和机身周围气流的流型，通常使飞机升力减小。二是飞机动量消耗。雨滴撞击飞机时，将动量传给飞机引起飞机速度变化。雨滴的垂直分速度给飞机施加向下的动量，使飞机下沉；雨滴对飞机的迎面撞击则使之减速。飞机在大雨中着陆时，起落架、襟翼和飞行姿态使水平动量损失更为严重，可能使飞机失速。

6）降水会影响跑道的使用。降水会造成跑道上积雪、结冰和积水，影响跑道的使用。跑道有积雪时，一般应将积雪清除后再起飞、降落。不同的飞机对跑道积雪时起飞、着陆的限制条件有差异。例如，图-154 飞行手册限定跑道上雪泥厚度不超过 12 毫米，干雪厚度不超过 50 毫米，飞机才可以起降。跑道积冰有的是由冻雨或冻毛毛雨降落在跑道上冻结而形成的，有的是由跑道上的雨水或融化的积雪再冻结而形成的。跑道上有积冰时，飞机轮胎与冰层摩擦力很小，滑跑的飞机不易控制方向，容易冲出跑道。跑道积水是由于雨水强度特别大、来不及排出跑道而形成的，或由道面排水不良引起的。飞机在积水的跑道上滑行时，可能产生滑水现象，使飞机方向操纵和刹车作用减弱，容易冲出或偏离跑道。此外，跑道被雨水淋湿变暗，还可能使着陆时目测值偏高，影响飞机正常着陆。

资料链接 2-5

1958 年 2 月 6 日，英格兰足球联赛曼彻斯特联队（以下简称“曼联”）的球员、球迷及随队记者乘坐英国欧洲航空公司（British European Airways，现为英国航空公司）609 号航班，在慕尼黑机场末端覆盖积雪的跑道上二次试图起飞失败，机长詹姆士·泰恩于下午 3 时 04 分第三次尝试起飞，结果飞机因速度不足而未来得及爬升，冲出跑道后撞毁机场围栏，失控越过一条马路后，左翼撞及附近一间民房，机身断为两部分，左边机身撞向一棵树，右边机身撞向一辆泊在营房里面、装满了轮胎和燃料的卡车，并随即发生爆炸。机上 44 名旅客及机组人员中有 23 人罹难。

空难发生后，德国机场管理当局最初认为这次空难的主要原因是机师没有在起飞前为机翼进行除冰程序，并对机长詹姆士·泰恩提出检控。但后来证实跑道末端的积雪才是导致意外发生的主要原因，积雪导致即将起飞的飞机的速度由 217 千米/小时减慢至 194 千米/小时，未能达到起飞所需的速度，而跑道也没有剩余空间让飞机终止起飞，最终导致飞机冲出跑道。

（资料来源：唐小卫，等，2015．航空运输地理[M]．北京：科学出版社）

思考：降水对飞行的影响有哪些？

（七）能见度

能见度与航空活动的关系非常密切，是决定在简单飞行气象条件或复杂飞行气象条件下能否飞行的重要依据之一。能见度有两种含义：一是指具有正常视力的人在当时的天气条件下能够看清楚目标轮廓的最大距离；二是指在一定距离内观察目标物的清晰程度。在航空活动中，飞行人员需要观察地标、障碍物、其他飞行物和灯光等目标物，并分辨它们的种类，判断它们的位置。要分辨目标物，最基本的条件是要看清目标物的轮廓。因此，在航空活动中对能见度定义为视力正常的人在昼间能够看清目标物轮廓的最大距离，在夜间则是能看清灯光发光点的最大距离。

1. 能见度的种类

1）地面能见度。地面能见度又称为气象能见度，是指视力正常的人在当时的天气条件下，能够从天空背景中看到和辨认的目标物的最大水平距离，单位为千米或米，是确定飞行气象条件和机场开放或关闭的重要依据之一。地面能见度分为三类：①有效能见度，是指水平视野 1/2（180°）以上范围内能达到的能见距离；②最小能见度，是指在各方向的能见度中最小的能见度；③跑道能见度，是指沿跑道方向观测的地面能见度。

2）空中能见度。空中能见度是指在空中向地面或在空中向水平方向或自地面向空中能看清最远目标物轮廓的距离。由于向下和向上看的背景亮度不同，地面向空中和空中向地面观测的能见度往往不同。因此，按观测方向的不同，空中能见度可分为空中水平能见度、空中垂直能见度和空中倾斜能见度。由于飞行过程中所观察的目标及其背景是在不断变化的，所经大气的透明度也在随时变化，影响空中能见度的因素多变，观测相对困难，因此对空中能见度一般不做观测，只大致估计其好坏。

3）着陆能见度。着陆能见度是指飞机着陆时从飞机上观测跑道的能见度。观测着陆能见度时，目标是跑道，背景是跑道两旁的草地，由于跑道与周围草地之间的亮度对比值通常小于观测地面能见度时选用的灰暗目标与天空的亮度对比，同时着陆能见度还具有空中能见度的其他特性，因而着陆能见度一般比地面能见度要小。

4）跑道视程。跑道视程（runway visual range，RVR）在《国际民用航空公约》中定义为，在跑道中线，航空器上的飞行员能看到跑道上的标志或跑道边界灯或中线灯的距离。事实上，无法在跑道上直接测量跑道视程，因此跑道视程一般使用部署于跑道边的自动化设备（视距测量仪表）来测量。在给定其他基本数据时，跑道视程的大小主要与大气透明度有关，只要测出大气透明度，就可通过一定的关系式计算跑道视程。此外，跑道灯光及环境背景光强度也会影响跑道视程的计算。

2. 视程障碍天气现象

视程障碍天气现象是指因存在水汽凝结物、干质悬浮物等而使空气变得混浊，并造成能见度下降的一类天气现象。

（1）雾

影响雾中能见度的因子主要是雾滴的浓度和大小。雾滴越小，雾的浓度越大，雾的能见度越差。雾中看灯光时，光源波长越长，能见度越好。雾的厚度变化范围较大，一般在几十到几百米，厚的可达 1 000 米以上，厚度不到两米的雾，称为浅雾。形成雾的机制是近地面空气由于降温或水汽含量增加而达到饱和，水汽凝结或凝华而形成雾。根据形成过程的不同，雾可分为辐射雾、平流雾、上坡雾、蒸发雾。本节主要介绍较为常见且对飞行影响较大的辐射雾和平流雾。

1）辐射雾。由地表辐射冷却，使空气中的水汽达到饱和而形成的雾称为辐射雾。辐射雾的形成一般有四个条件：晴朗的天空（无云或少云）、微风（一般为 1～3 米/秒）、近地面空气湿度大和大气层结构稳定。天空无云阻挡，地面热量迅速向外辐射出去，近地面层的空气温度迅速下降。如果空气中水汽较多，就会很快达到过饱和而凝结成雾。在我国，辐射雾是引起低能见度的一种重要天气现象，严重影响飞机起降。在辐射雾上空飞行，往往可见地面高大目标，甚至可见跑道，但在下滑着陆时，就可能什么也看不见。

2）平流雾。平流雾的产生与辐射雾不同，它是当温暖潮湿的空气流经冷的海面或陆面时，空气的低层冷却达到过饱和而凝结成的雾。在我国沿海地区，当海洋上的暖湿空气流向较冷的海面或陆地时，常常形成平流雾。南方海面上的暖湿空气流到北方冷海面上，也能形成平流雾，通常发生在冬季，持续时间一般较长，范围大，雾较浓，厚度较大，有时可达几百米。平流雾的形成要具备以下几个条件：有适当的风向（从暖湿空气吹向冷海面或陆面）和风速（一般为 2～7 米/秒）、暖湿空气与地表之间有较大的温度差异、暖湿空气的相对湿度较大。雾对航班飞行的影响很大，总体而言，平流雾对飞行的影响比辐射雾大，主要表现为平流雾来去突然、难预测，一旦形成，范围广、厚度大，会严重妨碍航班的起飞和降落。

（2）其他影响能见度的固体杂质

其他影响能见度的固体杂质有烟幕、霾、风沙、浮尘、吹雪等。

1）烟幕。烟幕是由城市、工矿区或森林火灾等排出的大量烟粒聚集在空中，使能见度等于或小于 5 000 米的现象。许多靠近城市的机场有这样的情况，早晨在气层稳定的情况下，如果风由城市吹来，则会很快形成烟幕，能见度迅速下降，给飞行带来影响。

2）霾。大量微小的固体杂质（包括尘埃、烟粒、盐粒等）浮游在空中，使水平能见度等于或小于 5 000 米的现象，称为霾。在霾层中飞行时，四周常常朦胧一片，远处目标好像蒙上一层浅蓝色的纱罩；在霾层之上飞行，一般气流平稳，水平能见度也较好；在霾层之上迎着太阳飞行时，霾层顶反射阳光十分刺眼，影响对前方目标的观察；有时还可能将远方霾层顶误认为是天地线。烟幕和霾都是冬季经常看到的天气现象。不同的是烟幕在早晚经常见到，白天比较少见，而霾在一天中任何时候都可能出现。

3）风沙。在风沙区飞行，不仅能见度差，而且沙粒进入发动机会造成机件磨损、油路堵塞等严重后果。沙粒对电磁波的衰减，以及沙粒与机体表面摩擦而产生的静电效应，还会严重影响通信。

4）浮尘。浮尘对飞行的影响与霾相似，主要影响空中能见度。浮尘质点比霾大，主要散射长波光线，远处景物、日月常呈淡黄色。

5）吹雪。吹雪多出现在冬季，一般只影响飞机起落，伴有强降雪和吹雪的雪暴则对所有目视航空活动都有很大影响。

资料链接 2-6

据 1978～1997 年的资料统计，全球由于能见度低造成的飞机事故 27 起，旅客死亡人数高达 961 人。在中国民航历史上，低能见度情况下在起飞和降落的过程中，由于疏忽大意造成的飞行差错和飞行事故如下。

1）1985 年，有 3 架 AN24 飞机因机场低云、低能见度，在着陆时发生飞行事故。

2）1988 年 8 月 31 日，三叉戟飞机 2218 号机在香港启德机场进近，在暴雨中气流不稳、低能见度条件下着陆，机轮碰撞跑道头外防城堤偏出跑道，冲入海中失事。

3）1993 年 10 月 26 日，MD82/2103 号机在福州机场低云中进近到最低下降高度不能转为目视飞行的情况下，盲目下降，勉强着陆，操作不当失事。

4）1994 年 7 月 20 日，波音 737/254 号机在昆明机场大雨、低能见度、颠簸中进近，大幅度强行着陆，冲出跑道失事。

5）1997 年 5 月 8 日，中国南方航空深圳公司的波音 737/2925 号机在深圳机场夜间大雨中进近，发生着陆后跳跃，复飞后再次大速度进近，带下俯角触地失事。

（资料来源：唐小卫，等，2015. 航空运输地理[M]. 北京：科学出版社）

思考：能见度对飞行的影响有哪些？

二、影响飞行的天气

影响航空运输的天气现象主要有雷暴、飞机积冰、低空风切变、飞机颠簸、高空急流和晴空乱流等。

（一）雷暴

雷暴是一种强烈的对流性天气。雷暴出现时，多伴有雷电、暴雨、冰雹和大风。在云中飞行，遇到天气复杂多变，不仅要根据机载雷达来判断情况，同时要请求地面气象雷达进行协助配合。据统计，全球每天约有 44 000 个雷暴发生，而在任一时刻都有 2 000～4 000 个雷暴在活动，其影响面积占全球面积的 1%。美国国家航空安全数据分析中心对飞行事故的调查报告显示，在所有由于天气导致的飞行事故中，雷暴天气导致的事故所占比例为 23%。尤其在夏季飞行时常会遭遇雷暴天气，如图 2-4 所示。

图 2-4　雷暴

1. 雷暴的形成与分类

雷暴是由强烈发展的积雨云产生的，是一种强烈的对流性天气。深厚而明显的不稳定气层、充沛的水汽、足够的冲击力是形成积雨云的三个必要条件。雷暴是大气不稳定状况的产物，是积雨云及其伴生的各种强烈天气的总称。雷暴的持续时间一般较短，单个雷暴的生命史一般不超过 2 小时。根据其结构的不同，雷暴分为一般雷暴和强雷暴。雷暴有明显的季节变化和日变化。在我国，一年中出现次数最多的是夏季，春、秋季次之，冬季除华南少数地区外，全国极少出现雷暴。雷暴往往也有明显的日变化：通常是午后到傍晚出现最多，前半夜次之，清晨最少。

2. 雷暴对飞行的影响

雷暴是一种危及航空飞行安全的危险天气，在雷暴的积云阶段、成熟阶段和消散阶段会伴有闪电、雷鸣、暴雨、大风、冰雹、积冰，严重时伴有龙卷风、下击暴流、低空风切变等灾害性天气，均对飞行安全有严重影响。所以在一般情况下，应避免在雷暴区飞行，若飞行中遇到雷暴云，必须采取措施保证安全飞行。

1）雷暴引起的颠簸。雷暴云中强烈湍流引起的飞机颠簸是危及飞行安全的一个重要因素。雷暴云中的升降气流速度很大，且带有很强的阵性，分布也不均匀，有很强的风切变，因此湍流特别强烈。飞机进入雷暴云，会使飞机操纵失灵，仪表指示失真，在几秒内飞行高度变化几十米至几百米，甚至超过飞机极限容许值，造成飞机损坏。飞机进入雷暴云上部的强湍流区，由于已接近飞机升限附近，容许过载很小，当有强颠簸发生后，飞机会进入超临界迎角，可能造成发动机停车、飞机操纵失灵。

2）雷暴引起的积冰。在雷暴云发展阶段，云中水滴呈过冷状态，含水量和水滴半径较大，所以在其上部飞行常常发生较强的结冰。如果飞机穿越一个雷暴单体，因为时间很短，即使发生积冰，也不一定产生严重影响。但是，如果在积冰气象条件下穿越一个雷暴群，飞机将产生严重积冰。积冰对飞行安全的影响有以下几种：①机翼和操纵面积冰会增大飞机重量，升力系数减小，影响飞机操纵的有效性；②静压系统、空速管结冰会导致仪表读数错误；③发动机结冰会降低发动机性能，使动力衰减。

3）雷暴引起的雹击。飞机遭雹击的现象并不多见，但一旦遭到雹击，会使飞机受到损害，因而应特别警惕。冰雹还可能砸坏停放在地面的飞机及设备，造成损失，所以当预报将有冰雹出现时，民航服务人员要做好防护工作。在空中飞行时发动机可能会吸入冰雹和大量雨水，导致发动机的压缩机损坏，引起严重失速而坠毁。冰雹会导致飞机机体受损，如雷达罩、油箱、风挡等被打坏。

4）雷电。现在大多数飞机有电击保护，所以雷击不易造成飞机结构损坏，但是飞机被雷电击中，会造成飞机机翼、尾翼、雷达天线罩、机身等飞机部分被强电流烧出小洞或小坑。闪电电流可能进入机舱内造成设备及电源损坏；闪电可能引起瞬间电场，对仪表、通信、导航及着陆系统造成干扰、中断或磁化，还可能会导致飞行员瞬间视线模糊，无法操纵飞机及监控仪表。如果油箱被雷电击中，有可能引起燃烧或爆炸，导致灾难性后果。

5）雷暴引起的风切变。风切变是风速在水平方向和垂直方向的突然变化，风切变是导致飞行事故的大敌，特别是低空风切变。当飞机进入该区域时，先遇强逆风，后遇猛烈的下沉气流，随后又是强顺风，飞机就像狂风中的树叶被抛上抛下而失去控制，最终导致失速、掉高度，因此极易发生严重的坠机事件。由于风切变现象具有时间短、尺度小、强度大的特点，会带来探测难、预报难、航管难、飞行难等一系列困难，是一个不易解决的航空气象难题。目前，解决风切变的最好办法就是避开它。

6）雷暴引起的下击暴流。下击暴流和微下击暴流中强烈的下降气流、大风对飞机的起飞和着陆有极大危害。当飞机穿越下击暴流时，首先遇到了强的逆风，这时飞机的空速增加，使升力增加，飞机在过大的升力作用下，开始偏离预定的下滑航迹而上升。当飞机靠近微下击暴流中心时，逆风渐减至零，且突然遇到了强的下冲气流，使飞机的仰角减小，升力突然减小。飞机飞入微下击暴流中心后，下冲气流又渐至强的顺风，使飞机的空速减小，升力也随之减小，飞机继续降低高度，并偏离预定航迹俯冲。由于此时飞机离地面的高度很低，它可能会使飞机急剧下降并失速，造成严重的飞行事故。

（二）飞机积冰

飞机积冰是指飞机机身表面某些部位聚集冰层的现象。它是由于云中过冷水滴或降水中的过冷雨滴碰到机体后冻结形成的，也可由水汽直接在机体表面凝华而成。随着航空技术的发展，飞机的飞行速度及飞行高度的提高，机上的防冰、除冰设备日趋完善，积冰对飞行的危害在一定程度上减少。但是，高速飞机在低速的起飞着陆阶段，或穿越浓密云层飞行中同样可能产生严重积冰。所以，了解产生积冰的气象条件、积冰对飞行的影响及在飞行中如何防止或减轻积冰，仍然十分重要。

1. 飞机积冰的种类

飞机表面所积的冰是多种多样的：有的光滑透明，有的粗糙不平；有的坚硬牢固，有的松脆易除。它们的差异主要是由云中过冷水滴的大小及其温度的高低决定的。根据它们的结构、形状及对飞行的影响程度不同，积冰可以分为明冰、雾凇、毛冰和霜四种。

1）明冰。明冰是光滑透明、结构坚实的积冰，它是在温度为−10～0℃的过冷雨中或由大水滴组成的云中形成的。在这样的云雨中，由于水滴较大，温度较高，冻结较慢，每个过冷水滴碰到机体后并不全在相碰处冻结，而是部分冻结，部分顺气流向后流动，在流动中逐渐冻结。由于冻结中夹杂的空气较少，故形成了透明光滑的冰层。在有降水的过冷云中飞行时，明冰的聚积速度往往很快，冻结得又比较牢固，即使用除冰设备也不易使它脱落，因而对飞行危害较大，而在没有降水的云中飞行时，这种冰的成长就慢得多，危害性也小一些。

2）雾凇。雾凇是由许多粒状冰晶组成的表面粗糙不透明的积冰。这种冰多在温度为−20℃左右的云中形成。因为这样的云中过冷水滴较小，相应的过冷水滴的数量也较少，碰在飞机上迅速冻结，几乎还能保持原来的形状，在聚集过程中各冰粒之间一般存在空隙，所以冰层是不透明的，形成的冰层看起来就像砂纸一样粗糙。雾凇的积聚速度较慢，多出现在飞机的迎风部位，如机翼前沿。与明冰相比，雾凇是松脆的，很容易除掉，对飞行的危害要小得多。但在风挡积有雾凇时，会影响目视。

3）毛冰。毛冰是明冰和雾凇的混合体，这种冰的特征是表面粗糙不平，比较坚固，不透明，色泽像白瓷一样，所以也称为瓷冰。它多形成在温度为–10～5℃的云中，因为这样的云中往往是大小过冷水滴同时并存，所以形成的积冰既具有大水滴冻结的特征，又具有小水滴冻结的特征。有时，在过冷水滴与冰晶混合组成的云中飞行时，由于过冷水滴夹带着冰晶一起冻结，也能形成粗糙的不透明的毛冰。由于毛冰表面粗糙不平，会破坏飞机的流线型，同时冻结得比较坚固，所以对飞行的危害也比较大。

4）霜。霜是在晴空中飞行时出现的一种积冰，它是飞机从寒冷的高空迅速下降到温暖潮湿但无云的气层时形成的，或从较冷的机场起飞，穿过明显的逆温层时形成。它不是由过冷水滴冻结而成的，而是当未饱和空气与温度低于0℃的飞机接触时，如果机身温度低于露点，由水汽在寒冷的机体表面直接凝华而成，其形状与地面物体上形成的霜相似。霜的维持时间不长，机体增温后消失，只要飞机表面温度保持在0℃以下，霜就不会融化。虽然霜很薄，但它对飞行依然有影响，飞机下降时在风挡前结霜，会影响目视飞行。冬季停放在地面上的飞机也可能结霜，必须清除机体上的霜层后才能起飞。

2. 飞机积冰对飞行的影响

飞行中，比较容易出现积冰的部位主要有机翼、尾翼、风挡、发动机、桨叶、空速管、天线，无论什么部位积冰都会影响飞机性能，其影响主要有以下三个方面。

1）破坏飞机的空气动力性能。飞机积冰，增加了飞机的重量，改变了重心和气动外形，从而破坏了原有的气动性能，影响飞机的稳定性。机翼和尾翼积冰，使升力系数下降，阻力系数增加，并可引起飞机抖动，使操作困难。如果部分冰层脱落，表面就会变得凹凸不平，造成气流紊乱，而且会使积冰进一步加剧。

2）降低动力装置效率，甚至产生故障。螺旋桨飞机的桨叶积冰，会减少拉力，使飞机推力减小。同时，脱落的冰块有可能打坏发动机和机身。在飞机进气口或汽化器上出现积冰，会使进气量减少，进气气流畸变，造成动力损失，甚至使发动机停车。对于长途飞行的喷气式飞机，燃油积冰是一个重要问题。长途高空飞行、机翼油箱燃油的温度可能降至与外界大气温度一致，约为–30℃。油箱里的水在燃油系统里传输的过程中很可能变成冰粒，这样就会阻塞滤油器、油泵和油路控制部件，引起发动机内燃油系统的故障。

3）影响仪表和通信，甚至使之失灵。空速管和静压孔等空气压力受感部位积冰，可影响空速表、高度表等的正常工作，若进气口被冰堵塞，可使这些仪表失效。天线积冰，影响无线电的接收与发射，甚至中断通信。

另外，风挡积冰可影响目视，特别是在进场着陆时，对飞行安全威胁很大。如图2-5所示为风挡积冰。

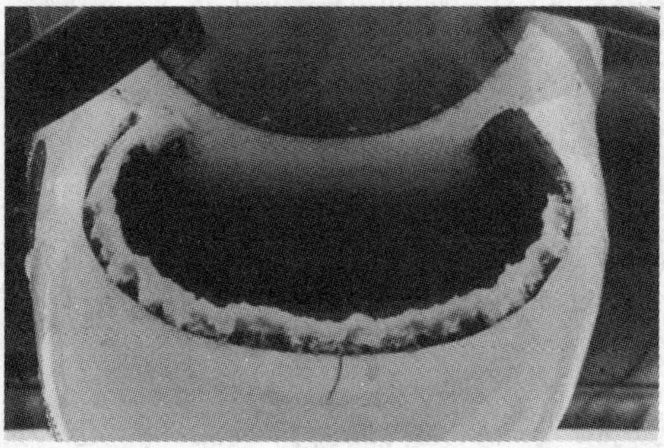

图 2-5　风挡积冰

资料链接 2-7

2004 年 11 月 21 日，中国东方航空云南公司（以下简称“东航”）CRJ-200 机型 B-3072 号飞机，执行包头飞往上海的 MU5210 航班任务，在内蒙古包头机场起飞 40 秒后坠毁，造成 55 人（其中有 47 名旅客、6 名机组人员和 2 名地面人员）遇难，直接经济损失达 1.8 亿元。

事故调查组通过对 CRJ-200 机型飞机进行气动性能、机翼污染物、机组操作和处置等分析，认为是飞机在包头机场过夜时存在结霜的天气条件，机翼污染物最大可能是霜，飞机起飞前没有进行除霜（冰）操作。

飞机起飞过程中，由于机翼污染使机翼失速临界迎角减小。当飞机刚刚离地后，在没有出现警告的情况下飞机失速，飞行员未能从失速状态中改出，直至飞机坠毁。

（资料来源：中国东方航空云南公司包头“11 · 21”特别重大空难事故基本情况及处理结果[EB/OL].（2013-10-20）[2017-12-15]. http://www.doc88.com/p-9883913302581.html，节选）

思考：飞机积冰对飞行的影响有哪些？

（三）低空风切变

风切变是一种常见的大气现象，指风向、风速在水平或垂直方向的突然变化。低空风切变常指 600 米以下空气中风的切变，是目前国际航空和气象界公认的对飞行有重要影响的天气现象之一。近年来，随着我国民航业的飞速发展，航班密度迅速增长，由于低空风切变导致的飞行不正常事件时有发生。

1. 低空风切变的分类

航空气象学中，根据飞机相对于风矢量及其变化的不同情况，可以把风切变分为以下四种形式。

1）顺风切变。它是指飞机从小的顺风区进入大的顺风区，或从逆风区进入顺风区，以及从大的逆风区进入小的逆风区等情形。它使飞机空速减小、升力下降，使飞机不能保持高度而下掉，这是一种比较危险的风切变形式。

2）逆风切变。它是指飞机从小的逆风区进入大的逆风区，或从顺风区进入无风或逆风区，以及从大顺风区进入小顺风区等情形。它使飞机空速增加，升力增大，使飞机上升。它比顺风切变的危害相对较轻。

3）侧风切变。它是指飞机从一种侧风或无侧风状态，进入另一种明显不同的侧风状态。侧风切变分左侧风切变和右侧风切变，它使飞机发生偏航、侧滑、滚轮等现象，侧风较大且变化较大时也很危险，飞机发生滚转、带坡度的现象，使飞机偏离预定下滑着陆方向。

4）垂直风切变。它是指飞机从无明显升降气流区，进入强烈升降气流区的情形，特别是强烈的下击暴流。其中，不仅有明显的垂直风切变，还有强烈的水平风切变，具有猝发性，使飞机突然下沉，危害最大。

2. 产生低空风切变的天气背景

低空风切变是在一定的天气背景下形成的，而且其尺度和强度与天气系统的结构和强度密切相关。以下几种天气能产生对飞机起飞和着陆有较大影响的低空风切变。

1）雷暴。雷暴是产生强烈低空风切变的重要天气。雷暴单体下方的下曳气流在相当宽的范围内可造成由下击暴流和雷暴外流组成的两种不同的风切变：一种是在雷暴单体中心附近下方的下击暴流切变，它具有范围小、生命期短、强度大的特征；另一种是下击暴流接近地面时转化成强烈的冷性气流向四周传播，表现为强顺风切变和强逆风切变。由于其中一部分强风切变区向前伸展远离雷暴主体，不易察觉，对飞行安全威胁很大。

2）锋面。锋面是产生风切变最多的天气系统。锋两侧的气象要素有很大差异，锋面过渡区的垂直结构，是产生风切变的重要条件。一般当锋两侧的温差不低于 5℃，锋面移速不低于 15 米/秒，都会在锋面附近产生对飞行有影响的低空风切变，其中尤以冷锋伴随的低空风切变危害较明显，但这种低空风切变一般持续时间较短。在冷锋后的偏北大风区内往往也存在较严重的低空风切变。

3）辐射逆温型的低空急流。秋、冬季节晴空的夜间，由于强烈的地面辐射降温可形成低空逆温层，在逆温层顶附近常有低空急流，高度一般为几百米，有时可在 100 米以下。逆温层阻挡了在其上的大尺度气流运动与地面附近气层之间的混合作用和动量传递，而在逆温层以上形成了最大风速区即低空急流。逆温层阻挡了上层风的动量下传，使地面风很弱，形成风的切变。单纯辐射逆温引起的低空风切变的强度比雷暴和锋面所引起的风切变弱得多，一般秋、冬季节较多，在日出之前达到最强，在夜间和拂晓时对飞行有一定影响。

此外，当机场周围的环境和地形比较复杂时，也会产生对飞机的起飞、着陆有影响的低空风切变，如地形波、较大水陆界面等。一般水域面积辽阔或机场附近高大建筑物群等易产生风切变，尤其在较强阵风条件下。

3. 低空风切变对飞机起飞、着陆的影响

风切变表现为气流运动速度和方向的突然变化，原先维持预定目标飞行的飞机，受

到风切变时，作为一种扰动，若飞行员不加修正，飞机的航迹将发生变化，飞机就会在俯仰、滚转、偏航和空速等方面发生复杂的变化，其中飞机的爬升或加速可用来减少由于风切变所造成的升力损失。风切变发生的高度越低，对飞行的影响也越大。因为飞机在起飞和着陆时，飞行速度都比较小，同时航向也局限于起飞或着陆方向，处于高阻力状态，此时机动余量小，改出高度亦不够，飞机可以用以加速的剩余推力也处于最低限。所以对于起飞、着陆的飞机来说，遭遇风切变是最危险的。

1）顺风切变的影响。当飞机沿着陆下滑道进入顺风切变区时（如从逆风区进入无风区），风速减小，升力也减小，从而使飞机不能保持速度而下降至正常下滑线以下。这时，如果风切变层相对于跑道的高度较高，飞行员拉起机头，增大仰角或迅速加大油门增速，则有可能从风切变中改出，恢复到正常下滑线，完成着陆。如果风切变层相对于跑道的高度较低，飞行员加大油门重新获得速度时，推力过大，不能减缓，使机头上仰、下滑角过小，造成着陆速度过大，导致滑跑距离过长，甚至冲出跑道。如果风切变层相对于跑道的高度更低，原来的逆风迅速消失，升力显著下降，飞行员来不及做修正改出，未到跑道就已触地，造成事故。

2）逆风切变的影响。当飞机沿着下滑道进入逆风切变区时（如从顺风区进入无风区），风速增大，升力增加，机头上抬，飞机上升到正常下滑线以上。若风切变层相对于跑道的高度较高，飞行员可及时收油门，利用侧滑或蹬舵方法来增大阻力，使飞机的空速迅速回落，并推杆回到预定下滑线以下，再带杆和补油门，回到正常下滑线下滑，完成着陆。如果风切变层相对于跑道的高度较低，飞行员修正量过大，使飞机下降到下滑线以下，由于此时离地很近，再做修正动作已来不及，飞机未到跑道头可能就触地了。如果双切变层相对于跑道的高度更低，飞行员往往来不及进行修正，飞机已接近跑道，由于着陆速度过大，滑跑距离增加，飞机有可能冲出跑道。当飞机起飞时，由无风区进入顺风区且随着高度增加，顺风分量增大，会使飞机的动力性能降低，飞机掉高，对起飞不利，甚至有可能起飞失败而坠地。

3）侧风切变的影响。飞机在下滑遭遇侧风切变时，除会产生前述两种情况下的问题以外，还会使飞机偏离跑道，产生侧滑，情况更为复杂。飞行员要及时进行综合修正。如果侧风切变层的高度较低，飞行员来不及修正，飞机会带坡度和偏移接地，影响着陆滑跑方向。

（四）飞机颠簸

飞机颠簸是飞机进入扰动大气层后发生的左右摇晃、前后冲击、上下抛掷及机身震颤等现象。飞机颠簸使飞机各部承受的载荷发生变化，可能造成部件损坏。震颠发生时，常使仪表示数失常，难以靠仪表飞行。同时，飞机的颠簸会增大飞行阻力，增加燃料消耗，影响航程，并使机组人员与旅客困乏疲惫。飞机颠簸为扰动气流所致，扰动气流在不同的高度层都有可能发生。飞机产生颠簸，特别是产生强颠簸时，对于飞机结构、飞机操纵、仪表指示都有很大的影响，如图 2-6 所示。

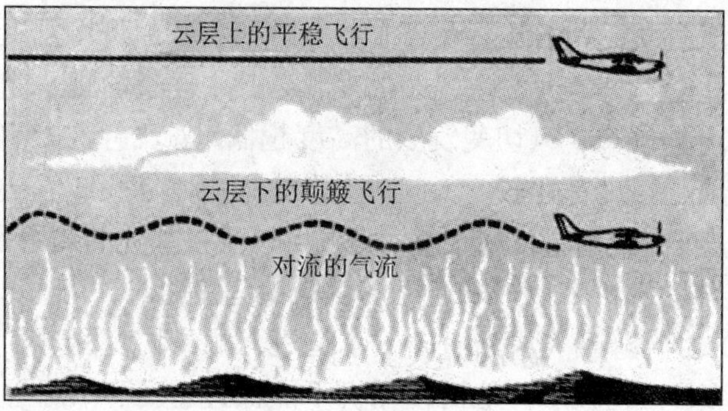

图 2-6 飞机颠簸

1. 对飞机结构的影响

飞行中产生颠簸，飞机的各部分都经受着忽大忽小的负荷，颠簸越强，载荷变化就越大。飞机长时间受到强烈载荷变化的作用，或受到超过飞机所能承受的最大载荷，可以使飞机部件受到损害，酿成事故，飞机的某些部分（如机翼）就可能变形甚至折毁。

2. 对飞机操纵的影响

飞机产生颠簸时，飞行高度、速度及飞行的姿态都会经常发生不规则的变化，从而失去稳定性。颠簸强烈时，飞机忽上忽下的高度变化通常可达几十米至几百米，使飞机操纵困难，甚至失去操纵，难以保持正确飞行状态。由于飞行状态时有变动，飞行员往往不得不耗费更多的精力来及时保持飞机处于正常状态，因而体力消耗较大，易于疲劳。

3. 对仪表指示的影响

飞机颠簸时，仪表受到不规则震动，指示常会发生一些误差，特别是在颠簸幅度变动较大、飞机忽上忽下变动频繁的时候，升降速度表、高度表、空速表和罗盘等飞行仪表就会产生较明显的误差，不能十分准确地反映瞬间的飞行状态；如果完全据之以修正飞行状态，就会带来一些不良后果。此外，颠簸还会使进入发动机的空气量显著减少而导致发动机自动停机。这种情况高空飞行时最可能遇到。

颠簸还会使旅客感到不适，增加旅途疲劳甚至呕吐。当产生强颠簸时，旅客身体可能受到伤害。例如，1982 年，中国台湾地区一架波音 747 在飞行中遇到强烈颠簸，使未系安全带的 19 名旅客受伤、2 名旅客死亡。因此，当飞机发生颠簸时，应尽快脱离颠簸区，采取的方法是改变高度或暂时偏离航线。

(五) 高空急流和晴空乱流

1. 高空急流

急流是指出现在平流层顶附近或平流层中的一股强而窄的气流，一般指风速大于或等于 30 米/秒的强风带。高空急流长度可达几千千米，宽几百千米，厚几千米。急流中心风速有的可达 50～80 米/秒，最强的可达 100～150 米/秒。高空急流的形成一般是由于大气中有大的水平温度梯度。在中纬度地区容易出现水平温度梯度大的区域，导致西风风速随高度增加而迅速增加，因而在中纬度地区上空对流层就经常出现西风急流。顺急流飞行时，可增大空速，节省燃料，缩短航行时间；逆急流飞行时则相反，同时要多消耗备份油量。横穿急流飞行时，会产生很大的偏流，对领航计算和保持航向都有影响。在横穿急流时，当刚进入时风由小突然变大，刚穿出急流时风由大变小；同时气温变化也相当大，在穿越高空急流时最易产生飞机颠簸。

2. 晴空乱流

晴空乱流是指出现在 6 000 米以上高空且与对流层无关的乱流。晴空乱流以 10 千米高度附近出现最多，出现时，湍流区与无湍流区之间没有过渡带。飞机一旦进入湍流区，往往突然产生颠簸。湍流区的水平宽度约为 100 千米，顺着风向的长度约为 200 千米，厚度多在 200～1 500 米。晴空乱流通常发生在空中气温水平梯度较大和风切变较大的地区。如果高空存在某些天气系统（如急流、锋区、槽线等），它们造成了温度与风的急剧变化，在这些区域就会出现晴空乱流。

高空急流与晴空乱流是高空影响飞行的重要天气现象，高空晴空颠簸一般为中度以上颠簸，对飞行安全有很大影响，必须给予高度重视，这两种现象有时同时出现，即在急流区附近，常出现晴空乱流区，而产生晴空颠簸。在组织和实施高空飞行时，如果能事先详细了解航线附近天气，判断急流的空间位置及强度、晴空颠簸存在区域，以及大气温度和风的急剧变化，对制作航行计划及飞行中正确进入或退出急流区、避开强烈颠簸是非常有利的。

资料链接 2-8

1999 年 10 月 17 日中午，一架由昆明飞往香港的班机在香港上空突然遇到一股强大气流，飞机在 5 ~ 10 秒内急坠 2 000 英尺[①]，很多没有系好安全带和正在上厕所的旅客被抛向机舱的空间，并撞到飞机顶部，共有 45 名旅客受伤。导致这场飞行事故的“罪魁祸首”就是晴空乱流。

历史上还有不少晴空乱流袭击飞机的事故，1990 年 10 月 3 日美国东方航空公司一架 DC9 飞机向棕榈滩下降穿过 31 000 英尺高度时，遇到晴空乱流，导致 1 名旅客严重受伤。

（资料来源：翟潇，2015. 空中遭遇晴空颠簸不可预见，如何安全乘机[EB/OL].（2015-08-12）[2017-12-15]. http://news.weather.com.cn/2015/08/2372456.shtml，节选）

思考：晴空乱流对飞机飞行的影响有哪些？

① 1 英尺=0.304 8 米。

知识拓展

飞机失事的常见原因有以下几个。

1. 自然因素

天气对飞行影响巨大，航路或机场上空的雷暴、雷雨云、台风、龙卷风、强烈颠簸及低云、低能见度和跑道结冰等恶劣气候，会对飞机结构和通信设备及飞机起降构成直接威胁。此外，据统计，近年来世界范围内每年都发生 20 多起由电磁波干扰引起的飞行事故，因此世界上许多航空公司禁止飞行时使用手机。

（1）恶劣天气

与天气原因密切相关的空难数不胜数，如伊春空难、巴基斯坦空难及波兰总统坠机事件，均伴随浓雾天气。而雷击造成的空难则在夏季时有发生，2010 年 8 月的哥伦比亚空难，就是由于飞机在着陆时被雷电击中后断成三截，造成 1 人死亡、5 人重伤。据统计，全球每年平均发生两起由雷击导致的空难。但由于用作飞机外壳的铝合金是一种良好导体，当飞机遭遇雷击，电流会经由铝合金外壳扩散，一般不会对飞机构成严重影响。此外，由于天冷导致的机翼结冰，以及飞机起飞、降落时遭遇风切变，也就是俗称的“怪风”导致飞机失事的例子也很多见。

（2）电磁波干扰

为什么在飞机上使用手机很危险呢？飞机上的导航设备是利用电磁波来测定方向的，它接收到地面导航站不断发射出的电磁波后，就能测出飞机的准确位置。当手机工作时，也会辐射出电磁波，干扰飞机上的导航设备和操纵系统，会使飞机自动操纵设备接收到错误的信息，从而进行错误的操作，引发险情，甚至使飞机坠毁。除手机外，使用计算机、游戏机时也会辐射电磁波，因此这些设备也不能在飞机上使用。此外，太阳黑子和北极光等天文现象产生的电磁波也会干扰飞机的正常航行。

2. 人为因素

航空技术发展到现在，因硬件、设备上的问题而发生空难的比例已经很小了，而人为因素是现在空难发生的第一大原因，包括飞行员的素质、培训是否到位，飞机维护人员及空中管制人员等是否按照规章办事等多方面因素。在民航业提高飞行安全的努力中，我们最需要做的就是使航空从业人员的素质规范化和培训严谨化，正所谓先“尽人事”，而后“听天命”。人为因素导致的飞行事故主要有以下几种情况。

（1）飞行员操纵错误

这种事故屡见不鲜，毕竟飞行员即使是受过专业训练，也不能保证绝不犯错。例如，1985 年，华航 006 次航班因为飞行员失去方向感险些坠入太平洋；1995 年，罗马尼亚空难是因为机长在飞机落地前突然丧失行动能力；2001 年，美航 587 次航班则是飞行员过度使用方向舵，将垂尾弄折导致飞机失事；更离奇的则是 1994 年发生的俄航 593 次航班空难，据调查，原因可能是机长为让 15 岁的儿子进行试飞体验。

（2）地勤人员检修错误

地勤人员检修错误包括地勤人员的装卸不当、违规维修等，这等于在飞机上放了一个不定时炸弹，随时都有可能发生事故。例如，1979 年，美航 191 次航班因为引擎野蛮装卸导致飞机在起飞时掉落，最后使飞机坠毁；2000 年，阿拉斯加航空公司 261 次航班因为尾部舵机没有定期更换导致在飞行中失去控制，致使客机坠入大西洋。这是地勤人员工作懈怠、不负责任导致的，让本不应该发生的灾难成为现实。

（3）飞行员与地勤人员通信错误

航空史上死亡人数最多的 1977 年特内里费空难，583 条生命因为飞行员和地勤人员之间的语言不通而无辜丧生。当天机场大雾弥漫，两架在滑道上候命起飞的波音 747 客机无法看到对方，由于其中一架飞机的飞行员与空中交通管制员语言不通，错听指令发动飞机，导致两机同时起飞，在滑道相撞。1997 年的印度尼西亚空难是由于空中交通管制中心将飞机引至错误的方向，导致飞机撞山而毁。此外，由于空中交通管制员没有清晰地向飞行员报告高度、表达模糊、违反程序等，导致的空难层出不穷。

（4）飞机相撞

两架飞机怎么偏偏就撞在一起？其实，这种事故也是有可能发生的。天上的空间虽然大，但人们还是划出了“空中走廊”，就是为了防止撞击，一架客机只能在自己的走廊内飞行以免发生碰撞。而机场附近有很多客机在盘旋等待降落，这是碰撞的高发地带。一旦飞机飞偏，后果就不堪设想。1986 年，墨西哥航空公司 498 次航班，在美国加利福尼亚州上空被一架私人飞机撞掉尾翼坠入住宅区，两架飞机无人生还；1996 年，一架波音 747 飞机和一架伊尔-76 飞机在德里上空迎面相撞，死亡 349 人；2002 年，一架图-154 客机在德国上空被一架波音 757 飞机的尾翼切成两半……空中撞击非同小可，死亡率几乎是百分之百。

3. 机械故障

在飞机延误和事故分析中，机械故障也是很常见的原因。机械故障一般包括引擎故障、液压失灵、油箱起火、爆炸性减压和金属疲劳等状况，一般在起飞之前的维护和检查中，能发现不少机械故障，因此真正出现在飞行途中的突发性机械故障还是相对较少的。

（1）引擎故障

发动机是给飞机提供推力的装置，没有发动机飞机就无法飞行。但是实际上引擎故障远没有那么可怕，如今的客机都有两个及以上的发动机，一个坏掉一般不至于造成机毁人亡的事故。波音 747 备有四个发动机，坏掉两个发动机都可以正常降落。但是，如果发生操作失误，如 2009 年英国米德兰航空 092 航班飞行员误把好的发动机关掉引发悲剧，或者两个以上发动机同时坏掉等概率极小的事情发生，就很可能会引发空难性后果。

（2）液压失灵

在客机上液压管道连接着飞行员的踏板和手柄，到飞机的所有控制面、副翼、升力面等。飞机完全是靠液压系统来控制的。一般情况下，液压系统非常可靠，但是有一个缺点，一旦液压管道上有任何裂缝，里面的液体就会很快漏光，整个液压系统也就没用了。一架液压失灵的飞机就像一辆没有方向盘的汽车，所以液压失灵是非常可怕的事故。为了防止这样的事故，大型客机上一般装有三套独立的液压系统，以避免一套失灵后飞机无法控制。但是，全部液压失灵的事件也是时有发生的。1985 年，日航 123 次航班因为后舱门掉落损坏尾翼，三套液压系统同时失灵，飞机失控坠入山区，524 人中只有 4 人生还。如今已经有两种可以避免这类事件发生的技术：一种是电子控制系统，利用电力代替液压控制飞机的控制面；另一种是引擎推力控制系统，利用变换飞机两边的引擎推力来实现升降和转弯。但是这两种系统至今还都未在客机上得到普及。

（3）油箱起火

航空燃油在汽化状态非常易爆。但事实上，直接由油箱爆炸造成的事故非常少。因为燃油在没有外部因素作用下一般是不会在飞行中起火的，起火主要是在飞机坠落之后。如果飞机在飞行中发生爆炸的话，那将是致命的危险。

（4）爆炸性减压

喷气式客机一般飞行在平流层，那里的气压要比地面低很多，所以客机都装有增压装置，让机舱里的气压保持在地面的水平。这就需要机身严丝合缝，如果有任何一点缝隙，飞机就会像被刺破的气球一样炸开，这种情况称为爆炸性减压，一旦发生后果严重。人体血管里的气体会变成泡泡阻止血液循环，同时血管破裂造成内出血，肺也会被涨破。最早的彗星式客机连摔两架，都是这个原因。1988 年，洛克比空难中飞机在恐怖分子的炸弹爆炸后，也因为爆炸性减压而凌空解体。与之类似的还有一种缓慢减压，这种事故也很严重。因为飞行员常常无法意识到舱内气压在降低，所以常常在采取措施之前就进入昏迷状态，导致飞机进入无人驾驶状态，后果不堪设想。

（5）金属疲劳

一架飞机是一整套系统的结合，任何一套系统失灵都可能造成事故。最常见的故障原因是金属疲劳，如同反复弯曲别针的后果。飞机飞行的时候会产生各种频率的震动，加上每次起降的增压与减压循环，如果哪个部位因没有被检查到而发生了疲劳断裂，就会引发事故。

（资料来源：张姝，2014.飞机失事的原因有哪些[EB/OL].（2016-12-11）[2017-12-15].
http://www.jingyan.baidu.com/article/36d6ed1f52cff21bcf48838d.html）

第四节　影响航空运输的其他自然地理要素

一、地震

1. 地震概述

地震是地球内部发生急剧破裂产生的震波，在一定范围内引起地面震动的现象。由于地壳运动过程中，来自天气的，地球内部的、外部的及地球自转速度的变化，导致地壳不同部位出现受力不均衡，受到挤压、拉伸、旋扭等力的作用，在那些地应力集中区比较脆弱的地方就容易破裂，引起断裂变动，于是便引发了地震。地震是地球上经常发生的一种自然灾害。地震是极其频繁的，全球每年发生地震约 550 万次。地震常常造成严重人员伤亡，摧毁房屋、桥梁、水坝等建筑物，直接给人类造成巨大的灾难。地震还能引起火灾、水灾、有毒气体泄漏、细菌及放射性物质扩散，或造成海啸、滑坡、崩塌、地裂缝等次生灾害。

部分学者认为地震与气象异常存在一定的关系，因为岩石圈和大气圈紧密相连，时刻发生着能量交换，必然相互影响。地震，特别是特大地震（8 级以上）的发生，往往伴随着一系列余震和前震，除机械运动释放机械能外，还会释放大量其他不同形式的能量到空中，从而影响气象变化。地震影响气象的大小和程度受地震释放能量、深度、位置、时间、波及范围等诸多因素影响。海洋及其边缘发生的巨大地震（9 级以上）对气象的影响是比较明显的。地震影响海洋，海洋影响大气环流，大气环流异常，会造成严重的旱灾和洪灾。

2. 世界主要地震带

地震的发生受地质构造条件控制，因此地震的分布多发生在那些活动构造体系内的活动构造带上，而且主要分布在存在活动断层的地方，即地震的发生主要与活动断层有关。全世界地震带主要有两个：一是环太平洋地震带，包括南、北美洲太平洋沿岸，阿留申群岛、堪察加半岛、千岛群岛、日本列岛，经台湾岛到菲律宾再转向东南直至新西兰；二是欧亚地震带，大致从印度尼西亚西部、缅甸经中国横断山脉、喜马拉雅山脉，越过帕米尔高原，经中亚细亚到达地中海及其沿岸。环太平洋地震带处在太平洋板块和美洲板块、亚欧板块、印度洋板块的消亡边界，是地球上地震最活跃的地区，集中了全世界 80%以上的地震。欧亚地震带是在亚欧板块和非洲板块、印度洋板块的消亡边界上。我国正好介于两地震带之间，是一个多地震国家，而且也是世界上遭受地震灾害较为严重的国家。

3. 地震对飞行的影响

地震对处于飞行状态中的飞机而言，其影响较小；但是地震可能会对机场、导航塔等地面建筑物造成破坏。在地震过后要对机场的跑道进行检查，如是否有形变，形变是否在允许范围内。查看其他地面设施，如起降灯、导航、观测设备是否完好，经过这些检查后才能确定机场开通或是关闭。若有跑道或导航设施被破坏，将对飞机的起降和空中的飞行产生较大的影响。

资料链接 2-9

2011 年 3 月 11 日，日本东北太平洋海域发生了 9 级地震并引发海啸，海啸袭击了福岛核电站并引发了核辐射。地震损害了部分日本港口及机场等基建设施，受地震影响，成田机场、羽田机场、仙台机场关闭，地震造成了全日本航空运输公司的 128 条国内航线停飞，约 3.2 万人出行受到影响。

国际航空运输协会就日本大地震对全球航空运输业造成的潜在影响做出评估。国际航空运输协会认为，此次地震对日本国内航线市场冲击最大。日本年载客量约为 8 300 万人次，收入约为 190 亿美元。在国际航线方面，与日本经济较为密切的其他国家或地区航线中，中国航空公司受影响最大，因日本航线占了中国国际航线 23%的比例；其次是韩国，日本航线占 20%；排在第三位的是泰国，占 15%；接下来依次是美国（占 12%）和新加坡（占 9%）。日本航空业的定期航空运输量占全球航空业的 6.5%，营运收入占 10%，达到 625 亿美元。法国是欧洲地区受影响最大的国家。

（资料来源：唐小卫，等，2015. 航空运输地理[M]. 北京：科学出版社）

思考：地震对飞行的影响有哪些？

二、火山灰

1. 火山灰概述

火山灰是指细微的火山碎屑物，由岩石、矿物、火山玻璃碎片组成，直径小于 2 毫米，还有人将其中极细微的火山灰划分出来称为火山尘。火山爆发时，岩石或岩浆被粉碎成细小颗粒，从而形成火山灰。大规模的火山喷发所产生的火山灰可在平流层长期驻留，从而对地球气候产生严重影响。火山灰也会对人、动物的呼吸系统产生不良影响。火山灰的下落还会给人们的房屋建筑及自身生命安全带来伤害。1991 年，皮纳图博火山喷发时，台风和雨使又湿又重的火山灰降落到人口稠密的地区，约 200 人死在压塌的房屋下。我国目前尚未有活火山喷发，但也应重视可能喷发的迹象，特别是东北长白山天池火山。另外，在我国飞往冰岛、美国、澳大利亚的航线上时常有火山喷发。

2. 火山灰对飞行的影响

1）火山灰中含有的二氧化硅熔化后会吸附在涡轮叶片和涡轮导向叶片上致使引擎停转。

2）火山灰中的微小颗粒阻塞皮托管这个空速传感器，尘埃会堵塞这些设备进而产生错误的读数，使飞行员可能无法获知当时的速度。

3）火山灰还可能刮花驾驶舱的挡风玻璃，损坏机身和灯罩，甚至大量覆盖在机身上，导致飞机前后部重量失衡。在跑道上，火山灰也会制造问题，因为飞机的起飞和降落会将火山灰重新抛向空中，一旦被吸入引擎，将导致严重后果。

知识拓展

飞机遭遇火山灰的注意事项有以下几点。

1）在目视可见火山灰颗粒的大气条件下，原则上禁止飞机在地面和空中运行，禁止地面运转发动机。政府、局方和公司有特殊要求的除外。

2）各型号飞机和发动机厂家提供的、现行有效的持续适航文件，仅适用于在限制飞行区和正常飞行区内运行的、受火山灰影响的飞机和发动机。

3）禁止对运行中遭遇火山灰的各型号发动机进行清除火山灰的水洗工作。因为水洗将导致火山灰积聚在高压涡轮导向器和转子叶片的冷却通道内，导致冷却空气流量的减少，同时火山灰结块后黏附在转子盘毂上也将引起转子的不平衡。

4）对于黏附火山灰的飞机，厂家建议在合适时对其进行清洁工作。在清除飞机表面的火山灰时，应注意保护飞机上的各个开口免遭二次污染；在做缝隙和消音面板等部件的清洁时，应考虑优先使用真空吸尘器；火山灰遇水后，会形成弱酸性溶液，因此要保证足够的水量来冲洗整个表面，尤其是窗户和有封严的区域。

5）对于各型号的飞机和发动机在运行中遭遇火山灰的情况，必须通报各飞机和发动机厂家的驻场代表。

（资料来源：陈少龙，2010. 关于民航飞机在火山灰环境下运行的维护建议[EB/OL].（2010-05-04）[2017-12-15]. http://news.carnoc.com/list/159/159752.html.）

3. 火山灰对航空运输的影响

欧盟根据火山灰在大气中的浓度将飞行区划分为三类：禁飞区、限制飞行区和正常飞行区。其中，禁飞区的空域将被暂时关闭，限制飞行区可视情况而定。空域关闭导致的后果即机场关闭及航班取消，这将给航空公司带来巨大的经济损失。由于航班取消及延误，航空公司需按照承诺为滞留旅客提供食宿甚至变更航班、退票等服务，大量航班停飞时，航空公司需为此付出巨大成本。货运航班的取消不但使航空公司运营收入减少，而且将经济损失扩大到更多的行业，鲜活易腐货物等具有时效经济价值的货物不能按时、按约定进行运输，使货主蒙受巨大损失。

以 2010 年冰岛火山灰为例，在冰岛火山爆发之前，国际民航界关于火山爆发及火山灰的扩散对航空运输的影响似乎并没有准确及清晰的认识。但是，冰岛火山喷发显然与从前不同，它发生于空运发达的欧洲，它产生的火山灰短时间内使欧洲航空运输几乎陷入瘫痪，影响远至北美、东亚，由此引发的系列后果给世界民航业带来了严重的创伤。

资料链接 2-10

冰岛埃亚菲亚德拉冰盖冰川附近的一座火山于 2010 年 4 月 14 日喷发，火山灰在 7 000 ~ 10 000 米的高空形成了火山灰云团，这一高度正好是民航飞机飞行的高度。火山烟尘对航空业的影响已跨越欧洲，影响到北美和亚洲。另外，在禁飞数日后，欧洲部分机场尝试临时开禁。

欧盟委员会 4 月 27 日发布的初步评估报告称，火山灰共造成 10 万余航班取消，1 000 多万旅客出行受阻，欧洲航空业受损约 15 亿 ~ 25 亿欧元。国际民用航空组织更是认为冰岛火山的喷发，对国际航空业造成巨大影响，4 月份，欧洲大部分空域受火山灰影响关闭长达一周时间，成为自第二次世界大战以来时间最长的空域关闭期。

以英国航空公司为例，统计数据显示，受冰岛火山喷发影响，4 月份英航共运载旅客 208.1 万人次，与 2009 年同期相比，减少 24.5%，损失了相当于 6 天的运力。其中，英航亚太航线受损最严重，4 月同比下降 34.6%，英国国内及欧洲地区航线受损次之，同比下降 26.8%。

火山灰造成的航班暂停，给全球民航业带来了巨大的损失。国际航空运输协会也发布公告称，截至冰岛火山喷发第 6 日，火山灰已经造成全球航空业损失 17 亿美元。国际航空运输协会负责人表示，在火山灰污染最严重的 17~19 日三天内，损失达到每日 4 亿美元。

（资料来源：周伟，2010. 航空业对火山研究投入不足，间接影响旅游业[EB/OL].（2010-05-12）[2017-12-15]. http://news.carnoc.com/list/160/160412.html.）

思考：火山灰对飞行有哪些影响？

4. 世界主要火山带

火山带是火山活动的地区。与地壳断裂带、新构造运动强烈带或板块构造边缘软弱带有关，常呈有规律的带状分布。世界上有以下四个主要火山带。

1）环太平洋火山带。该火山带有 400 余座活火山，其中厄瓜多尔的科托帕克希火山（5 890 米）是世界最高的活火山，阿根廷安第斯山脉的阿空加瓜火山（6 940 米）是世界最高的死火山。

2）地中海火山带。西起伊比利亚半岛，向东经喜马拉雅山与环太平洋火山带相接。

3）大西洋海岭火山带。北起格陵兰岛，经冰岛、亚速尔群岛至圣赫勒拿岛，有近 60 座活火山。

4）东非火山带。沿东非大断裂带分布，如乞力马扎罗火山（5 895 米）。

中国境内约有 660 座火山，绝大多数是死火山，主要分布在三个地带：环蒙古高原带、青藏高原带、环太平洋带。

资料链接 2-11

（1）特内里费空难——民航史上最严重的空难

特内里费空难（Tenerife Disaster，或称为加那利空难）是在 1977 年 3 月 27 日傍晚于西班牙北非外海自治属地加那利群岛的洛司罗迪欧机场发生的两架波音 747 客机在跑道上高速相撞的一起严重空难事件。由于发生事故的两架飞机都是满载油料与人员状态的大型客机，事故造成两机多达 583 名旅客和机组人员死亡，是直到 2001 年“9 · 11”事件发生前，因为飞机而引发的灾难中死伤人数最高的一起，也是迄今为止死伤最惨重的空难。

荷兰皇家航空（KLM，航空代号 KL/KLM）4805 号班机是一架波音 747-206B 型广体客机，当天 9:31 由阿姆斯特丹的史基普机场（Schiphol）起飞，载着 234 名旅客由荷兰飞抵加那利群岛。在经过 4 个小时的飞行后，KL4805 班机在当地时间 13:10 降落在洛司罗迪欧机场，并且与许多早已被转降在此处的飞机一样，挤在由机场主停机坪与主滑行道（7 号滑行道）所构成的暂时停机区内，等待拉斯帕尔马斯机场重新开场。

另一架波音 747-121 型客机——隶属于美国泛美航空（PanAm，航空代号 PA/PAL）的 PA1736 班机则是在 13:45 降落在洛司罗迪欧机场。它由洛杉矶国际机场（LAX）起飞后，中途降落纽约甘乃迪机场（JFK/KJFK）加油并更换组员，再飞抵加那利群岛。该班机离开洛杉矶时原本有 364 名旅客，但降落纽约时又有 14 人上机，机长虽然曾一度要求地面航管让他们直接在天上盘旋等待拉斯帕尔马斯机场重新开场而不要转降后再起飞、降落到目的地，但还是被指挥降落在洛司罗迪欧机场，加入地面满满的大小机群中。

16:00 左右，洛司罗迪欧机场的塔台收到拉斯帕尔马斯方面的信息，后者即将重新开场，因此各班机的组员也开始准备再次起飞的工作，但在此时，机场渐渐被大雾笼罩，视线逐渐变差。由于 PA1736 班机上的旅客原本就没有下机而是在原地等待，因此当目的机场重开时，他们理应拥有先起飞离场的优先顺位。

但是，就在飞机滑行到一半想要进入通往 12 号跑道的滑行道时，泛美的飞行员发现他们被体积巨大的 KL4805 挡住去路，在剩余路宽不足的情况下他们被迫等待旅客都下机在机场中休息的 KL4805 重新登机手续准备妥当并离开等候区后，再尾随升空。

KL4805 在 16:56 呼叫塔台请求滑行的允许，塔台照准，除 KL4805 外，塔台方面也准许 PA1736 离开等候区，跟随着前面的 KLM 客机在主跑道上滑行，并且指示他们在 3 号滑行道处转弯离开主跑道。KL4805 在滑行到 30 号跑道起点附近的等待区过程中曾和塔台联络，当时塔台给予的指令是“OK，请在跑道末端 180° 回转，并且回报准备已就绪，等待 ATC 许可”，但却被 KLM 的机长误会为他们已被授权起飞。

事发当时该机场的雾非常重，无论是机场塔台还是泛美与 KLM 的飞行员，三方之间都无法看见对方的状态，同时，该机场的跑道中央灯故障又无适当的雷达导航设备，无疑是给这个混乱的情况火上添油。

17:03，泛美的机长最后一次与塔台汇报他们正在跑道上滑行，在这之后当泛美客机不小心错过 3 号滑行道入口、正打算弯进 4 号滑行道前往起飞等候区的瞬间，副机长突然发现跑道远方有 KLM 客机的降落灯。虽然 KLM 的机长在见到前方横在跑道上的泛美客机后，很尽力地让飞机侧翻爬升，但由于起飞攻角太大，导致机尾在跑道地面上刮出一个将近 1 米长的深沟，但仍然无法挽救大局。刚离地的 KLM 客机扫过泛美客机的机身中段后继续爬升了 33.33 米左右，失控坠落在 250 米外的地面上，爆炸焚毁。而被剧烈撞击的泛美客机则在瞬间爆炸起火，整架飞机断裂为几部分，只有左翼与机尾在事件后保留大致的模样。

KL4805 班机：事故当时该班机上共有 234 名旅客与 14 名机组人员，在事件中机上无人幸免。

PA1736 班机：在事故发生时，该班机上有 396 人，其中 321 名旅客与 14 名机组人员死亡，大多数死于满载油料的飞机爆炸后的大火。位于该机的机首与机尾部分有不少幸存者，包括 54 名旅客与 7 名机组人员逃过一劫。

两架飞机相撞的灾难中共有583人死亡，以当时史无前例的惨重程度而被视作民航史上最严重的灾难。

（2）气象因素——加加林遭遇空难的元凶

尤里·加加林，这位宇航员因为曾驾驶“东方 1 号”宇宙飞船进行了人类首次太空飞行成为受人景仰的英雄，但他的英年早逝也令人痛惜。

1968 年 3 月 27 日 10 时 19 分，加加林在飞行教官弗拉基米尔·谢列金上校的陪同下驾驶一架“米格-15”从莫斯科郊外的军用机场起飞。这是他从茹科夫斯基空军工程学院进修毕业，进行飞行考试的最后一次飞行。

这位已有 10 年飞行生涯的少校飞行员对这种例行考试驾轻就熟。当加加林熟练完成 20 号空域复杂气象条件下的盘旋飞行科目后，开始将航向从 70° 转到 320°，做低速下降转弯时，飞机正穿越厚密的中低云层。就在这时，地面指挥塔无线电联络中断，再无加加林的回音，加加林和谢列金同机遇难。

此次空难震惊了全世界，更给航空航天界留下了一长串问号。苏联政府非常重视这次特大事故，定为一级飞行事故，成立全权事故调查委员会，各种原始数据和分析报告整整写了30卷。

科学家认为事故发生之时，上空云底高度只有 500～600 米，而不是加加林飞行前报告的 900 米，致使加加林冲出云层后，缺少了 250～300 米的调整高度，连跳伞的时间都没有了，从而导致了这场空难的发生。

直到 1975 年 6 月的美国纽约空难后，科学家才注意到气象条件的影响。一些专家，特别是气象专家又重新对加加林空难进行了评估，认为气象因素才是主要原因。

飞机在空中飞行离不开升力，飞行员改变工作状态，也主要是通过改变升力的大小和方向来实现的。飞机的升力和飞机的空速（飞机相对于空气的速度）有一定的关系，风向风速改变时，空速就会改变，飞机的升力也会相应改变。于是，就会引起飞行状态的不平衡。如果飞机着陆时通过的切变层是从强逆风进入弱逆风，或由逆风进入顺风，空速就会变小，升力也因此随着变小，导致飞机下沉，滑到了下滑轨道以下。在这种情况下，如果还有一定的高度，飞行员立即拉起机头增大仰角，并迅速加大油门，提高升力，则有可能从风切变中改出，恢复到正常的下滑轨道，安全地着陆。但是，要改变飞机的速度需要一定的时间，如飞行员的反应时间、发动机增加转速的时间及改变飞行状态的时间。若遭遇的风切变高度过低，很可能来不及改出便已触到地面。

同样，若飞机着陆通过的切变层是从强顺风进入弱顺风，或由顺风进入逆风，则空速增大，升力增加，机头上仰，飞机就上升到正常的下滑轨道以上。这时若来不及改出，就会造成着陆点滞后，导致飞机冲出跑道的飞行事故。

事故给人们敲响了警钟，现在人们已研制出低空风切变报警系统，用以降低风切变给低空飞行造成的危害，为航空的安全带来了福音。

（资料来源：http://www.360doc.com/content/14/0318/07/1582698_361474943.shtml，有改动）

思考：空难产生的主要原因有哪些？

知识拓展

在飞行事故中，面对紧急出口的一排座位、紧急出口前面及后面的两排座位，是逃生可能性最大的座位。最危险的座位，则是距离紧急出口 6 排和更远的座位。很多业内人士认为，飞机失事后一分半钟是逃生的黄金时间。

澳大利亚教授盖里尔研究了 105 次坠机事件及 2 000 多名幸存者的受访记录，总结出了以下六条自救方法。

（1）勿与家人分开

如果与家人一道旅行，应该尽量坐在一起。如果坐在机舱里的不同地方，在逃生前，他们总想先团聚，这很危险。对一个家庭来说，他们应该坐在一起，并准备好分别逃生。

（2）学会解安全带

盖里尔的研究显示，在发生紧急事件时，在飞机上解开安全带的方式和汽车上不同，需要打开插销，如果不能解开安全带，逃生的机会就很渺茫。

（3）距离逃生口近

幸存者在逃生时要走的平均距离约为 7 排座位，还要数一下距离最近的两个逃生口有多少排座位，以便在黑暗中也能找到出口，因为距离你最近的逃生口不一定可用。另外，靠通道座位可以使你更快地进入通道，在发生紧急事件时，时间就是一切。

（4）背朝飞行方向

如果飞机的座位都是面向后的，旅客会更加安全，在军事飞机上，座位的安排常常是面向后的。盖里尔坐火车旅行时通常坐在对面没有人的座位上。他说："因为在发生冲撞事件时，坐在我面前的人会撞到我的身上，使我受伤。"

（5）带上防烟头罩

如果能从冲撞中幸存，就要面对大火和烟雾问题。烟雾含有有毒气体，过多地吸入将导致死亡。盖里尔在旅行时会带上一个防烟头罩，但他警告说，如果带上这样的用具，就需要学会如何使用，否则会为戴上它而浪费时间。

（6）听乘务员讲解

登机后要认真听取乘务员的讲解，阅读安全条例。在发生坠机前，按照乘务员的指示采取防冲击姿势：小腿尽量向后收，超过膝盖垂线以内；头部向前倾，尽量贴近膝盖。防冲击姿势是旅客要学会的一个重要方法，它可以减少被撞昏的风险。

（资料来源：http://jingyan.baidu.com/article/6b1823095babcfba58e15960.html，有改动）

小　结

本章介绍了地球与导航的基本知识，时差、时间的种类及飞行小时的计算，与飞行有关的航空气象要素（气温、气压、湿度、风、云、降水、能见度等），影响航空运输的天气现象（雷暴、飞机积冰、低空风切变、飞机颠簸、高空急流和晴空乱流等），以及影响航空运输的其他自然地理要素（地震、火山灰等）。

思考与练习

1．简述空气温度对飞行造成的影响。
2．试分析风速对起飞和着陆的影响。
3．简述飞机颠簸对飞行的影响。
4．阐述常见的气象现象及其对飞行造成的影响。

实　训

实训主题：讨论空难产生的主要原因及应采取的避免措施。
实训目的：阐述常见的气象现象及其对飞行造成的影响。
实训形式：小组活动，学生 5～7 人为一组。
实训步骤：学生以小组为单位讲述空难产生的主要原因及应采取的避免措施。
实训评价：其他小组评价+教师评价。

第二部分

航空运输要素

第三章 航空运输布局

知识目标

1. 了解机场的定义与分类。
2. 掌握航空公司的定义与分类。
3. 掌握航线的分类。

技能目标

1. 分析影响航空公司运力分布的因素。
2. 掌握城市和机场的三字代码。

案例导入

2013年11月15日，浙江义乌民航机场首次历史性突破旅客年吞吐量百万大关。当天下午，义乌市副市长陈小忠、义乌民航局局长黄霖等一起在机场翘首以待第100万个旅客的到来。15:38，飞机抵达，工作人员为第100万个旅客刘金龙送上了鲜花和一张单程免费机票。“他的到来意味着开启了义乌机场发展的新篇章。”陈小忠说。

作为城市的重要对外窗口，浙江义乌民航机场于1991年正式建成。20多年时间，从无到有、从小到大，这个“空中巴士”经历着脱胎换骨的蜕变，现已成为浙中唯一、浙中西部地区最大的航空港，旅客吞吐量在国内排名前60位。

陈小忠介绍，义乌机场飞行区技术等级为4C；停机坪面积约为6万平方米，可同时停放12架中型客机；国内候机楼面积达1.8万平方米，可满足高峰每小时800人次的候机需求。“义乌机场已成为义乌对外开放、对外交流的一张‘金名片’。”陈小忠说道。近年来，义乌机场积极“筑巢引凤”，引进了多家航空公司，大力开发航线航班，并充分发挥了区域性中心机场的辐射功能。“2013年，新开通了义乌至沈阳、哈尔滨、大连等8个城市的航班，通航城市已达19个，旺季每周始发航班量为150班，已初步形成了以义乌为中心，辐射东、西、南、北各大城市的航线网络。”黄霖说，他们将以此为契机，进一步拓展国内航线航班，提升机场等级。对飞行区进行改扩建，加长跑道长度，创造满足波音757等300座以下大中型飞机和全货机的起降条件。并按建设旅客年吞吐量490万人次的大中型口岸机场目标，逐步考虑扩建国内航站楼和停机坪。截至2013年11月15日，义乌机场旅客吞吐量突破100万人次，与2012年同期相比增长24%。

其中，外籍旅客39.8万人次，相比同期增长42%，占义乌机场2013年运输总量的39.8%。100万，这个数字是义乌机场的一个里程碑，它翻开了义乌机场发展的新篇章。

（资料来源：节选自 http://news.carnoc.com/list/265/265997.html，有改动）

思考：为什么义乌机场要提升机场等级？有什么作用？

第一节 机 场

一、机场的定义与构成

（一）机场的定义

机场系统结构

机场，又称为飞机场、航空港，是供飞行器起飞、降落和地面活动而划定的地域或水域，包括域内的各种建筑物和设备装置。

机场一般分为军用机场和民用机场两大类。本书介绍的是提供公共运输服务的民用机场。民用机场是指专供民用航空器起飞、降落、滑行、停放及进行其他活动使用的划定区域，包括附属的建筑物、装置和设施。民用机场不包括临时机场。

（二）机场的构成

民用机场一般由飞行区、客货航站区、延伸区构成。机场设计图如图3-1所示。

图3-1 机场设计图

1. 飞行区

飞行区是机场的重要组成部分，包括供飞机起飞、着陆、滑行、停放的地面设施区域和其上空对应所需的净空区域两部分。其中，地面设施区域是机场的主体，主要包括跑道、升降带、跑道端安全区、停止道、净空道、滑行道、机坪，以及一些为维修服务和空中交通管制服务的设施及场地，如塔台、机库、救援中心等。

2. 客货航站区

客货航站区是机场内办理航空客货运输业务和供旅客、货物地面运转服务的区域，分为旅客航站区和货运区两部分。

（1）旅客航站区

旅客航站区主要由航站楼、站坪及停车场组成。

航站楼，又称为航站大厦、候机楼、客运大楼，是提供旅客转换陆上交通与空中交通的设施，是机场对旅客服务的中心地区。航站楼内部如图 3-2 所示。

图 3-2　航站楼内部

设在航站楼前的机坪称为站坪或客机坪，它供客机停放、上下旅客、完成起飞前的准备和到达后各项作业使用。

停车场用于停放车辆，通常设在航站楼前。

（2）货运区

货运区是用来办理货物托运手续、将货物装载飞机或从飞机卸载、临时储存、交货等的区域。它主要由业务楼、货运库、装卸场及停车场组成，货机来往较多的机场还设有货机坪。

3. 延伸区

延伸区是与机场航空服务相关产生的区域，包括机务维修设施、供油设施、空中交通管制设施、安全保卫设施、救援和消防设施、行政办公区、生活区、生产辅助设施、后勤保障设施、地面交通设施及机场空域等。

二、机场的分类

按照用途分类，机场可分为军用机场和民用机场两类。民用机场按其功能分类，可分为航空运输机场和通用航空机场。航空运输机场按其在民航运输系统中所起的作用分类，可分为枢纽机场、干线机场和支线机场。

枢纽机场是指国际、国内航线密集的机场。旅客在此可以很方便地中转到其他机场。国内枢纽机场是民航局规划，由北京、上海、广州机场组成的三大门户复合枢纽机场和天津、昆明、成都、西安、重庆、乌鲁木齐、郑州、沈阳、武汉机场组成的九大区域性门户枢纽机场构成。

干线机场是以国内航线为主，航线连接枢纽机场、直辖市和各省会城市或自治区首府，客运量较为集中，年旅客吞吐量不低于 10 万人的机场。干线机场有 12 个，包括深圳、杭州、大连、厦门、南京、青岛、呼和浩特、长沙、南昌、哈尔滨、兰州、南宁机场。

支线机场是指省、自治区内经济比较发达的中小城市和旅游城市，或经济欠发达而地面交通不便的城市地方机场。这类机场客运量较少，年旅客吞吐量一般低于 10 万人。这些机场的航线多为本省区航线或邻近省区支线。

三、机场飞行区等级

国际民航组织根据飞行区等级来指称机场等级。飞行区等级的划分主要按照飞机的基准飞行场地长度和飞机翼展与主起落架外轮间距，使用“数字+字母”来表示。第一部分是数字，表示跑道的长度；第二部分为字母，表示可使用机型的翼展和轮距。具体参数如表 3-1 所示。

表 3-1　机场飞行区基准代号表

飞行区代码	跑道长度/米	飞行区代号	翼展/米	主起落架外轮间距/米
1	$L<800$	A	$WS<15$	$T<4.5$
2	$800\leqslant L<1\,200$	B	$15\leqslant WS<24$	$4.5\leqslant T<6$
3	$1\,200\leqslant L<1\,800$	C	$24\leqslant WS<36$	$6\leqslant T<9$
4	$L\geqslant 1\,800$	D	$36\leqslant WS<52$	$9\leqslant T<14$
		E	$52\leqslant WS<65$	$9\leqslant T<14$
		F	$65\leqslant WS<80$	$14\leqslant T<16$

飞行区等级的划分将有关飞行区机场特性的许多规定和飞机特性联系起来，从而对在该飞机场运行的飞机提供适合的设施。国内主要机场飞行区等级如表 3-2 所示。飞行区等级可以向下兼容。例如，我国机场常见的 4E 级飞行区常常用于起降国内航班最常见的 4C 级飞机（如波音 737 和空中客车 A320）。在天气与跑道长度允许的情况下，偶尔可在低等级飞行区起降高等级飞机。例如，我国大部分 4E 级机场均可以减载起降 4F 级的空中客车 A380 飞机，但这会造成跑道寿命降低，需要在起降后人工检查跑道道面。

表 3-2　国内主要机场飞行区等级

等级	最大可起降飞机种类举例	国内该飞行区等级机场举例
4F	空中客车 A380 四发远程宽体超客机	北京首都国际机场、上海浦东国际机场、广州白云国际机场、深圳宝安国际机场、杭州萧山国际机场、昆明长水国际机场、武汉天河国际机场、成都双流国际机场、西安咸阳国际机场、天津滨海国际机场、南京禄口国际机场、桂林两江国际机场、青岛胶东国际机场等

续表

等级	最大可起降飞机种类举例	国内该飞行区等级机场举例
4E	波音 747、空中客车 A340 等四发远程宽体客机	温州龙湾国际机场、郑州新郑国际机场、沈阳桃仙国际机场、南宁吴圩国际机场、上海虹桥国际机场、太原武宿国际机场、长沙黄花国际机场、呼和浩特白塔国际机场、青岛流亭国际机场、福州长乐国际机场、常州奔牛机场、贵阳龙洞堡国际机场、乌鲁木齐地窝堡国际机场、合肥新桥国际机场、珠海金湾国际机场、三亚凤凰国际机场、海口美兰国际机场等
4D	波音 767、空中客车 A300 等双发中程宽体客机	兰州中川国际机场、连云港白塔埠机场、西双版纳嘎洒国际机场、运城关公机场、宜昌三峡机场、绵阳南郊机场、东营永安机场、威海国际机场、南通兴东机场、洛阳机场、西宁曹家堡机场、丽江机场等
4C	空中客车 A320、波音 737 等双发中程窄体客机	汉中机场、梅州机场、盐城南洋机场、安庆天柱山机场、九江庐山机场、北京南苑机场、长白山机场、腾冲机场、黑河机场、济宁曲阜机场等
3C	波音 733、ERJ、ARJ、CRJ 等中短程支线客机	乌海机场、武冈机场等

资料链接 3-1

印度当地时间 2010 年 5 月 22 日 6:30 左右，印度航空公司一架从迪拜起飞的波音 737 客机在印度西南卡纳塔克邦的门格洛尔机场降落时突然失事。门格洛尔机场旧跑道约 1 800 米，新跑道于 2006 年投入使用，长约 2 400 米。失事的波音 737-800 型客机在新跑道着陆后未能停住，坠入山谷。

国际民用航空组织建议全球各地机场在跑道尽头修建 300 米长的缓冲区，为降落时冲过头的客机提供额外保护。门格洛尔机场出事跑道尽头缓冲区为约 90 米的沙地。

“环境支持组织”协调员莱奥·萨尔达尼亚称：“很显然，导致这场悲剧的原因是那些官员没有确保第二条跑道按标准建设。”

萨尔达尼亚说，他们当初反对机场扩建方案，因为它未能满足应对紧急情况的标准，特别是起降阶段。虽然有其他地点可供选择，但是当局在政治压力和工商业团体游说下执意扩建。

此外，机场还缺乏紧急救援道路，导致空难发生后，救援人员花费一个多小时才到达位于山谷中的失事地点。据统计，飞机冲出跑道已经是世界各国航空公司事故中最常见的问题之一。世界平均每周发生近 4 起类似事件。

（资料来源：节选自 http://news.sina.com.cn/w/2010-05-24/050017553927s.shtml，有改动）

思考：划分机场飞行区等级的意义是什么？

四、机场代码

通常使用的机场代码有两种：三字代码和四字代码。

1. 三字代码

为了提供准确快速的服务，国际航空运输协会统一对航空网上的每个结合点——空港城市及其机场给定了三字代码。代码通常是空港城市及其机场的英文缩写，由三位大写字母组成。它刊登在国际航空运输协会机场代码目录中，是最常用的机场代码，多用于公众场合。

多数空港城市只有一个机场，这些城市与机场的三字代码相同。但很多超大型空港城市一般拥有多个机场，则要对各个机场给出另外的代码。例如，东京的三字代码为TYO，东京有成田机场和羽田机场，其机场代码分别为NRT和HND；北京的城市代码是BJS，北京有北京首都机场和南苑机场，其机场代码分别为PEK和NAY。

城市代码一般用于客货运输服务的运价计算，两个城市间的航空运费不会因为使用机场不同而改变。机场代码则用于航空运输中。旅客的票证、标签、标志上一律使用三字代码来表示机场。

2. 四字代码

四字代码，又称为地名代码，它是根据国际民用航空组织制定的规则，指配给一个航空固定电台所在地点的由4个字母组成的代码。

四字代码用于识别航空固定电台的地理位置，航空固定电信网电报的收报和发报地址，用于飞行情报区或高空飞行情报区负责中心的收电地址等。此外，四字代码可以代表一个民航机场或者飞行区，在航图和航行情报中使用；可以代表起飞/降落机场、飞跃地点名称，在飞行计划、位置报告等空中交通服务电报中使用等。

资料链接 3-2

2013年5月14日，四川阿坝红原机场三、四字代码成功启用。四川阿坝红原机场2013年8月进行试飞，由于建设工作的要求，必须申请机场三、四字地名代码。4月底，在西南空管局通导部的积极协调下，红原机场向国际航空运输协会成功申请三字代码。近日，经西南空管局申请，民航局空管局根据国际民航组织的相关规定，指配了红原机场的四字代码，并正式启用其三字代码。此项工作的完成，对于确保红原机场开航后各类航空业务电报的正常传输、保证航空安全具有积极的意义。

（资料来源：http://news.carnoc.com/list/252/252375.html）

思考：机场三字代码和四字代码的由来和作用是什么？

第二节 航空公司

一、航空公司的定义与分类

（一）航空公司的定义

航空公司是指以各种航空飞行器为运输工具，以空中运输的方式运载人员或货物的企业。

知识拓展

德国飞艇股份公司（Deutsche Luftschiffahrts-Aktiengesellschaft，DELAG）是世界上第一家航空公司，成立于 1909 年 11 月 16 日。它是一家政府参与的公司，使用齐柏林飞艇，总部位于法兰克福。世界上依然存在的 5 家历史最悠久的航空公司分别为：荷兰皇家航空、哥伦比亚航空、澳大利亚航空、墨西哥航空和捷克航空。

（二）航空公司的分类

航空公司经营灵活多样，分类的方式也很多。按照飞行的区域范围，航空公司可以分为国际航空公司和国内航空公司；按照运输种类，航空公司可以分为客运航空公司和货运航空公司；按照工作时间，航空公司可以分为定期航空公司和不定期航空公司。

目前，按照航空公司的服务模式来分类运用更广，航空公司可分为全服务航空公司、低成本航空公司和高端服务航空公司。

1. 全服务航空公司

全服务航空公司的客舱按照头等舱、商务舱、经济舱布局，并配备相应的空乘服务人员。这类航空公司免费为旅客提供特色餐饮、娱乐设施等全面服务。

2. 低成本航空公司

低成本航空公司，又称为廉价航空公司或低价航空公司，是指通过取消一些传统的航空旅客服务，将营运成本控制得比一般航空公司低，从而可以长期大量提供便宜票价的航空公司。

资料链接 3-3

20 世纪 80 年代以来，美国航空业一直处于萧条状态，进入 90 年代以后赤字总额累计达 80 亿美元，仅 1992 年亏损额就高达 20 亿美元。然而，就在这一片萧条之中，赫伯特·凯莱赫创立了美国西南航空公司，并且带领西南航空公司取得辉煌成绩：西南航空公司自创建以来连续 28 年有盈余，其中 9 年利润有增长；其获利率平均每年达 5%，是业界最高的；1992 年的营业收入增长率高达 25%；2000 年的总营运收入达 56 亿美元，纯利润约为 6.3 亿美元。

美国西南航空公司的创建，标志着一个廉价航空模式——低成本航空公司的诞生。这个在开创之初受无数人嘲笑的航空模式，现在已经席卷美洲、欧洲、大洋洲等全球航空市场，成为全球航空业中发展最快的一个领域，出现了一大批成功的低成本航空公司，如欧洲的瑞安航空公司、澳大利亚的维珍航空公司。

2010 年之前，廉价航空公司每年的增长速度在 30%左右，并逐渐把传统的大型航空公司挤出曾给它们带来丰厚垄断利润的短途市场。原来，亚洲廉价航空的市场份额不足 10%，到 2010 年，亚洲廉价航空已达到 20%的份额。

廉价航空公司如此迅猛的兴起与发展，导致航空旅行从豪华、奢侈型为主向大众、经济型为主的转变，缘于多方面的原因，经济形势与社会观念的变化是其重要的根源。廉价航空运输成本的降低主要依靠两个手段：一是通过提高飞机利用率（高密度座位及飞行时间）降低单位成本；二是通过降低维护成本（单一机型及很低的人机比等）来控制其整体运营费用。

（资料来源：节选自 http://finance.sina.com.cn/chanjing/cyxw/20121024/135213463142.shtml，有改动）

思考：低成本航空公司成功的原因有哪些？

3. 高端服务航空公司

高端服务航空公司是同低成本航空公司相对，在运营上比全服务航空公司提供更多优质服务的航空公司。

高端服务航空公司不断地追求高端服务的创新。例如，英国航空公司在伦敦希思罗机场 5 号航站楼修建的被称为“艺廊”的头等舱贵宾室，为贵宾提供奢华的服务。而希思罗 5 号航站楼也凭借特色商店、餐厅和奢华贵宾室，提供无缝的机场体验，连续 5 年被评为全球最佳机场航站楼。英国航空公司对飞机上的服务设备更新也是不惜血本。2006 年 11 月，其推出的“世界俱乐部”睡床式豪华公务舱座椅从整体上营造一个更私密、更美观、更容易让旅客放松的氛围，而且把头等舱和公务舱的更新换代周期缩短到 6 年的时间。这些可躺式座椅是招聘专业人员认真研究人体结构与环境结构，使用三维计算机动画程序设计而成的。各种机型座椅的改装，其价值高达 50 亿美元。另外，机舱里的光线也是模仿自然环境和人体感觉舒适度来设计的。

当然，高端服务航空公司的机票价格也高昂，如英国航空公司的一张头等舱的机票价格可以高达上万英镑。

二、航空公司代码与航空联盟

（一）航空公司代码

航空公司有 IATA 代码（二字代码）和 ICAO 代码（三字代码）两种。其中，二字代码是国际航空运输协会（IATA）规定的，是航空公司英文的缩写，广泛运用于航空运输中，如航班、机票等。三字代码是国际民航组织（ICAO）规定的，由三个字母构成，多用于陆空通话的呼号中。例如，中国国际航空股份有限公司的英文名为 Air China，二字代码为 CA，三字代码为 CCA。

（二）航空联盟

航空联盟是指两个或两个以上的航空公司之间组成的一种伙伴关系。联盟成员之间签订合作协议，明确彼此间的权利与义务，联合经营业务。通过联盟，航空公司可以整合利用各种资源，增强在航空运输市场上的竞争力。

目前，国际上有三大航空联盟：星空联盟（Star Alliance）、寰宇一家（One World）、天合联盟（Sky Team）。三大航空联盟标志如图 3-3 所示。

（a）星空联盟　　（b）寰宇一家　　（c）天合联盟

图 3-3　三大航空联盟标志

1. 星空联盟

星空联盟是世界上第一家国际性航空公司联盟，成立于 1997 年 5 月 14 日，总部位于德国法兰克福。星空联盟英语名称和标志代表了最初成立时的 5 个成员：北欧航空（Scandinavian Airlines）、泰国国际航空（Thai Airways International）、加拿大航空（Air Canada）、德国汉莎航空（Lufthansa）及美国联合航空（United Airlines）。星空联盟将航线网络、贵宾候机室、值机服务、票务及其他服务融为一体。无论旅客位于世界何处，都可以提高其旅游体验。

星空联盟是迄今为止历史最悠久、规模最大的航空联盟。其庞大的飞行网已经拥有 27 家正式成员，航线覆盖了约 200 个国家及 1 000 多个机场。

星空联盟主要的合作方式包括扩大代码共享规模、常旅客计划的点数分享、航线分布网的串连与飞行时间表的协调、在各地机场的服务柜台与贵宾室共享、与共同执行形象提升活动。相对于航空公司之间的复杂合作方式，对于一般的搭机旅客来说，要使用星空联盟的服务则比较简单，只需申办成员航空公司提供的独立常旅客计划中的任何一个，就可以将搭乘不同航空公司班机的里程累计在同一个账户里。除此之外，原本是跨公司的转机延远航段也被视为同一家公司内部航线的衔接，因此在票价上较有机会享有更多优惠。

2. 寰宇一家

寰宇一家是 1999 年 2 月 1 日正式成立的国际性航空公司联盟，总部位于加拿大温哥华。由美国航空公司、英国航空公司、原加拿大航空公司（Canadian Airlines，现已被加拿大枫叶航空收购）、国泰航空公司及澳洲航空公司 5 个航空公司发起结盟。

寰宇一家成员航空公司及其附属航空公司也在航班时间、票务、代码共享（共挂班号、班号共享）、旅客转机、飞行常客计划、机场贵宾室及降低支出等多方面进行合作。

3. 天合联盟

天合联盟于 2000 年 6 月 22 日由美国达美航空公司、法国航空公司、大韩航空公司、墨西哥国际航空公司宣布共同组建。

天合联盟成员通过联盟内所有航空公司的航班信息、座位信息和价格信息，帮旅客预订机票和座位，把中转旅客通过联盟航空公司的国内航线送到对方国家的各个城市，实现全球旅客服务无缝服务。

资料链接 3-4

北京的黄先生是一位商务旅客，此次他的行程如此安排：先去新加坡开地区会议，再飞到美国硅谷开总部会议。以往，这些烦琐的行程意味着他要选择 3 家不同的航空公司订票，但当国航加入星空联盟后，情况发生了改观。

在首都机场，黄先生可以凭借一张国航打印的公务舱机票，享受优先登机的权利，闲适地飞往新加坡开完地区会议后，他可以放心地把行李交给新加坡航空公司，而自已坐在休息室中等待着新加坡航空公司飞往洛杉矶的飞机。下了飞机，他可以坐在美联航的贵宾室中慢饮一杯咖啡，让美联航以最便捷的方式把他送到公司总部。而这一切，只需要他在北京购买国航的一张机票就可以搞定。

据悉，这种“一票服务”的价格比黄先生单独购买 3 张机票便宜 40%左右。

（资料来源：节选自 http://finance.sina.com.cn/roll/20070202/22131197283.shtml，有改动）

思考：航空联盟对旅客的影响有哪些？

三、航空运力及其分布

1. 航空运力

航空运力，即航空公司运输能力的简称。通常，习惯于用航空公司所拥有的飞机数量或者可提供座位来表示，是航空公司规模的具体表现。但是，这样的衡量并不准确。飞机的机型不同，飞行距离和载客量差异巨大。例如，空中客车 A380 最多可承载 853 名旅客，而小型客机一般只能承载几十名旅客。

航空运力反映航空公司的市场供应能力，包括 3 个指标：可用吨公里、可用座公里、可用货邮吨公里。可用吨公里是整体运力指标，可用座公里是旅客运力指标，可用货邮吨公里是货邮运力指标。

知识拓展

可用吨公里：可提供业载与航段距离的乘积，反映运输飞行中的综合运载能力。计算公式为

$$可用吨公里=\sum[可提供业载（吨）\times 航段距离（公里）]$$

可提供业载：飞机每次运输飞行时，按照有关参数计算出的飞机在该航段上所允许装载的最大商务载量。

可用吨公里、可用座公里、可用货邮吨公里是航空公司能够提供的运输能力。但是，在实际中，往往达不到这个量。所以，还会使用运输周转量来衡量运力。运输周转量是反映运输量和运输距离（即旅客、货物、邮件在空中实现位移）的综合性生产指标，体现航空运输总的工作量。计算公式为

运输周转量=旅客周转量+货物周转量+邮件周转量

知识拓展

旅客周转量（人公里）$=\sum$[航段旅客运输量（人）×航段距离（公里）]

货邮周转量（吨公里）$=\sum$[航段货邮运输重量（吨）×航段距离（公里）]

航段距离是指飞机在两机场之间按规定航行路线，直达飞行的空中距离。

2. 航空运力分布

航空运力分布是指航空公司飞机及其维护保障设施在地域上的配置。影响航空运力分布的直接因素是市场的需求。为了发挥资源优势，因地制宜地开展航空运输，提高飞机和地面设施的利用率，航空公司的运力多分布在经济发达、人口密集、航空运输业务发达的城市。这些城市的机场也称为主基地机场。中国民航 2016 年 7 月主要运输生产指标如表 3-3 所示。

表 3-3　中国民航 2016 年 7 月主要运输生产指标

统计指标	计算单位	本月		当年累计	
		实际完成数	比 2015 年同月增长/%	实际完成数	比 2015 年同期增长/%
一、运输完成情况					
运输总周转量	亿吨公里	83.4	12.6	539.3	12.5
国内航线	亿吨公里	53.0	9.5	348.1	9.4
其中：港澳台地区航线	亿吨公里	1.3	−4.6	9.2	−1.6
国际航线	亿吨公里	30.4	18.3	191.2	18.6
旅客运输量	万人	4 353.3	10.9	27 579.7	10.8
国内航线	万人	3 863.0	8.5	24 570.8	9.0
其中：港澳台地区航线	万人	84.6	−2.8	596.4	0.6
国际航线	万人	490.3	34.3	3 008.9	28.1
货邮运输量	万吨	52.4	6.7	365.6	4.4
国内航线	万吨	36.0	6.9	258.3	5.3
其中：港澳台地区航线	万吨	1.8	−3.1	12.3	−2.9
国际航线	万吨	16.3	6.2	107.3	2.3
旅客周转量	亿人公里	748.5	13.8	4 718.9	14.4
国内航线	亿人公里	545.9	9.7	3 496.9	9.9
其中：港澳台地区航线	亿人公里	12.3	−3.9	87.4	−0.8

续表

统计指标	计算单位	本月		当年累计	
		实际完成数	比 2015 年同月增长/%	实际完成数	比 2015 年同期增长/%
国际航线	亿人公里	202.6	26.3	1 222.0	29.7
货邮周转量	亿吨公里	18.2	8.2	122.6	6.4
国内航线	亿吨公里	5.5	8.1	39.2	5.9
其中：港澳台地区航线	亿吨公里	0.2	−6.2	1.6	−5.1
国际航线	亿吨公里	12.8	8.2	83.4	6.6
二、飞机日利用率					
合计		9.7	−0.2	9.5	0.0
大中型飞机	小时/日	9.9	−0.2	9.6	−0.1
小型飞机	小时/日	6.7	−0.2	6.6	0.0
三、航班效率					
正班客座率	%	83.5	0.2	82.4	−0.1
正班载运率	%	73.1	1.0	72.1	0.1

第三节　航线与航线网络

一、航线

（一）航线的定义

飞机飞行的路线称为空中交通线，简称航线。飞机的航线不仅确定了飞机飞行具体方向、起讫地点和经停地点，并根据空中交通管制的需要，规定了航线的宽度和飞行高度，以维护空中交通秩序，保证飞行安全。

（二）航线的分类

1. 国际航线

国际航线是指飞行的路线连接两个或两个以上国家的航线。在国际航线进行的运输是国际运输。一个航班如果在它的始发站、经停站、终点站有一点在外国的领土上就称为国际运输。

2. 国内航线

国内航线是指连接国内航空运输中心的航线。航线的起讫点、经停点均在一国国境之内。国内航线可分为干线、支线和地方线。

（1）国内干线

国内干线是指国内航线的起止点都是重要的交通中心城市，而且航班数量大、密度高、客流量大，如北京—上海航线、北京—广州航线等。

（2）国内支线

国内支线是把各中小城市和干线上的交通中心连接起来的航线。支线的客流密度远小于干线，支线上的起止点中有一方是较小的机场，因而支线上使用的飞机都是 150 座以下的中小型飞机。

（3）地方航线

地方航线是指把中小城市连接起来的航线。地方航线的客流量很少，和支线界限很明确，也可称为省内航线或地方航线。

3. 地区航线

航线的起讫点、经停点在一国的特殊地区的航线称为地区航线，如我国内地与港、澳、台地区之间的航线。

二、航线网络

（一）航线网络的定义

网络作为一个整体，既包含线的概念，也包含节点的概念，线与节点相互连接才构成网络。以此类推，航线网络除了包含航空公司运行的航线，还包括每一条航线上关联的机场，机场和航线相互连接才构成航线网络。

航线网络是由不同的机场作为点，根据某种特定的网络模式规则连接而构成的。

（二）航线网络的构成形式

1. 点对点式航线网络

（1）点对点式航线及其衍生航线

点对点式航线是指从各城市之间的客流和货流的需求出发，建立城市与城市之间直接通航的航线和航班的航线结构。其特点是两地间都为直飞航线，旅客不必中转。点对点式航线适用于客货流量较大的机场之间。点对点式航线如图 3-4 所示。

线性式航线是在点对点式航线的基础上发展而来的，是指飞机从始发地至目的地的途中经一次或多次停留，在中途机场进行客货补充，以弥补起止机场间的客货源不足，形成串珠状的航空网络，这种网络实际上是点对点式进一步衍生的产物，被称为“甩辫子”航线。线性式航线如图 3-5 所示。

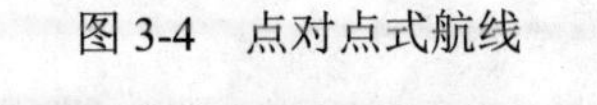

图 3-4 点对点式航线

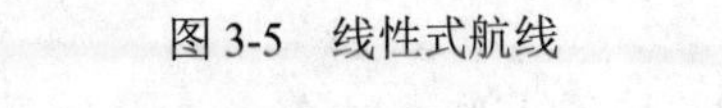

图 3-5 线性式航线

（2）点对点式航线网络

点对点式航线组合形成点对点式航线网络。这种形式的航线网络可以使旅客以最短的飞行时间到达目的地，而航空公司排班也比较容易。但是，由于一个航空市场的需求有限，这种航线网络的航班上座率会受到影响。点对点式航线网络如图 3-6 所示。

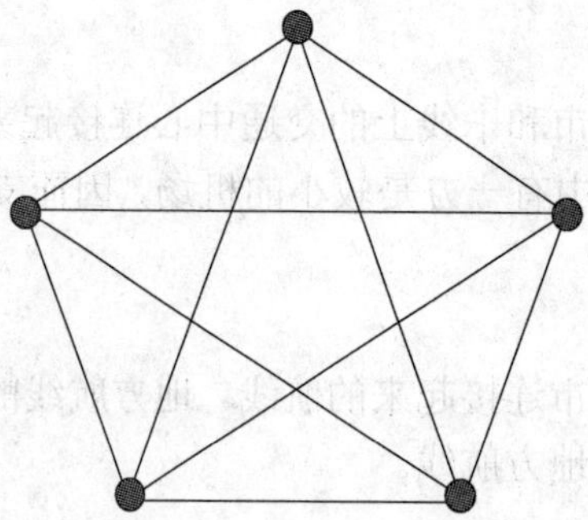

图 3-6 点对点式航线网络

2. 中枢辐射式航线网络

中枢辐射式航线网络以一个或者几个机场作为中枢，中枢周边的较小城市的机场不直接通航，通过中枢进行有效的周转，从而完成衔接。网络中的中枢称为枢纽机场。这种网络呈现出以枢纽机场为轴心、向其他机场辐射的特点，故称为中枢辐射式航线网络。

（1）单枢纽式航线网络

单枢纽式航线网络中只有一个枢纽，网络中所有节点都通过唯一的枢纽节点发生联系。单枢纽式航线网络一般在网络规模不大、服务范围较小的情况下采用。单枢纽式航线网络如图 3-7 所示。

（2）多枢纽式航线网络

航线网络中枢纽节点数量超过一个的枢纽航线网络称为多枢纽航线网络。多枢纽航线网络可以较好地平衡服务集中与枢纽拥挤的矛盾，多见于网络服务范围广、网络节点规模大的服务网络。现实经济生活中的大部分网络是多枢纽式航线网络。多枢纽式航线网络如图 3-8 所示。

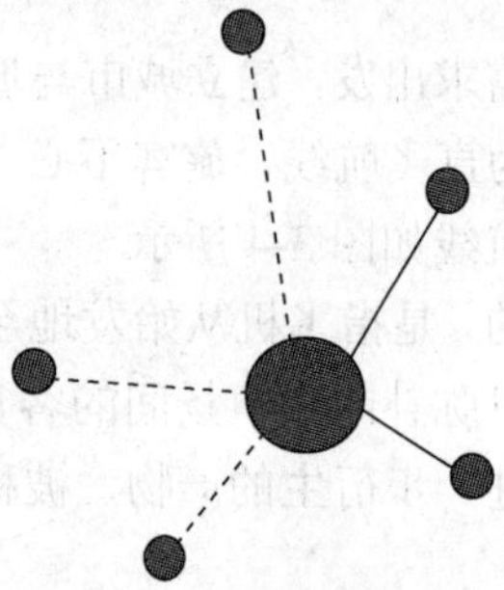

图 3-7 单枢纽式航线网络

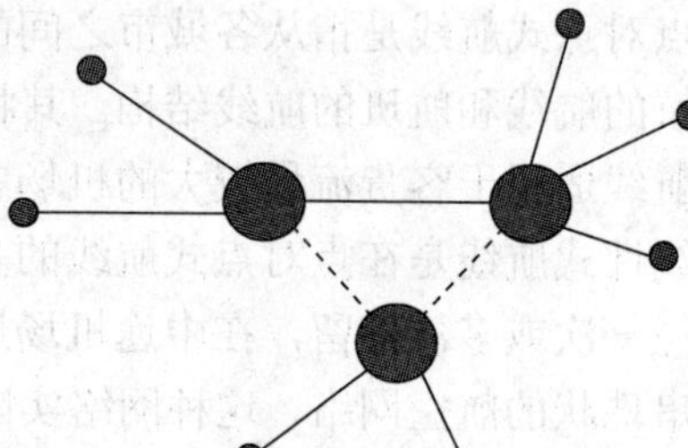

图 3-8 多枢纽式航线网络

3. 蛛网式航线网络

蛛网式航线网络通常包含一个或者多个中心节点机场，包含由若干个机场和航线组成的外环，这些外环上的机场节点通过纵轴航线与中心节点机场相连接。蛛网式航线网络如图 3-9 所示。

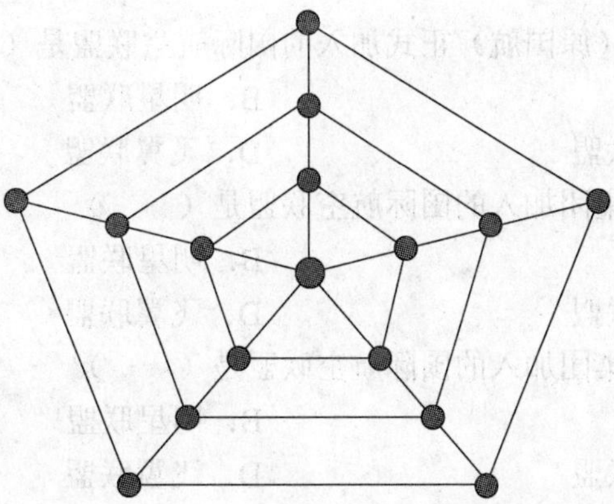

图 3-9 蛛网式航线网络

同中枢辐射式航线网络相比，蛛网式航线网络的中转更加灵活、自主。在蛛网式航线网络内部中转，旅客可以通过自行选择，避开经常延误和繁忙的航线，更加有效地保障旅行。但是，这种航线模式要求航班具有像巴士一样的高频率，班次平均分布。

小 结

本章介绍了航空运输的布局，包括机场、航空公司、航线。其中，机场是提供飞机起降的场所，是地面交通方式和空中交通方式的衔接点。航空公司是飞机的所有者和航空服务的提供者。航线则代表航空公司运力的分布和方向。

思考与练习

一、填空题

1. ____是供飞行器起飞、降落和地面活动而划定的地域或水域，包括域内的各种建筑物和设备装置。

2. ____是指以各种航空飞行器为运输工具，以空中运输的方式运载人员或货物的企业。

3. 我国北京、上海、广州三大枢纽机场的飞行区等级均为____级。

4. 航线网络的构成主要由 3 种类型组成，分别是____、____、____。

5. ____是世界上第一家国际性航空公司联盟。

6. 按照航线起讫点及经停点地理位置的不同，可将航线分为____、____、____。

二、选择题

1. 我国北京、上海、广州三大枢纽机场的飞行区等级均为（　　）级。

A．4C　　B．4D　　C．4E　　D．4B

2．中国航空集团（原国航）正式加入的国际航空联盟是（　　）。

A．天合联盟　　B．明星联盟

C．寰宇一家联盟　　D．飞翼联盟

3．中国南方航空集团加入的国际航空联盟是（　　）。

A．天合联盟　　B．明星联盟

C．寰宇一家联盟　　D．飞翼联盟

4．中国东方航空集团加入的国际航空联盟是（　　）。

A．天合联盟　　B．明星联盟

C．寰宇一家联盟　　D．飞翼联盟

三、简答题

1．简述机场的功能和设施分类。

2．简述当今航空运输市场主要的航空联盟。

3．简述我国国内航线的分布特征。

实　训

实训主题：介绍中国主要航空公司。

实训目的：掌握中国主要航空公司概况，识记标志和代码。

实训形式：小组活动，学生3～5人为一组。

实训步骤：学生以小组为单位收集、整理资料，填入表3-4中，分组进行航空公司介绍。

实训评价：其他小组评价+教师评价。

表3-4　中国主要航空公司

标志	代码	航空公司名称

续表

标志	代码	航空公司名称

第四章 影响航空运输布局的因素

知识目标

1. 了解地理位置对航空运输布局的影响。
2. 了解自然条件对航空运输布局的影响。
3. 了解经济条件对航空运输布局的影响。
4. 了解政治条件对航空运输布局的影响。
5. 了解科技条件对航空运输布局的影响。
6. 了解人口条件对航空运输布局的影响。

技能目标

1. 能够正确认识影响航空运输布局的因素。
2. 能够全面分析各项因素对航空运输布局的影响。

案例导入

虽然全球经济近年增长疲弱，但受惠于亚洲及非洲经济腾飞，航空业客运需求节节上升。欧洲航空业巨头空中客车估计，2016~2035年，全球空中交通流量每年平均增长4.5%，各国为迎合需求纷纷扩建机场。

除扩建原有机场外，部分国家觅地加建机场，土耳其2013年在伊斯坦布尔兴建第3个机场，到2030年完成所有工程后，这个拥有6条跑道的机场每年客运量预计可达2亿人次。

顾问公司KPMG表示，到2036年，全球主要城市将会新建50条跑道，中国占1/3；中国2016年已花近120亿美元在民航基建上，加快在北京、成都、青岛、厦门及大连等地兴建重点新机场，反映中国为满足日益增长的客运量，正紧锣密鼓作准备。

（资料来源：http://news.carnoc.com/list/374/374583.html）

思考：从机场扩建中分析影响航空运输布局的因素有哪些？

航空运输布局主要受以下因素影响：地理位置、自然条件、经济条件、政治条件、科技条件、人口条件。不同地区对航空运输布局的条件有不同的要求，即使是同一条件在不同地区也会产生不同的效果。因此，在规划布局时，必须根据不同产业全面、深入地分析研究各项条件，因地制宜、合理布局，以期取得最佳的经济效益、社会效益；否则，可能因为违反自然规律和社会经济规律而造成较大的经济损失。

影响航空运输布局的因素

第一节　地理位置

地理位置用来描述地理事物的时间和空间关系，根据地理位置的特性及功能进行分类。按照地理位置的相对和绝对性，地理位置分为绝对地理位置和相对地理位置。按照地理位置的功能，地理位置分为自然地理位置、经济地理位置、政治地理位置。这里主要介绍后一种分类。

一、自然地理位置

自然地理位置是地理事物在地球表面客观存在的时空关系，不以人的意志为转移。绝对地理位置又称为经纬度位置，以经纬度为度量标准。相对地理位置以其参考点的周围事物进行确定。一个国家、地区或城市的航空运输布局与所处的地理位置有着千丝万缕的关系。以新加坡为例，新加坡是东南亚的一个岛国，它位于马来半岛最南端，在亚洲与大洋洲、太平洋与印度洋之间，号称“东方十字路口”。新加坡虽然资源贫乏，但其充分发挥优越的地理位置，因地制宜，发展成为东南亚的经济中心，是世界上经济增长较快的国家。

资料链接 4-1

新加坡曾以生产蚊香闻名，但凭借其得天独厚的地理位置和明确的发展定位，航空业如今已经成为新加坡国民经济的重要组成部分，在新加坡经济结构转型过程中扮演着十分重要的角色。

目前，航空产业对新加坡 GDP 的贡献共计 142 亿新元（占比 5.4%），其中，直接贡献 87 亿新元，与航空业有关的产业链间接贡献 31 亿新元，其他产业链贡献 28 亿新元。航空业的直接雇员约 6 万人，加上产业链相关企业的雇员，总数近 12 万人。

作为亚洲著名的航空枢纽，樟宜机场入驻的 100 多家航空公司经营的航线覆盖 60 多个国家的 200 多个城市，其旗舰航空新加坡航空也是享誉全球的顶尖航空公司。运输业的持续增长带动了新加坡航空维修产业的崛起与成熟。目前，在新加坡实里达航空工业园拥有大型维修企业 40 余家，占亚太地区航空维修市场近 1/4 的份额，产值近百亿新元。

然而，新加坡政府并不满足于此，其希望航空产业能够再上一个新台阶，在原有合资授权维修的基础上转型升级，凭借地理位置、高素质人才资源等优势，做强原本较为薄弱的航空制造业。新加坡政府的这一设想，如今正在慢慢实现。在2016年新加坡航展上，GE（通用电气公司）、罗罗等发动机制造商均表示将在新加坡建立研发中心。在政府的大力推动下，新加坡正试图从亚洲飞机维修中心转型成为亚洲飞机发动机制造中心。

1. 从旧机场到产业园

位于新加坡北部的实里达机场是新加坡第一个国际民用机场。21世纪以来，随着国际航空交通中心逐渐转移至樟宜机场，政府开始着手对实里达机场进行重新规划。2007年，新加坡政府对该机场进行重建，并将其定位为新加坡未来重要的航空产业基地。

根据新加坡政府的规划，该专用园区被定位为飞机维护、修理和翻修基地，飞机系统及组件与轻型飞机的设计与制造基地，商务及通用航空活动中心，并建设地区性航空学院和科研设施，培训飞行员、地勤专业人员和技术人员等各类配套人才。同时，新的实里达航空园区还实施了提升机场设施的一系列措施，包括延长跑道至1 800米、改造停机坪及飞机滑行道等。

在一个紧密结合的航空业界环境里，进驻企业与供应商、客户和合作伙伴共享园区内的基础设施，便利的互通往来也为企业提供了更大的合作空间。2016年官方发布的数据显示，实里达航空工业园每年创造约60亿美元的工业收入，并且未来每年还将以10%的速度增长。

实里达机场距市中心约13千米，樟宜机场距市中心约17千米，实里达机场目前主营公务机、东南亚国家的旅游航线等业务，在为樟宜机场分担一部分航班压力的同时，也为旅客提供了便利。

2. 日益严峻的挑战

新加坡航空维修业从20世纪70年代的军机翻修业务起家，经历40多年的发展，形成了多家具有国际竞争力的维修企业，并在全球树立了新加坡航空维修的品牌。

如今，新加坡共有100多家国际性航空维修企业。其中，本土的新科宇航和新航工程公司都是世界级的航空维修商。前者的维修工时在2012年已突破千万小时，并被美国航空周刊评为世界最大的独立第三方机体维修提供商。

值得一提的是，在高附加值的发动机维修业务上，新加坡无疑占据着亚洲的桥头堡位置。例如，新加坡一直是普惠发动机美国以外最全面的售后服务中心，也是罗罗公司在英国本土以外的一个十分重要的发动机维修中心。罗罗公司更是先后与新航工程公司成立了两家发动机维修合资企业，为亚洲及全球的遄达系列发动机提供维护保养服务。

然而，新加坡的航空维修业务也并不是完全高枕无忧的。首先，来自周边国家的挑战日益增长，由于新加坡土地资源有限，昂贵的设施租金和人力成本正在导致一部分业务流失，而周边国家凭借低廉的人力和土地等成本优势，近年来大力加强在机场和基建领域的投资，正在逐渐蚕食一部分市场份额。

此外，来自飞机和发动机制造商的挑战更为严峻。这主要是由于新加坡航空维修业的市场主体，还是非原始设备制造商系的第三方维修企业，随着原始设备制造商在售后服务市场中所占的比重越来越大，给制造业相对薄弱的新加坡造成了巨大的压力。为了改变这一现状，新加坡航空产业亟须寻找新的战略发展方向。

3. 打造发动机制造中心

由于国土面积较小，新加坡并不具备引进飞机总装线的条件。因此，将目光转向同样高附加值的航空发动机总装、设计、研发。为了吸引海外投资，新加坡政府出台了一系列政策。2016 年 1 月，新加坡政府宣布，从 4 月起，在未来 5 年内安排 130 亿美元预算，用于鼓励和支持高端制造业，尤其是航空制造业的发展。此外，新加坡对于知识产权保护的高标准及数量众多的高素质科研人员，对于发动机制造商来说也极具吸引力。

（资料来源：魏君，2016. 小国家的大战略：新加坡航空产业发展的启示[EB/OL].（2016-04-27）[2017-12-15]. http://www.ce.cn/aero/201604/27/t20160427_10970584.shtml，节选）

思考：新加坡的成功经验对我国有哪些启示？

二、经济地理位置

经济地理位置是指一个国家、地区或城市在与外围地区进行经济联系中所形成的空间关系。只有客观准确地认识一个地区的经济地理位置，才能发挥其经济优势，解决相关生产布局的问题。航空运输业的发展和经济地理位置关系紧密、相互作用。经济越发达的地区，其航空网络越发达。国际金融中心都是国际航空枢纽中心，一个国家的经济中心往往也是该国的航空枢纽中心。

资料链接 4-2

澳大利亚昆士兰州政府发表公告，鉴于昆士兰州在民用和国防航空领域强劲的硬件实力及其所处的战略位置，该州有望成为亚太地区航空工业枢纽。

昆士兰州发展部长兼自然资源与矿业部长安东尼·利纳姆公布的一份文件显示，2014~2015 年，昆士兰州航空业为全州提供了 4 500 个直接就业机会，并为昆士兰州经济贡献了约 6 亿澳元（约合 4.5 亿美元）。未来昆士兰州在此基础上发展成为亚太地区航空中心，将创造更多就业机会和商业机遇。

目前，波音防务澳大利亚公司、维珍澳洲航空、空中客车集团澳大利亚及太平洋地区分公司、英国宇航系统公司等企业都设有昆士兰州分部。澳大利亚最大航空电子设备制造商澳大利亚航空电子公司也坐落于此。

（资料来源：万思琦，2016. 澳昆士兰州打造亚太地区航空枢纽[EB/OL].（2016-05-04）[2017-12-15]. http://www.xinhuanet.com/2016-05/04/c_1118803367.htm）

思考：澳大利亚昆士兰州成为亚太地区航空中心的优势是什么？

三、政治地理位置

政治地理位置是指国家领土与有关政治地理要素和条件的空间关系，即周围地区和邻国的政治状况、外交政策、国力强弱等对本国的影响。政治地理位置并非一成不变，随着国际关系、交通条件和科技发展而变化。航空运输布局也会随政治地理位置的变化而变化，两者相互影响。例如，随着苏伊士运河和巴拿马运河的开通，原先政治地理位置在世界范围内并不突出的埃及和巴拿马，也拥有了重要的战略价值。

第二节 自然条件

自然条件是指经历天然而非人为因素改造形成的基本情况，包括地质、地貌、生物、土壤、气候、水源等，影响人类的生产生活，并相互联系、相互制约。随着现代科技的发展，自然条件对航空运输布局的影响逐渐下降，但由于航空运输本身的特性，在一定范围内、一定程度上依旧产生影响，如机场选址、航路设置、运输能力等。

一、地形地貌

相比铁路、公路等交通方式，航空运输受地貌、地质等因素的制约并不显著，但在航线设置、机场选址、地面起降等方面仍需要考虑。地形地貌是修建机场和确定航路的重要条件。根据民航局 2007 年 4 月 3 日出台的《民用机场选址报告编制内容及深度要求》，新建或拆建民用机场选址时，按初选、预选、比选 3 个阶段进行。在拟选场址地区周围的较大地域范围内，通过图上作业、现场初勘，寻找具有可能建设民用机场的初选场址。对于所有初选场址，先对其地面情况进行调查、了解，先后从地面条件角度、航行角度将明显不适合的初选场址排除，从中提出 3 个预选场址。通过进一步研究论证，对有利条件及不利条件进行全面综合分析论证后，推荐一个首选场址。

修建机场是一项大型工程，需要考虑的地形地貌条件如下：机场周围净空条件良好，周围地形起伏小、视野开阔，不应有高大突出的障碍物（包括植被）；机场选址应在地质地貌较稳定的地区，容易发生地震、断裂、滑坡、泥石流、崩塌的地区不宜建设机场；尽量避开自然保护区、重要水源保护区、具有开采价值的重要矿藏区，满足生态、环境保护及文物保护要求；不占或少占用良田、耕地、林地、湿地或草地，拆迁量较少。因此，绝大多数大型机场总是建在平原、盆地或宽阔的谷底。

资料链接 4-3

伦敦希思罗国际机场能否扩建，此事非同一般，不是伦敦市政府决定，而将由英国首相特雷莎·梅所领导的分管委员会讨论决定。伦敦希思罗国际机场是英国乃至欧洲最繁忙的机场，目前有两条起飞跑道，由于运力逐渐饱和，客机排队现象严重，地面服务车辆经常出现拥堵，一直希望能够建设第三条跑道，扩建提议于 2009 年提出，但英国政府一直在讨论—推迟—评估—讨论—推迟的纠结之中。是否扩建在政府内部、民间存在严重的分歧。伦敦希思罗国际机场的发言人表示，我们的优势要在政客们辩论中消耗殆尽。

伦敦希思罗国际机场 1946 年建成，航线连接近 90 个国家和地区，2015 年客运量达 7 340 万人次，是世界上较繁忙的机场之一。特雷莎·梅上台之后表示将尽快给出决定，同时她希望议员、大臣们都发表自己的看法，供她和委员会参考。

支持派：英国机场委员会发布的报告指出，伦敦希思罗国际机场现在已经不堪负荷，如果不采取扩建，到 2040 年客运能力将会达到饱和状态。报告还认为，如果修建第三条跑道，将在 2050 年前给英国带来 1 470 亿英镑的经济收益，还可创造 7 万多个新的就业机会。

反对派：①这一工程需要拆毁近 800 栋房屋，民宅的主人将会得到相当于房子市价 125%的赔偿和搬家费用，而且他们未必同意，谈判过程漫长；②成本高，整个工程将耗资 176 亿英镑；③机场周围公路和铁路也需要大规模改建，预计这些改造项目将需要 50 亿英镑；④环保难以达标，尤其是噪声大，受到环保人士的强烈反对。

（资料来源：张奥，刘清宇，2016.希斯罗机场扩建方案耽搁七年 英国政府在纠结什么[EB/OL].(2016-10-20)[2017-12-15]. http://finance.cnr.cn/gs/20161020/t20161020_523210180.shtml，有改动）

思考：你是支持还是反对伦敦希思罗国际机场扩建呢？理由是什么？

二、气象气候条件

气象气候条件对航空运输的影响比其他交通运输方式的影响更大，一些特殊的危险天气、极端气候严重威胁到飞行安全。随着科技的不断进步，飞机性能日趋完善，安全性水平较高。飞行活动与气象气候条件之间的关系从气象条件决定能否飞行，转变为如何在复杂气象条件下飞行。飞行在大气环境中进行，大气物理要素与天气现象对飞行活动产生重要影响，天气现象虽然千变万化，但其也是有规律可循的，飞行人员、空中交通管制人员和民航其他工作人员需要具备一定的航空气象知识，才能利用有利天气，避开不利天气，预防和减少危险天气的危害，顺利完成飞行任务。各种危险天气的产生具有一定的地域性和季节性，因此民航运输飞行的各个环节都需要航空气象服务。

根据民航局 2007 年 4 月 3 日出台的《民用机场选址报告编制内容及深度要求》，机场在选址时，需要调查收集场区当地或附近气象台、站一般不少于连续 5 年的气象观测资料（如风向、风速等级及频率，月平均水平能见度、云高和平均低云量，大气温度，大风、雾、降水、雷暴等天气条件），尽可能符合航空气象的要求，并分析气象资料与所选场址的关系。

飞行前，需要精确的高空风、温度预报及航路重要天气预报，用以优化航路、计算用油量；需要用地面温度气压计算配载量。在航站内，飞机的起降受地面风速、风向、降水、地面与空中能见度等因素影响，不同机型、机长、跑道有不同标准。飞行过程中，遇到危险天气时，要根据天气情况决定绕航、返航或备降。

资料链接 4-4

2014 年 8 月 29 日，冰岛气象局表示，巴达本加火山从夜间开始持续喷发，冰岛方面已经禁止空中航线飞入该国最大的火山系统。冰岛气象局已经上调至最高级别的红色预警。

8 月 28 日，冰岛气象局称，巴达本加火山上方的冰川融化，露出一排 1 千米宽的“沸腾锅”，原因可能是冰下喷发。巴达本加火山轰隆声已持续一周，引发人们对火山喷发的担忧，这可能会影响航空运输。2010 年，冰岛的另一座火山喷发，火山灰导致欧洲很多空域被关闭 6 天。

冰岛气象局在其网站上称，这些“沸腾的锅”长 4 ~ 6 千米，深 10 ~ 15 米，没有发现与之相应的震颤加剧。

（资料来源：http://www.chinanews.com/gj/2014/08-29/6545078.shtml）

思考：气象条件对航空运输的影响有哪些？

知识拓展

风、云、雷雨等气象条件都会对飞行造成影响。

1）风对飞行的影响。风与飞行的关系极为密切，飞机起飞、着陆及在航路上飞行，都必须考虑风的影响。风是飘忽不定的，飞机在飞行中不仅会遇到顺风或逆风，更多时候还会遇到侧风。侧风会改变飞机的飞行方向，如不及时修正，就会使飞机偏离目的地。而且当飞机在侧风中起降时，除向前运动外，还会顺着侧风方向移动，如果不及时修正就会偏离跑道方向。

最易引发飞行事故的当属风切变。风切变是一种常见的大气现象，是风向、风速在水平或垂直方向的突然变化，会引起飞机飞行高度和飞行姿态的突然改变。在飞机起飞或降落时，风切变的危害尤其大，因为此时飞机的高度较低、速度较慢。风切变危害大且观测比较困难，所以它被称为飞机的“无形杀手”。

2）云对飞行的影响。云对飞行的一个较大影响，就是会使驾驶员的视线受阻，影响飞行，可能造成飞机迷航或其他飞行事故。

此外，飞行员在云中飞行因看不到天地线容易产生飞行错觉，精神紧张。如果飞行员处置不当，也容易引发飞行事故。

3）雷雨对飞行的影响。现代飞机由于设备先进，一般强度的降雨对飞行来说不会有太大影响。但如果降雨太大，可能使飞行员的视线受阻，而且连续暴雨容易造成跑道积水，若排水不及时会使飞机无法降落。

航路上的雷雨对飞机威胁较大。雷雨中通常伴有闪电，如果飞机直接被闪电击中会导致机上的通信导航设备失灵、受损，严重时机体也有可能受到损害。因此，为了保障安全，必须绕行、返航或备降邻近机场，以避开雷雨区域。这样就会使飞机不能正点到达目的地，造成航班延误。

（资料来源：节选自 http://www.caacnews.com.cn/1/6/201506/t20150615_1183669.html）

三、生物资源

在生物资源中，除人类以外对航空运输影响最大的就是鸟类。有研究表明，随着航空业的快速发展，机场、飞机和航线数量不断增加，中国民航运输类飞机因鸟击导致的事故占运输类飞机总事故的 26.2%。鸟击给人们的生命安全和民航业经济发展带来了相当大的危害，国际航空联合会将机场鸟击灾害升级为 A 类航空灾害。

鸟类与飞行中的人造飞行器、高速运行的列车、汽车等碰撞，造成伤害的事件称为鸟击。在飞机出现前，没有高速人造飞行器，人类与鸟类在空中的活动互相没有重叠，一般不会造成危害，飞机的出现使情况发生变化，由于飞机速度快，一旦与鸟类发生碰撞就会造成极大的破坏，甚至会造成飞机的坠毁。

高速度使绝大多数鸟类无法躲避，使鸟击的破坏力达到惊人的程度，是鸟击事件的主要原因。除此之外，机场选址不当，影响鸟类活动的同时，也给航空安全带来很大隐患。因此，防治鸟击对航空安全起着非常重要的作用，防治思路主要就是减少鸟类活动与飞行器起降的重叠。在机场选址建设前，需开展相应的鸟类调研，若选址处于候鸟迁徙通道或大量鸟类活动的地方，撞鸟风险就非常大。空中交通管制部门须随时观测机场地面和上空的鸟类活动状况，通过目视和雷达侦测来规避鸟类活动区域，特别是在低空飞行时控制飞行速度，以减少撞击的破坏力。根据国际民用航空组织的统计表明，飞机鸟击 75%发生在距离地面 60 米以下的范围，15%发生在距地面 60～300 米的高度。除了被动监测之外，主动的鸟击防治就是驱赶鸟类离开机场空域，如恐吓、破坏栖息环境、迁移栖息地等。

总而言之，需要综合各种方式，深入研究本地生物资源的行为特征，有针对性地进行防治，以保障航空运输的安全。

资料链接 4-5

英国《每日快报》消息，曼联旧将范佩西所在的土超豪门费内巴切一行乘坐的飞机在飞往曼彻斯特的途中发生事故，机头意外遭飞鸟迎面相撞，不得不紧急降落在匈牙利，所幸没有造成人员伤亡。

按照赛程，英国当地时间周四 20:05，费内巴切将在老特拉福德球场客场对阵曼联，但是他们在乘坐飞机前往曼彻斯特的途中发生了意外：由于机头和飞鸟相撞，航班不得不紧急降落在匈牙利的首都布达佩斯。

从英国媒体发布的照片来看，飞机的驾驶舱挡风玻璃全部破裂。

（资料来源：http://news.carnoc.com/list/373/373567.html）

思考：如何预防鸟击事件？

第三节 经济条件

航空运输是经济发展到一定水平的产物，一个国家、地区或城市没有一定的经济基础，就不可能有发达的航空运输业。经济条件直接影响航空运输的布局，从目前世界航空运输布局来看，经济发达国家、地区或城市的航空运输业远远超过大多数发展中国家。

一、经济发展水平

经济发展水平决定了社会的经济结构、收入和消费水平。对于一个国家、地区或城市来说，机场不仅是重要的交通运输设施，还是连接两个区域的空中桥梁。航空公司不仅是提供航空运输服务的企业，还是了解这个城市、地区或国家的窗口。一个地区的经济发展促进民航运输业的产生和发展，航空运输又促进国民经济的发展。航空运输业的发展反映了该地区的经济、文化发展水平，具有强烈的时代感和代表性，是文明进步的窗口。全世界各地区都建设有或将建设相应规模的大型机场，力争成为交通枢纽中心，这实质上也是政治、经济实力的竞争。

二、经济发展速度

从全球民航业发展的历史来看，经济发展速度与航空运输业的发展有着紧密的联系。以我国为例，20世纪50～90年代，国民经济增长速度为8%～9%，航空运输业增长速度为20%～25%。世界经济增长速度为20%～25%，航空运输业增长速度为12%。航空运输业增长率一般为国民经济增长率的2～2.5倍。由此可见，国民经济的发展与航空运输业的发展有着紧密的联系，城市越繁荣，经济活动越频繁，对民航运输的需求就越大。从目前世界航空运输布局现状分析，大多数经济发达的国家、地区的航空运输业较为发达。

三、经济开放程度

一个国家或地区的经济开放程度对航空运输布局具有较大的影响。航空运输快速、省时，是国际长途运输最理想的方式。一般来讲，经济开放程度较高的地区，经济越发达，第二产业（建筑业、加工制造业等）和第三产业（金融业、保险业、教育业、服务业等）所占比例越高，其航空运输需求越旺盛。而以农业生产为主的国家或地区，经济对外开放程度低，经济处于封闭状态，航空运输需求则较少。我国目前正致力于产业结构的调整和升级，产业结构会逐渐由低级向高级演进。在全球经济一体化的今天，专业化分工日益精细，资金密集型的高新技术产业需要依托便利的航空运输条件，实现多个地区和国家之间的协作，航空运输需求也会随着经济的开放与发展越来越旺盛。

资料链接 4-6

2016年10月18日，阿联酋航空公司总裁蒂姆·克拉克告诉记者，如果近期非洲经济金融问题持续，阿联酋航空公司可能会减少飞往非洲的飞机班次，甚至可能取消航线。

报道称，由于尼日利亚硬通货短缺，喷气飞机燃料变得更加稀缺，费用也更加昂贵，飞往尼日利亚的外国航空公司航班开始在国外加油。

9月，阿联酋航空公司一名发言人称，阿联酋航空公司的航班已开始绕道加纳首都阿克拉，给每日飞往尼日利亚首都阿布贾的飞机加油。该航空公司已经削减了直飞尼日利亚的航班班次，飞往拉各斯和阿布贾的航班由每日两班减至一班。

克拉克参加国际航空运输协会组织的活动时，在活动间隙说："一些非洲国家的货币确实已经贬值。我们反复思考，是否值得在这些国家设立航线。"

（资料来源：王莹，2016. 阿联酋航空因非洲经济问题削减飞往非洲的航班[EB/OL].（2016-10-19）[2017-12-15]. http://world.huanqiu.com/exclusive/2016-10/9573245.html?referer=huanqiu，节选）

思考：阿联酋航空为什么削减飞往非洲的航班？

第四节　政治条件

政治属于上层建筑的范畴，在某些特定情况下，政治因素可以对整个国家或地区的经济发展和生产布局产生重要影响。航空运输作为政治、外交活动的有力工具，经常被纳入两国（或地区）双边或双边协议的总体框架之内，与两国（或地区）间的政治有着密切的关系。政治因素不仅表现为一系列法律法令、政策方针，还包括政治形势、社会安定状况。

在国际航空的发展过程中，政治因素的影响不容忽视。为了维护国家主权，保护本国航空运输业的发展，各国都制定了相应政策、法令。国际制定的一系列航空法规、公约往往都是基于一定的政治背景。

在政治外交中，民用航空不仅是一种产业，更是外交谈判的筹码及发展双边或多边关系的纽带。各国通过采购飞机、开辟航线、开放机场等方式，加强彼此之间的经贸联系和政治互信。航空运输的发展也关系到一个国家在国际上的政治威望和软实力。

此外，社会的政治形势和安定状况对航空运输业的发展同样重要，政治局势稳定、社会安定和平、经济稳步发展、人民安居乐业，犹如肥沃的土地，航空运输业在这样的环境中会迅速发展；反之，则衰退衰败。

资料链接 4-7

国际航空运输协会研究认为，尽管非洲与其他国家之间很大程度实现了航空自由化，非洲内部航空市场仍相对封闭，且受制于严格的双边协议，极大限制了非洲内部航空市场的发展和服务的提升，也阻碍了航空对国家制造业、农业、旅游业等产业的促进作用。国际航空运输协会称，1988 年非洲 44 国签订的旨在加强航空运输合作、促进自由竞争的《亚穆苏克罗协议》进展极为有限，未能带动区域经济的发展。研究表明，区域航空自由化可有效提高航空服务水平、降低票价，从而增加客流量，带动旅游、贸易、投资等领域的迅速发展，促进经济增长和提高就业。例如，南非与肯尼亚 2000 年年初开放两国航空市场后，客流量增长了 69%；南非与赞比亚引入低成本航空公司后，航空票价降低了 38%，客流量也增长了 38%。

（资料来源：中华人民共和国商务部，2014. 国际航协称非洲内部航空市场仍过于封闭，阻碍经济发展[EB/OL].（2014-10-22）[2017-12-15]. http://ls.mofcom.gov.cn/article/jmxw/201410/20141000768053.shtml）

思考：非洲航空业发展的机遇与挑战有哪些？

第五节 科技条件

科学技术的发展影响着生产布局，重大科技成果往往使生产布局突破某些自然和经济条件的制约，使其发生变化。航空运输作为一种现代化的交通运输方式，以先进的科学技术作支撑，展示其安全便捷、快速舒适的特点。随着社会的发展，人们对交通运输有了新的要求，科技的突飞猛进带动了航空运输的发展，导致民航客机的出现。

近十多年来，高新技术的研制和应用正在并将进一步提升民用航空的安全水平，促进民用航空持续快速发展。一是发展了超大型飞机制造技术。2008 年已投入运营的载客量最大的空中客车 A380 飞机，合理采用了碳纤维等新材料和新型发动机等高新技术，飞机的安全性和舒适度得到大幅提高。波音 787 将第一次实现中型飞机尺寸与大型飞机航程的结合，具有较高的燃油效率，出色的环保性能。二是在空中交通管理领域广泛应用现代通信、卫星、自动化和计算机技术，展开了以星际导航为主导的空管技术革命。三是兴起了绿色化的航空运输革命。从改善飞机空气动力、提高发动机燃油性能、研制新一代聚合物和复合材料等方面降低航空运输对环境的污染。引入了“绿色机场”理念，把机场建成“节约、环保、科技、人性化”的机场。

自 20 世纪初航空运输问世以来，随着科技的发展，飞机的制造材料、机载电子设备、通信系统、卫星导航系统等为航空运输提供了安全可靠的保证，促进航空运输的活动范围不断扩大，活动能力不断增强。

资料链接 4-8

让广州人骄傲的白云机场“丝路穿越”之时空隧道于2016年10月21日建成开放。借助新科技打造的“动静结合、人景结合、虚实结合”炫酷时空长廊，集公共服务、艺术展示、广告发布于一体，是白云机场首推的融媒体模式大型艺术体验新空间，在全国机场尚属首创。

时空隧道全长200多米，空间面积超过2 500平方米，位于航站楼主楼负一层西侧通道，是旅客下飞机通往地铁的必经之路，全程突出“云+”的概念，以“云”为设计主元素，打造了“云之家”“云之梦”“云之心”“云之城”4个空间，整体布局既与“白云机场”的“云”相呼应，又寓意飞机穿越云端，与未来“云时代”对话，如图4-1所示。

图4-1 时空隧道

从B区到达乘电梯下来，满墙的闪烁灯条，配上水纹天花，让人宛如在星际遨游，一下子进入一个梦幻世界。在“星际”的一角，一组云型系电子屏上显示着最实用、最贴心的服务提醒信息，“亲亲报平安”“广州实景与天气”“广州地铁线路景点介绍”等，让旅客旅途劳累顿消，愉快开启时空隧道穿越之旅。

踏上迷幻的隧道步梯，进入“云+”时空隧道的核心体验区——“云之梦”。展现在人们面前的场景有敦煌飞天、孔明灯、达·芬奇飞行器、欧洲热气球和滑翔机等，各种与飞行有关的、通过光与影的科幻视觉影像一一还原，重现了飞行器的发展历程及人类在实现飞行梦过程中的付出与坚持。

“云之心”是由一大一小两颗心组成的，云状镜面不锈钢雕塑错位排放，通过镜面，仿佛与另一个自己相遇。这对雕塑一大一小，其中“云大大”高度为2.26米，源于广州定名时间为公元226年；“云小小”高度为1.907米，源于飞行家冯如在1907年首次试飞成功。寓意在云时代的背景下，更应关注人与人之间的沟通，也寓意白云机场将用心做好旅客服务。

第四空间“云之城”，由22 000多颗LED点阵灯模拟民航跑道助航灯光系统，在墙面与天花有序铺展开，带来震撼的美。扶梯四周配合螺旋全息投影设备，您能看到一架一架的飞机“轰隆隆”穿越而过；在扶梯内，您还将穿越“花飞云天”时光螺旋，欣赏到各式景象。抬头看，“Hi，Guangzhou”的灯光点阵是“云+”隧道，也是白云机场的欢迎词。奇妙的时空隧道穿行之旅在此得到升华，也在此落下帷幕。

在时空隧道开放之初，白云机场还引进高科技机器人作为时空隧道的小导游，会听、会说、会看、会行动、会学习、会思考，眼睛仿佛千里眼，安防监控，推送信息等，得到广大旅客的恩宠，深受小朋友的喜爱。

白云机场通过前沿技术带来科幻特色体验，一方面重在增加地方特色和机场特色；另一方面提升旅客出行体验。这是白云机场营造真情服务文化氛围的重要举措。未来，白云机场还将在新的T2航站楼融入更多的特色文化元素、高科技元素，让旅客出行变得更有品位。

（资料来源：郭思亮，梁劼颖，郑海芹，2016. 全国机场首条“时空隧道”，就在白云机场[EB/OL].（2016-10-21）[2017-12-15]. http://news.carnoc.com/list/373/373985.html，有改动）

思考：白云机场的创新之处有哪些？

第六节　人口条件

一、航空运输的对象

作为航空运输的对象，人口的数量、密度、分布、收入、素质等对航空运输布局产生重要影响。在一定的社会经济条件下，某地区或某国家人口数量越大、密度越高，经济越发达，个人的经济收入相对较高，对内对外的经济联系越紧密，对航空运输的需求也就越强大，这些地区或国家的航空运输就比较发达。人口稠密的地区往往也是各种物资的集散地，经济相对发达，物资交换更为频繁，对各类产品的消费量大；反之，人烟稀少、密度低、位置偏远、经济落后，则对航空运输的需求就小。

航空运输对象的位置改变有不同的情况考虑，应区别人口流动和人口迁移。两者的区别在于，人口流动是指人口在短期离开后又返回原居住地的现象，一般指离家外出工作、读书、旅游、探亲和从军一段时间，未改变定居地的人口移动；人口迁移是指人口在两个地区之间的地理流动或者空间流动，这种流动通常会涉及永久性居住地由迁出地到迁入地的变化。这种迁移被称为永久性迁移，它不同于其他形式的、不涉及永久性居住地变化的人口移动。《中国人口之分布》分析了我国不同地区的人口密度，并指出在人口密度上东南部和西北部形成了鲜明的对比。1949年以来，大量人口从我国东部迁移至西北，这种迁移关系使西北与东南地区保持密切的关系。了解世界人口迁移的动向、规模及现状对分析航空客运的现状及其发展具有重要意义。

资料链接 4-9

据民航局统计，2015 年春运期间全国民航业共运送旅客 4 915 万人，同比增长 11.7%；执行航班 36 万次，同比增长 9.3%；提供座位数 7 638 万个，同比增长 11.4%。其中，2 月 24 日（正月初六）运送旅客 142 万人，创历年春运单日旅客运输量新高。

春运期间，探亲返乡、学生放假、务工返乡的客流相互叠加，客流的时间性和方向性集中，加上旅游经济的拉动作用，民航春运呈现出以下三大特点。

1）市场需求旺盛，民航运力投入充足。随着经济社会发展和民航大众化战略的推进，选择乘坐飞机的消费者日益增多。各航空公司根据市场需求和民航局要求，保证了春运期间运力投入。春运期间，各航空公司日均提供 191 万个座位，同比增长 11%，日平均运送旅客达到 123 万人，充分满足了市场需求。

2）客流方向性明显。春运前期，出港旅客集中在北京、上海、广州、深圳等传统热点城市；春运后期，成都、重庆、哈尔滨、长春等西南、东北中心城市成为出行热点，客座率居高不下。春运期间，海口、三亚、昆明、西双版纳、九寨沟、丽江等主要旅游城市持续火爆，上述航线成为民航热点航线。

3）民航春节假日运输由以前的“两头高，中间低”的态势趋于增势均衡。

（资料来源：http://www.caac.gov.cn/XWZX/DFDT/201506/t20150603_14475.html，有改动）

思考：春运对民航业发展的影响有哪些？

二、航空业从业人员

航空运输是一个技术密集型的行业，对从业人员的技术水平、文化素质有较高的要求。在文化教育、科技水平较高的地区发展航空运输业，其劳动力的质量较高，利于航空运输的发展；而在文化教育、科技水平较低的地区发展航空运输业，其从业人员的素质可能受到影响。

随着人们生活水平的提高，对航空运输的需求越来越大，要求越来越高。《2016 年民航人力指数报告》中通过科学计算、客观分析，解读了 2016 年民航人力资源市场的供求关系。报告中显示，2016 年民航各职位招聘需求指数较 2015 年有比较大幅度的提升。数据显示，职位需求指数排名前三的分别是飞行类、空中服务类和机务维修类，其职位需求指数合计占比 64.7%，较 2015 年上升了 5.44%。

资料链接 4-10

2016 年第三季度出入境边防检查综合统计数据如表 4-1 所示。

表 4-1　出入境边防检查综合统计数据（2016 年第三季度）

出入境人员及交通运输工具统计				2016 年第三季度	2015 年同期	与 2015 年同比增长/%
出入境人员（人次）	总计			142 333 363	135 402 056	5.12
	入境人员			70 768 660	67 207 221	5.30
	出境人员			71 564 703	68 194 835	4.94
	人员类别	旅客		134 901 093	128 504 505	4.98
		员工		7 432 270	6 897 551	7.75
	国籍	中国公民	小计	127 991 614	122 051 361	4.87
			内地居民	73 104 124	68 347 302	6.96
			香港居民	40 061 332	39 243 497	2.08
			澳门居民	11 775 190	11 509 446	2.31
			台湾居民	3 050 968	2 951 116	3.38
		外籍人员	小计	14 341 749	13 350 695	7.42
			入境人数	7 159 247	6 638 620	7.84
			出境人数	7 182 502	6 712 075	7.01
	出入境方式	从海港出入境人数		6 880 116	6 440 623	6.82
		从陆港出入境人数	小计	9 806 9051	96 573 877	1.55
			火车	1 178 237	1 304 979	–9.71
			汽车	23 659 713	23 382 588	1.19
			徒步	73 231 101	71 886 310	1.87
		从空港出入境人数		37 384 196	32 387 556	15.43
交通运输工具（艘、架、列、辆次）	总计			7 368 731	6 562 298	12.29
	船舶			118 163	121 930	–3.09
	飞机			235 264	204 191	15.22
	火车			12 423	12 077	2.86
	机动车辆			7 002 881	6 224 100	12.51

从 2016 年第三季度出入境统计数据中看，在 2016 年 7 月 1 日 ~9 月 30 日，出入境人员数量达 1.42 亿人次，较 2015 年同期增加 5.12%。其中，交通员工达 743.22 万人，较 2015 年同期增加 7.75%。在出入境方式中，从空港出入境人数为 3 738.42 万人，较 2015 年同期增加 15.43%。

（资料来源：国家移民管理局，2016. 出入境边防检查综合统计数据（2016 年第三季度）[EB/OL].（2016-10-13）[2017-12-15]. http://www.mps.gov.cn/n2254996/n2255000/n2255031/c5519400/content.html）

思考：分析出入境人员的分布情况有哪些变化？

小　结

航空运输布局主要受地理位置、自然条件、经济条件、政治条件、科技条件和人口条件 6 种因素的影响。这 6 种影响因素不是孤立存在的，而是相互影响、相互作用的。经济条件是影响航空运输布局的主要因素，但经济条件又受地理位置、自然条件、政治因素的影响。

思考与练习

一、判断题

1．地理位置在一定时期内、一定程度上影响航空运输的发展及其布局。（　　）

2．虽然航空运输受地面要素的影响不大，但在机场建设、地面起降、航路设置等方面，同样需要考虑地貌条件的制约。（　　）

3．经济条件是影响航空运输布局最重要的影响因素。（　　）

4．天气条件是决定飞行安全、正常的重要因素。飞机起降的理想条件是顺风起降。（　　）

5．人口对航空货运没有影响。（　　）

6．人口可通过其迁移影响航空运输的发展。（　　）

7．在文化教育、科学技术水平较高的地区，发展航空运输，其劳动力的质量较高，对航空运输的发展不利。（　　）

8．在一定的社会条件下，人口的总数越大，密度越高，经济收入越高，航空运输量就越小。（　　）

二、选择题

1．新机场选址距市区较远，主要考虑的是（　　）。

A．旅客的方便程度　　B．对城市的污染影响

C．交通和便捷度　　D．人口的数量

2．在影响航空运输布局的主要因素中，产业结构属于（　　）。

A．自然因素　　B．社会因素　　C．经济因素　　D．技术因素

三、简答题

1．影响航空运输布局的主要因素有哪些？除此之外，还会受到哪些因素的影响？

2．以一个国家或城市为例，系统分析它的航空运输布局及其影响因素。

实　训

实训主题：以科技条件为例，讨论其对航空运输的影响，以及如何利用科技促进航空运输的发展。

实训目的：全面分析和认识各项因素对航空运输布局的影响。

实训形式：小组活动，学生5～7人为一组。

实训步骤：学生以小组为单位进行讲述科技条件对航空运输的影响及如何利用科技促进航空运输的发展。

实训评价：其他小组评价+教师评价。

第五章 影响航空运输布局的行业

知识目标

1. 了解交通运输的方式。
2. 了解每种交通运输方式的优缺点。
3. 了解影响航空运输布局的行业。
4. 了解航空运输与其他交通运输方式的关系。

技能目标

1. 掌握航空运输布局的方法。
2. 能够分析各行业在航空运输布局中的作用。

案例导入

窥探西非 MRO 的新动向

在世界民航版图中，作为全球第二大洲的非洲大陆，现代民用航空业的发展历史短暂，受地区政治、经济、文化、外交等诸多方面的影响，航空运输业相对薄弱，西非作为非洲重要的经济合作体，包括尼日利亚、加纳、多哥等 17 个国家，在非洲大陆具有重要的影响力。

受民航运输业发展的影响，西非地区的飞机维修基础薄弱，维修定检能力非常有限，西非地区大多没有飞机大修的能力。不过这种格局即将被打破。近期，以多哥共和国首都洛美为基地的 ASKY 航空公司与埃塞俄比亚航空公司共同宣布，计划合资建立飞机大修厂和培训中心，这将改变西非大陆无民航飞机重维修基地的历史。与此同时，尼日利亚的阿里克航空公司（Arik Air）和国际航空集团（International Airlines Group）也将涉足西非 MRO（指非生产原料性质的工业用品）市场，计划在尼日利亚首都阿布贾新建维修基地。

目前，ASKY 航空公司正与多哥政府协商筹建事宜，一旦获得批准，这座新建的 MRO 大修厂将提供覆盖波音与庞巴迪系列机型的机体维修能力，培训中心将主要为后勤保障和空中勤务提供培训服务。

埃塞俄比亚航空是非洲第四大航空公司，其主枢纽基地位于首都亚的斯亚贝巴，在利隆圭（马拉维首都）和基加利（卢旺达首都）设有区域枢纽基地。这次在洛美投资建立大修基地，也将为尼日利亚、科特迪瓦、塞内加尔、加纳等国运营的民航飞机提供维护服务。

长期以来，西非各航空公司对本地区薄弱的 MRO 维修能力多有诟病。由于受市场狭小、政府管制等众多因素的影响，西非众多国家缺乏维修技术和人力资源，没有能力开展 C 检和 D 检工作。因此，各航空公司只能将大修业务外包出去，消耗大量的外汇储备，成本高昂。

随着非洲大陆航空运输业的不断发展，特别在西非地区，越来越多的航空出行需求为 MRO 带来了市场机会。尼日利亚的阿里克航空公司通过与国际航空集团合资建立大修基地，不仅满足自身机队的维修需要，也同样能够为邻近国家提供 MRO 服务，为西非区域民航业的发展提供保障。与此同时，IAG 还计划与尼日利亚政府共同打造一所航空学院，为西非地区的民航人才培养注入动力。此外，阿克里航空还计划与德国汉莎航空技术公司合作，在首都拉各斯机场打造一座全新大修机库。随着机务保障能力的不断完善，在古老的西非大陆，民用航空业的发展又将翻开新的篇章。

（资料来源：郭志帅，2016. 窥探西非 MRO 的新动向[EB/OL].（2016-09-22）[2017-12-15]. http://news.carnoc.com/list/368/368759.html）

思考：航空业的相关行业有哪些？

第一节 旅 游 业

一、现代旅游业

1942 年，瑞士学者汉泽克尔和克拉普夫提出：旅游是非定居者的旅行和暂时逗留而引起的现象和关系的总和。这些人不会导致长期定居，并且不牵涉任何赚钱的活动。1980 年马尼拉会议之后，世界旅游组织曾提到要用“人员往来”（movements of persons）取代“旅游”一词。关于旅游的定义还有很多，这里不再一一列举。

现代旅游是社会生产力发展到一定阶段的产物。从理论上讲，不能构成一项标准的产业，但在实践中却是一项实际存在的产业。旅游业是以旅游者为对象，为其旅游活动创造便利条件并提供其所需商品和服务的综合性产业。旅游业主要由 3 部分组成：旅行社部门、住宿业部门和交通运输部门。旅游活动之所以发展到今天的规模，无疑与现代交通运输的发展息息相关，现代交通工具的发明和使用使大规模的远距离旅行成为可能。随着交通设施的改善，以机场为节点构建的主体、高速交通网络，改变了人们的出行方式、旅游行为及时空关系，航空成为现代旅游的基本交通方式。

1. 国际旅游客流分布特点

旅游客流，特别是国际旅游客流已经成为航空客流的重要组成部分，是航空客流增长的主要原因之一。世界旅游组织（World Tourism Organization，UNWTO）发布的全球旅游报告中显示，在过去 60 年中，旅游经历了持续扩张和多元变化，已经成为全球经济中最大和增长最快的行业。全球国际游客到访量从 1950 年的 2 500 万人次发展到 1980 年的 2.78 亿人次、1995 年的 5.27 亿人次，到 2014 年达到 11.33 亿人次。全球范围内旅游目的地的国际旅游花费在 1950 年为 20 亿美元，1980 年为 1 040 亿美元，1995 年增长至 4 150 亿美元，在 2014 年达到 12 450 亿美元。2014 年，在国际游客到访量和旅游收入方面，法国、美国、西班牙和中国继续居全球前列。其中，中国以 5 560 万人次的国际游客到访量，继续稳居全球第四位，但同比游客量出现 10%的下降。图 5-1 所示为 2013～2014 年国际游客到访量。

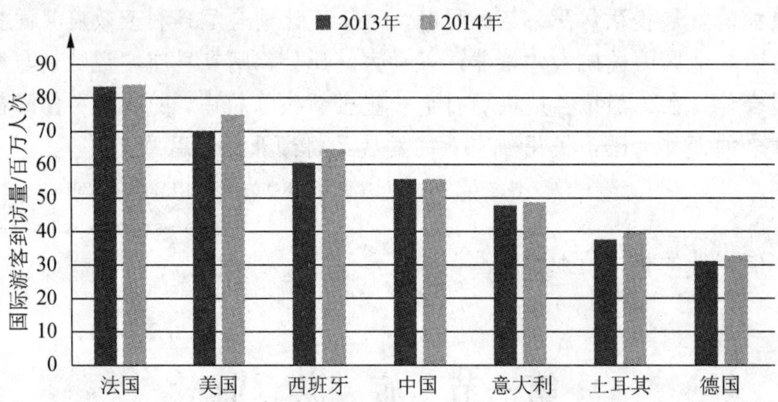

图 5-1　2013～2014 年国际游客到访量

2015 年，全国民航运输机场完成旅客吞吐量 9.15 亿人次，全行业完成旅客运输量 4.36 亿人次。

2015 年，随着日本、韩国、泰国、美国、澳大利亚等国对华签证政策放宽，日元、澳元、泰铢等外币贬值，各方面利好因素刺激出境游高速发展，2015 年出境游客量保持高速增长。泰国、韩国、日本是我国居民出境游的主要目的地国家。澳大利亚作为中远程旅游目的地国家，旅客数量也呈高速增长。出境游客流增长明显促进我国民航国际客流量的不断增长。

2015 年我国第一大客源国仍是韩国，入境人数达 444.44 万人，同比增长 6.3%。2015 年为中韩旅游年，中、韩两国已成为彼此的最大入境客源国。日本入境游客近年呈下降趋势，但仍稳居我国第二大客源国，2015 年入境我国人数达 249.77 万人。越南一举超越美国与俄罗斯成为我国第三大客源国。越南入境游客近年来增幅较大，同比增长高达 26.4%。

2. 国内旅游客流分布特点

《2015 年中国旅游业统计公报》显示，国内旅游市场持续高速增长，国内旅游人数达 40 亿人次，比 2014 年增长 10.5%。其中，城镇居民 28.1 亿人次，农村居民 11.9 亿人次。全国国内旅游收入 34 195.1 亿元人民币，比 2014 年增长 13.0%。在春节、十一两个长假中，全国共接待国内游客 7.9 亿人次，实现旅游收入 5 661.3 亿元。截至 2015 年年底，我国共有定期航班航线 3 326 条，定期航班国内通航城市 204 个（不含港澳台地区）。在我国，旅游热点大多集中于哈尔滨—北京—西安—成都—昆明以东的各条航线上。其中，尤以北京、上海、广州、西安、昆明、南京、杭州之间的航线需求较大，具有丰富旅游资源的敦煌、黄山、张家界等城市也都有旺盛的空运需求。

二、旅游业与航空运输布局的关系

旅游业是旅游活动发展到一定阶段的产物，通过向旅游者提供食、住、行、购等服务取得相应报酬的一种综合性服务行业，它的发展带动相关行业的发展。航空运输是现代交通的主要形式，其便利快捷的特点也成为一个旅游点的必备条件。许多旅游点的形成也离不开航空运输，特别是旅游资源丰富的地区，在航空运输的作用下迅速成为旅游热点。旅游业与航空运输业相互关联、相互影响。

1. 旅游客流是航空客流的重要组成部分

随着旅游业的发展，旅游客流在航空客流中的比重逐渐增大。近年来，国际航空旅客构成变化明显，旅游者的比重逐年增加。1945 年，国际航空旅客中，旅游者仅占 20%；到 20 世纪 70 年代末，旅游者占 60%以上；2015 年，全国民航运输机场完成旅客吞吐量 9.15 亿人次，比 2014 年增长 10.0%，其中，东部地区完成旅客吞吐量 5.02 亿人次，东北地区完成旅客吞吐量 0.55 亿人次，中部地区完成旅客吞吐量 0.90 亿人次，西部地区完成旅客吞吐量 2.69 亿人次。2015 年，全行业完成旅客运输量 43 618 万人次，比 2014 年增长 11.3%。这些变化给航空运输布局带来较大的影响。

2. 旅游业影响航空企业的运力投放

游客因为旅游活动在旅游客源地和旅游目的地之间运动，这种旅游客源市场与旅游消费市场之间有规律的运动，称为游客流。游客流是航空客流的重要组成部分，其分布和流向影响航空市场的形成和规模，影响航空企业运力的投放与布局。世界上主要的客源市场为欧洲、北美、日本、澳大利亚等国家和地区。旅游消费市场一般拥有著名的人文景观、美丽的自然景观、现代化的游乐设施、便利的交通等。受客源市场、旅游目的地、季节等因素的影响，当前世界上主要的游客流分布如下：欧洲、北美在各自范围内流动；从北美流向欧洲、亚太等地区；从欧洲流向北美、亚太、非洲等地区；从日本、新西兰、澳大利亚等国流向亚太地区。

资料链接 5-1

2016 年阿提哈德航空集团与德国途易集团确认，双方正在为建立一家强大的欧洲休闲航空集团开展磋商，该集团将主要在关键旅游市场之间运营点对点衔接航线。

双方提议柏林航空集团和德国途易飞航空（TUI fly）的旅游业务归由途易集团和阿提哈德航空集团新成立的航空集团运营，包括途易飞航空根据湿租协议为柏林航空运营的客机。这家新成立的航空集团将服务德国、奥地利和瑞士境内的目的地网络。

该休闲航空集团将以全球增长最快的航空集团——阿提哈德航空集团的专长为依托，充分利用途易集团世界一流的分销能力。

途易集团、阿提哈德航空集团和柏林航空拟在适当时期敲定一份原则性协议。同时，达成的所有协议都必须获得相关公司和监管当局的批准。

途易飞航空隶属全球第一大旅游企业——途易集团，在全球拥有约 7.5 万名员工，年旅客运输量达 3 000 万人次。途易集团拥有 300 余家酒店、14 家邮轮公司和 6 家欧洲航空公司，飞机数量约达 140 架，分销网络覆盖全球，包括超过 1 800 家旅行社和在线门户。

阿提哈德航空集团是一家飞速发展的多元化航空旅游集团，员工人数超过 2.6 万名。阿提哈德航空集团包括四大业务板块：阿联酋国家航空公司阿提哈德航空、阿提哈德航空工程公司、Hala 集团与航空股权合作伙伴。集团拥有柏林航空、塞尔维亚航空、塞舌尔航空、意大利航空、阿提哈德区域航空、捷特航空和维珍澳洲航空 7 家航空公司的股份。

柏林航空是德国第二大航空公司，2015 年运输旅客超过 3 020 万人次。凭借持有其 29.21%股份的战略合作伙伴阿提哈德航空，以及在寰宇一家联盟中的成员身份，柏林航空享有全球性的航线网络。

（资料来源：光琪凝，2016. 阿提哈德航空与途易在旅游领域建立伙伴关系[EB/OL]. (2016-10-09)[2017-12-15]. http://www.caacnews.com.cn/1/88/201610/t20161009_1203375.html）

思考：阿提哈德航空与途易是如何相互影响的？

资料链接 5-2

2016 年 3 月 24 日，交通运输部通过了《通用航空经营许可管理规定》（以下简称《规定》）；4 月 27 日，24 部委又联合印发了《关于促进消费带动转型升级的行动方案》（以下简称《方案》）；5 月 17 日，国务院办公厅发布《关于促进通用航空业发展的指导意见》（以下简称《意见》）；5 月 18 日，首届世界旅游发展大会在北京举办，李克强总理参加开幕式并致辞。这些政策的出台和利好的释放，将为低空旅游的发展带来诸多机遇。

《意见》和《方案》中多处提到促进低空旅游的发展，在适宜地区开展空中游览活动，培育通用航空消费的新兴市场。同时，《意见》明确提出，到 2020 年，建成 500 座以上通用机场，在世界自然文化遗产、国家级风景名胜区、重要体育产业基地等地区建设通用机场，“覆盖50%以上的5A级旅游景区”，并提供土地和专项建设资金，为低空旅游的发展提供基础保障。通用机场规划重点考虑旅游业发展，将有力促进通用航空与旅游业的结合。

在新的《规定》中，取消了原来周期较长的筹建环节，降低了筹建期市场变化的风险；调低了企业自有航空器的门槛，调整为两架航空器购买或租赁方式皆可；同时，允许通用航空企业在成立时，可以使用与其航空器相适应的“起降场地”作为基地机场。这些简政放权措施，将大大缩短通航企业成立的时间，有利于迅速启动低空旅游项目；而降低运营成本，有利于企业因地制宜开展低空旅游等类似业务。

李克强总理在首届世界旅游发展大会开幕式致辞中提出：“今后，中国将把发展旅游业作为推进结构性改革尤其是供给侧结构性改革、促进经济发展的重要方面来抓。”旅游业正从传统模式向全域旅游模式转变，深入开展全域旅游和“旅游+”行动，与“互联网+”相结合，需要不断加大旅游业与其他产业的融合发展力度。推动旅游产品的升级，需要低空元素来构建立体的旅游体系。低空旅游作为通用航空和旅游业相融合的高端新兴体验模式，通过丰富产品内容，可以提高旅游需求要素的供给质量。

（资料来源：节选自 http://www.cata.org.cn/XWZX/HYYW/201607/t20160707_86806.html，有改动）

思考：旅游业对航空运输的影响有哪些？

第二节　对外贸易

一、对外贸易概述

对外贸易，又称为进出口贸易，是指一个国家（或地区）与另一个国家（或地区）之间的商品、劳务和技术的交换活动。这种贸易由进口和出口两个部分组成。对运进商品或劳务的国家（或地区）来说，就是进口；对运出商品或劳务的国家（或地区）来说，就是出口。

对外贸易使商品在世界范围内流动，形成国家间的货物运输。从运输物资的构成分析，运量最大的物资是原料、燃料、初级产品等，这些物资在世界范围内形成巨大的货流，成为贸易运输的主体。除此之外，还有工业制品、各种生活消费品等。世界贸易运输大体形成了各种运输工具密切协调的综合运输结构。此外，对外贸易中频繁来往的旅客运输，也成为国际客运的重要组成部分。航空运输还承担紧俏商品、鲜活易腐、高科技产品和贵重物品的货物运输。航空运输在对外贸易中的重要作用是不容忽视的。

二、对外贸易与航空运输布局的关系

一般来说，对外贸易发达的国家或地区，其航空运输业必然发达。航空运输业也会带动该地区贸易的发展。世界著名的贸易发达地区，如北美、西欧等，世界贸易运输在一定程度上反映了世界航空运输的分布特点。

1. 航空运输为对外贸易提供便利的交通联系

对外贸易是商品在世界范围的流动，人员在国家间的移动。贸易国之间往往有一定的距离，要使贸易活动能正常进行，需要便利的交通联系作为保障。要想在国际市场的激烈竞争中开展贸易活动，交通的通畅及时显得尤为重要。

2. 航空运输为受时间限制的商品贸易提供保障

在贸易货运中，一些商品有时间限制，如保存时间短、容易腐烂变质的生鲜商品；价格随时间波动较大的季节性商品、节日用品、时装等。这些商品受时间限制较大，需要从时间上来保障，任何延误都可能导致经济上的巨大损失，或直接导致整个贸易活动的失败。

资料链接 5-3

国际航空运输协会最新发布的全球航空定期数据如表 5-1 所示，2016 年 6 月，全球航空货运需求（按照货运吨公里计算）同比 2015 年增长 4.3%，增速达到近 14 个月以来最快。货运运力（按照可用货运吨公里计算）同比增长 4.9%，行业收益面临下行压力。

表 5-1　全球航空货运市场——2016 年 6 月各区域表现

区域	全球市场份额/%	2016 年 6 月（同比变化率/%）			
		货运吨公里	可用货运吨公里	载货率同比变化率	载货率水平
整体市场	100.0	4.3	4.9	−0.3	43.1
非洲	1.5	0.4	19.9	−5.0	25.6
亚太	38.9	3.5	3.6	0.0	54.5
欧洲	22.3	5.1	4.9	0.1	44.3
拉美	2.8	−9.8	−2.6	−2.7	34.4
中东	14.0	8.0	8.7	−0.3	42.7
北美	20.5	4.3	4.0	0.1	32.4

6 月份，除拉丁美洲地区（货运需求同比下降 9.8%）以外，其他各地区货运需求同比均出现增长。欧洲和中东地区航空货运需求增速最快，同比 2015 年分别增长 5.1%和 8.0%。

“6 月份，航空货运需求获得改善是一个利好消息。多年来，航空货运市场一直萎靡不振，期间出现多次改善迹象，但均未能持续。我们将继续密切关注货运市场的发展动态，并谨记航空货运市场环境十分脆弱。全球经济增长依然缓慢，世界贸易额持续走低，整个航空业在英国‘脱欧’的重压之下面临着严峻的不确定性。”原国际航空运输协会理事长兼首席执行官汤彦麟先生表示。

亚太地区的航空公司 6 月份航空货运需求同比增长 3.5%，运力增长 3.6%。最近数月，亚太地区的航空货运市场持续改善，尤其是“亚洲内陆”市场。全球和区域贸易的疲软使亚太地区的航空公司持续面临压力。

北美地区的航空公司 6 月份航空货运量与 2015 年同期相比增长 4.3%，运力增长 4.0%。全球航空货运量仍然受到美元走强的影响，为美国出口市场造成压力。

欧洲地区的航空公司货运量 6 月份增长 5.1%，运力增长 4.9%。欧洲强劲的增长与过去几个月德国出口订单的增加相一致。目前，经历季节性调整后的欧洲航空市场货运需求呈上行趋势。

中东地区的航空公司连续 16 个月实现了货运量增幅最大的好成绩——货运量同比增长达 8.0%，运力增长 8.7%。尽管总体上该地区航空公司持续保持最快增长，但与 2015 年同期 14.3%的年均增长率相比，该地区 2016 年上半年的货运年均增长率（6.5%）低于 2015 年水平的一半。

拉美地区的航空公司货运需求下降 9.8%，运力下降 2.6%。该地区持续遭遇不利经济与政治条件的影响，尤其是该地区最大的经济体巴西经济环境恶化。

非洲地区的航空公司 6 月份货运需求与 2015 年同期相比增长 0.4%，运力同比增长 19.9%，得益于自 2015 年 12 月以来长途货运市场的不断扩张。

（资料来源：http://news.carnoc.com/list/359/359567.html）

思考：2016 年 6 月全球航空货运市场的变化有哪些?

第三节　劳 务 输 出

一、劳务输出概述

劳务输出是指劳动力空间流动的一种形式，包括国际劳务输出和国内劳务输出。劳务人员在一定的时期内到别的国家、地区就职，通过劳动赚取合法收入。国际劳务输出是一种特殊的对外经济活动，通过劳动力在国际范围内的调配，促进世界各地区的经济发展，为国家和地区之间的经济合作、技术交流提供有利的途径。国际客流通常成为国际航空客运的组成部分。

1. 主要劳务市场

劳务输入国家和地区主要在中东、北非等产油国，北美、欧洲联盟。劳务输出国家和地区主要在亚洲，如印度、泰国、菲律宾、斯里兰卡、巴基斯坦等。

（1）北美、西欧、北欧等发达国家的劳务市场

西亚、北非和东欧劳务人员主要流向西欧和北欧，中南美劳务人员主要流向美国和加拿大。在北美、西欧的外籍劳工，大多从事城市建设、卫生、环境保护及各种服务性行业。中东、西欧、北美洲吸收的劳务量约占世界总劳务量的 80%。

（2）中东、北非等产油国家的劳务市场

中东、北非等产油国是 20 世纪六七十年代崛起的一个潜力巨大的劳务市场，主要有阿联酋、伊拉克、沙特阿拉伯、科威特、卡塔尔等国。外籍劳工主要来自中国、印度、巴基斯坦、菲律宾等国。

（3）发展中国家的劳务市场

20 世纪 60 年代，一些发展中国家经济发展迅速，增长速度超过世界平均水平，如马来西亚。这些国家由于发展较快，需要一定数量的劳务输入。中国的国际劳务合作起步较晚，20 世纪 80 年代初，中国才开始将劳务输出挤入中东、北非市场。1980 年两伊战争爆发，许多外国承包商和劳务人员的撤离给中国劳务输出提供了契机。1980～1984 年，大批中国劳工进入伊拉克、科威特、埃及。

劳务人员的流动具有明显的团体性、单向性、时间性，劳务的输入、输出市场对国际航空布局产生一定影响。

2. 主要供给领域

（1）医疗服务行业

印度是世界医护人员的主要供应国，英语熟练，教育程度达到发达国家的要求。中国的医护人员众多，供应潜力较大，但存在语言、学历和资格认证等方面的障碍。

（2）交通运输行业

交通运输方面主要是海员劳务输出，主要供给国及极具潜力的国家是菲律宾、波兰、印度、俄罗斯、乌克兰、中国等。

（3）IT 服务行业

印度人从小就接受信息技术教育，印度政府加大教育投入，从儿童抓起，培养了一大批高素质的专业技术人员。除印度外，巴西和中国也是较大的供应国。

（4）家庭服务行业

家庭服务方面的主要供给国是菲律宾、印度、印度尼西亚等，特点是服务意识强，能吃苦耐劳，其中菲律宾和印度公民的英语水平较高。

二、劳务输出与航空运输布局的关系

从当前国际劳务市场的供给状况来看，国际劳务市场供大于求，由于各国劳动力素质和优势的差异，普遍存在劳务严重过剩、高级劳务供不应求的局面。国家间的合作交流、国内的劳务流动使劳动者在国际、国内间流动，而航空运输为劳务输出提供便利的条件，可使劳务人员迅速及时地往返于国家之间，这也为航空运输带来相当可观的收入；航空运输还为劳务人员的探亲访友、旅游提供方便。因此，政府往往对劳务运输采取保护政策，并开辟劳务航线、制定乘机规定、优惠票价、免费旅游、送礼物等手段和措施来争取劳务旅客。

资料链接 5-4

2011 年，合肥骆岗国际机场（以下简称“合肥机场”）迎来了春运高峰，在众多的出港旅客中有一群特殊的人，他们就是组团乘机返回重庆、成都等城市的农民工。

安徽省是一个劳务输出大省，合肥机场往年在春节前，进港旅客比出港旅客多，进港旅客以返乡回家过年的旅客为主流，而2011年春运进出港比例明显缩小，一改过去出港旅客以商务、学生流为主的现象，呈现了农民工团队购票回家过年的新特点。

随着中部开发、皖江城市带承接产业转移示范区的有序进展，合肥市加快建设现代化滨湖城市和现代化产业基地的大建设、大发展，合肥市和沿江城市带引来了外地打工族，尤其是西部农民工，使安徽省从单一劳务输出大省呈现出劳务输入的新特点，尤其是安徽省加强了对农民工工资的清理结算工作，使许多农民工在年前拿到了工资，部分先富起来的远地打工者转变了出行观念。随着合肥机场加大了对航空市场的开发，先后开通了西部主要城市的航班，春运期间加密了航班，于是他们就选择了快捷、安全、舒适的飞机作为回家的交通工具。

（资料来源：林友定，2011. 合肥机场春运呈新特点 农民工组团乘机返乡[EB/OL].（2011-01-31）[2017-12-15]. http://news.carnoc.com/list/182/182073.html）

思考：春运呈现出哪些新特点？

第四节 物 流 业

物流作为一门产业，是随着产业分工的细化而独立出来的产业，它以“第三方物流”的形式出现，起着衔接商品流通的作用。物流是指物品从供应地向接收地的实体流动，从供给者向需要者的物理性移动，根据实际需要，将运输、储存、装卸搬运、包装、流通加工、配送、信息处理等功能有机结合起来，以实现用户要求的过程。具体来说，就是商品的生产和流通企业不以自给自足的方式，而是把物流环节独立出来，以合同方式委托从事物流活动的企业来完成，并通过信息系统与物流服务企业保持密切联系，管理和控制物流过程。随着物流产业的形成和发展，第三方物流更加专业化、产业化。

航空运输速度快、节约时间和资金、高效和全球性特征使其成为一种重要的交通运输方式，适用于生产周期短、对运输要求高的企业。航空运输与第三方物流的发展关系密切，许多发达国家的航空港附近都建有大型的物流仓储配送基地，物流业的发展对航空运输布局也产生深远的影响。随着国际多式联运的发展，空港正朝着提供全方位增值服务的方向发展，如批发、配送、仓储及自有贸易等，为企业提供综合物流服务，提高联运效率，增强综合运输功能，空港物流不断增强商务中心功能，为客户提供方便的运输、商业和金融服务，成为商品流、技术流、信息流、资金流、人才流的汇集中心。

目前，世界上知名的航空物流企业有4家：FedEx、TNT、UPS和DHL，其业务类型基本上由货运服务、快递服务、综合物流服务等组成，可以为客运提供一站式的服务。因此，世界航空货运运输布局与物流业的发展密切相关。

资料链接 5-5

进入资本市场后，快递企业开始筹划新的业务增长模式，中国的快递企业陆续将竞争的焦点从陆地转向了空中。

据了解，快递企业多采取包机租赁的方式和使用客机腹舱装载来完成航空运输。若飞机航班延误，那么快递的时效性就会减弱；如果客机腹舱装满，只能等待下一班飞机。随着电商的发展，快递数量极速增加，2015 年的快递业务量达到 200 亿件，包机与腹舱装载渐渐无法满足快递企业的运输需求。

有财力的快递企业纷纷建设自己的航空基地，旨在提高自身的运输速度及核心竞争力。早在 2009 年，顺丰速运就建立了专门的货运航空公司，顺丰航空自有机队规模 30 架；2016 年 4 月，顺丰与湖北省共建航空货运机场的计划曝光，顺丰速运方面发布公告称，湖北鄂州机场占地 15～20 平方千米，并将建设 2 条远距离平行跑道，预计 2045 年航空货运吞吐量达到约 700 万吨。

圆通方面消息称，圆通用于货运的飞机有 5 架，全部为自有，当前的航空运力能处理 90%的快递货运，将快递的运转速度大幅提升，布局航空运输是快递业发展的必然趋势。

快递企业为了建设更多的基地、为实现高效的快递运输，必将投入大量的资金。圆通投资 30 亿元打造成都区域总部和国际航空枢纽。此外，圆通相关负责人向北京商报记者表示，在嘉兴布局航空基地的计划一直在推进，但规划细节尚未明确。顺丰速运也向合作企业注资 4.7 亿元，经过初步计算，鄂州核心枢纽机场项目投资将达 150 亿元，而顺丰分拣中心的投资规模超过 100 亿元，航空产业园建设投资也近百亿元。

面对高额的资金投入，圆通方面表示，提速不提价，公司不只着眼于每件快递的利润，还关注全年的产值。通过日常快递消费来看，圆通、顺丰等快递收费并未出现提价的现象。

作为国际四大快递公司之一的联邦快递，在 1971 年成立之初，创始人就一直坚持飞机运输快递，并实现“次日达”，1976 年联邦快递开始盈利，获利 360 万美元，但成立初期也曾因运量小而损失上千万美元。发展至今，联邦快递通过拥有的 647 架飞机，每年要为世界 200 多个国家运送超过 12 亿个包裹。

截至 2016 年 5 月，邮政航空的飞机不超过 50 架，顺丰自有 28 架飞机，租赁超过 40 架。与之相比，国内的航空规模还相差甚远。在发挥航空运能的国际业务方面，国内快递企业也刚刚起步。

面对快递物流业的发展，中国物流快递咨询网首席顾问徐勇认为，快递企业上市后将布局“航空”作为资本运作的战略之一，虽然快递业增长迅猛，但是布局航空运输必须是长期战略，市场仍在培育，“以国内现状来看，快递企业还只是适合开通周边国家的国际航线，长途国际航线需要快递业结构升级”。

（资料来源：吴文治，王维祎，2016. 快递巨头百亿空战：竞争焦点从陆地转向空中[EB/OL].（2016-10-10）[2017-12-15]. http://epaper.bjbusiness.com.cn/sitel/bjsb/html/2016-10/10/content_349566.htm?div=-1，有改动）

思考：航空货运运输布局对物流业的发展有哪些影响？

第五节　其他运输方式

一、其他运输方式概述

1. 铁路运输

铁路运输是一种最有效的陆上运输方式，以两条平行的铁轨引导火车。铁轨能提供极光滑及坚硬的媒介让火车的车轮在上面以最小的摩擦力滚动，并能平均分散火车的重量，令火车的载重力大大提高。铁路运输由于受气候和自然条件影响较小，速度较快、连续性好且运输能力及单车装载量大，车辆类型较多，它能承运大多数的商品，不受重量和容积的限制，而这些都是公路和航空运输方式所不能比的。

2. 公路运输

公路运输是在公路上运送旅客和货物的运输方式，是交通运输系统的组成部分之一。现代交通运输工具主要是汽车，一般指汽车运输。在地势崎岖、人烟稀少、铁路和水运不发达的边远和经济落后地区，公路为主要运输方式，起着运输干线作用。公路运输的主要特点：适应性强、直达运输、速度较快、技术易掌握、资金周转快、运量较小、持续性差、安全性低。

3. 水路运输

水路运输兴起最早、历史最长，它是以船舶为主要运输工具，以港口或港站为运输基地，以海洋、河流和湖泊等水域为运输活动范围的一种运输方式。水路运输至今仍是世界许多国家重要的运输方式之一，其技术经济特征是载重量大、成本低、投资省，但灵活性小，连续性差。水路运输较适于大宗、低值、笨重和各种散装货物的中长距离运输，其中特别是海运，更适于承担各种外贸货物的进出口运输。

4. 管道运输

管道运输是用管道作为运输工具的一种长距离输送液体和气体物资的运输方式，专门由生产地向市场输送石油、煤和化学产品，是一种特殊的运输方式。管道运输的运输量大、连续、迅速、经济、安全、可靠、平稳及投资少、占地少、费用低，并可实现自动控制。除广泛用于石油、天然气的长距离运输外，还可运输矿石、煤炭、建材、化学品和粮食等。管道运输省去了水运或陆运的中转环节，可缩短运输周期，降低运输成本，提高运输效率。

二、其他运输方式与航空运输布局的关系

交通运输五大部门之间相互促进、相互发展，以解决成本、速度、效率、消耗等方面的问题。因此，航空运输与其他运输行业之间一方面形成综合运输网，另一方面相互形成竞争。

（一）联运关系

现代交通运输工具由铁路、公路、水路、航空、管道等组成。各种交通运输方式在基础建设、运送速度、运输成本、能源消耗等方面具有不同的技术经济特点，结合各种交通运输方式的优势与劣势，所占有的地位和作用，以适应不同的自然条件、运输要求和客户需求。旅客从始发地到目的地，货物从产地到消费地，往往需要几种运输工具共同协作完成，这既是交通运输生产的客观要求，也是客货运输的实际需要。

与航空运输衔接最主要的方式有公路、铁路。公路的优势在于通过自驾车、出租车、城市公交系统、机场专线等提供点到点的直达服务，是地面交通与航空运输衔接的主要方式之一。为优化综合机场区域的交通体系，促进机场体系合理化发展，各大机场衔接地铁、高铁、磁悬浮、城际客运专线等轨道交通形式，并在机场轨道交通通道上提供行李运输、远程值机等服务，提升综合服务水平。

（二）竞争关系

1. 旅客运输方面

与航空运输形成竞争的交通运输的方式主要是铁路运输和公路运输。

（1）送达速度

铁路运输的最优速度为 100～300 千米/小时，航空运输为 500～1 000 千米/小时，公路运输速度不及铁路和航空，适合 200～300 千米的短程距离。随着铁路提速后，航空和铁路的行程时差不断缩小，铁路到市中心有更为方便的地面交通衔接服务，发车准点率高，因此短程航段上铁路有很强的替代效应。但在中远程航段中，航空具有密度上的优势、时间方面的优势，能更好地满足对时间要求较高的商务型旅客。随着距离的延长，铁路运输疲劳度更为明显，且密度较小，两者的行程时差相去甚远。因此，在中远程航段中，航空运输方式的时效性更强，铁路的替代效应较弱。

（2）运输成本

铁路运输无论是在价格上还是在密度上都具有明显的优势。国际原油价格的飙升对航空运输影响较大，对铁路运输影响较小。从运输成本来说，普遍认为航空运输高于铁路运输。

（3）运输价格

随着民营低成本航空公司的大量涌现，航空公司之间竞争激烈，在中程航段上的折

扣力度不断加大，订票服务日益方便快捷，国民消费结构不断升级，弱化了铁路运输的价格优势。但单从价格来看，铁路运输方式仍具有较大的竞争优势，具有很大的消费市场，使得航空公司不得不推出更多措施来应对，如廉价机票等。

（4）服务水平

航空运输安全系数高，但受天气影响较大，因天气原因造成航班延误等情况影响了旅客的服务体验。航空运输需要旅客提前办理值机手续、烦琐的安检程序等，这些都是不利因素。但航空服务细致周到，服务水平普遍要高于铁路运输。

2. 货物运输方面

在货物运输方面，与航空运输方式构成竞争的交通运输方式有铁路运输、水路运输和管道运输。

铁路运输在没有水运条件的地区，主要承担距离长、数量大的货运，速度快，载运量大，运输成本较低，受自然条件影响较小。但灵活性差，有固定线路，需要其他运输手段衔接。

水路运输是用船舶运送客货的一种运输方式，能进行成本低、数量大、距离长的货运，但运输速度慢，受季节、气候、水位、港口影响较大。

管道运输是利用管道输送气体、液体等的一种运输方式，采用密封设备，可避免损失，可用于运输量大、连续不断运送的物资，但灵活性低、货物单一。

航空运输在货物运输方面，相比其他运输方式来说，速度快，不受地形地貌限制，在汽车无法到达的地区可以依靠航空运输，但成本太高，不适合普通货物，适合价值较高、紧急需要和运费承担能力强的货物，如救灾抢险物资、高档贵重产品等。

资料链接 5-6

一个是渐成气候的国际航空货运枢纽和国内大型航空枢纽，一个是地处全国铁路心脏地带的枢纽，两大枢纽强强合作共赢发展模式即将进一步深化和提升。2016 年 10 月 13 日，河南机场集团与郑州铁路局在郑州机场签订战略合作协议，双方确定：将在产品开发、信息共享、服务一体化等多个方面进行深化合作，共同打造“空铁联运”高端服务品牌。

2016 年以来，郑州新郑国际机场（以下简称“郑州机场”）的客货运发展进入快车道，前 9 个月，郑州机场的旅客吞吐量就已经突破 1 500 万人次，客运增速在全国千万级机场中名列第二位。截至 9 月，在郑州机场运营的客运航空公司达 40 家，开通客运航线 162 条，通航城市 86 个，在郑州机场运营的货运航空公司 21 家，开通全货机航线 34 条。6 月，郑州机场在郑州高铁东站设立 8 台自助值机设备，异地值机人数达到 500 人次/天，有效增加高铁与航空的中转客源数量，客运航班的平均上座率突破 85%。国际和地区航线也热度不减，郑州机场开通了飞往新加坡、阿联酋、罗马、文莱等地定期及包机国际和地区航线。11 月，开通郑州至温哥华航线，一周两班，此航线将成为郑州出港的第一条洲际直飞航线。郑州铁路局地处全国铁路心脏地带，9月，郑州至徐州高速铁路开通运行，作为国家中长期铁路网规划的高速铁路陆桥通道重要组成部分，该铁路与已运营的郑西高铁、西宝高铁、兰新高铁和在建的宝兰高铁，共同构成新的高标准、大能力欧亚大陆桥运输通道，并连通已运营的京沪高铁和京广高铁，这样河南的“米”字形快速铁路网已经基本建成。

根据郑州铁路局在郑州机场签订战略合作协议，双方将在产品开发、信息共享、服务一体化等多个方面进行深化合作，共同打造“空铁联运”高端服务品牌；整合民航和铁路信息资源，建设综合交通信息化服务平台，实现两种运输方式的信息采集、交换、共享和互联互通，为旅客提供实时、便捷的综合交通运输信息服务，研究推进航空餐食进入高铁市场，满足高铁旅客多样化配餐需求。积极推进机场与高铁的物流合作，在货源信息共享、货物分拨转运、快速集疏等方面深化合作，建立快速直达的高铁联运快件货物通道；建立应急救援联动机制，协同处理紧急突发事件，共同做好旅客转运保障工作。

（资料来源：曹楷，施书芳，2016. 飞机携手高铁 河南机场打造空铁联运品牌[EB/OL].(2016-10-14)[2017-12-15]. http://news.carnoc.com/list/372/372521.html）

思考：在货物运输方面，各种交通运输方式的优缺点有哪些？

小　结

影响航空运输布局的行业主要有旅游业、对外贸易、劳务输出、物流业，行业之间不是孤立存在、单独发展的，而是相互影响、相互作用的。航空运输作为五大交通运输方式之一，与其他交通运输方式相互竞争的同时，也在相互综合利用，加速综合运输网的形成。

思考与练习

一、选择题

1．我国四大工程中属于交通运输项目的是（　　）。

A．南水北调、西电东送　　B．西电东送、西气东输

C．青藏铁路、西气东输　　D．青藏铁路、南水北调

2．下列运输方式中，运输灵活性最好的是（　　）。

A．航空运输　B．铁路运输　C．公路运输　D．水路运输

3．投资少、运量大、成本低、速度慢的运输方式是（　　）。

A．水路运输　B．管道运输　C．公路运输　D．铁路运输

4．陕西省天然气大量供应京、津两地消费，“陕气”进京、津的运输方式是（　　）。

A．铁路运输　B．管道运输　C．公路运输　D．航空运输

5．铁路运输的特点是（　　）。

A．速度快、运价高、运量小　　B．机动灵活、运量小、运费较高

C．速度慢、运价低、运量大　　D．速度较快、运量较大、连续性好

6．汶川地震发生后，影响较小的运输方式是（　　）。

A．铁路运输　　B．管道运输　　C．公路运输　　D．航空运输

7．航空运输的最大优势和主要特点是（　　）。

A．舒适　　B．灵活　　C．速度快　　D．单位运输成本高

8．航空运输的主要缺点有（　　）。

A．单位运输成本高　　B．受气候条件限制

C．可达性差　　D．运输路程短

二、简答题

1．分析中国的劳务输出与输入对航空布局的影响。

2．除了本章中提到的影响因素，航空运输布局还会受到哪些因素的影响？

3．五大运输方式是哪些？简述航空运输与其他运输方式之间的关系。

4．试述旅游业与航空运输业之间的关系。

实　训

实训主题：讨论影响航空运输布局的行业及行业在航空运输布局中的作用。

实训目的：了解航空运输与其他行业间的关系。

实训形式：小组活动，学生 5～7 人为一组。

实训步骤：学生以小组为单位讨论影响航空运输布局的行业及行业在航空运输布局中的作用。

实训评价：其他小组评价+教师评价。

第三部分

航空区划

第六章 中国航空运输布局

知识目标

1. 了解中国航空区划分区。
2. 掌握各个航空区域的主要航空港城市、机场名称和三字代码。
3. 了解各个航空区域主要运输企业的详细信息。

技能目标

1. 根据航空企业的现状，掌握分析影响航空运输因素的方法。
2. 结合实际情况，学会应用航空运输地理知识。

案例导入

原本在京沪广“各自为战”的国内三大国有航企，开始向各自的枢纽渗透。东航宣布正式成立东航广东分公司，加速开拓华南市场。

而在此之前，国航已经通过控股深航抢先进入华南市场，东航和中国南方航空股份有限公司（以下简称“南航”）也已在北京成立分公司，国航和南航则在上海成立分公司，三大国有航空从以前的“割据一方”，变为在北上广混战。

为了做大做强华南市场，整合公司在华南地区资源，2015 年 9 月，东航决定成立广东分公司。经过两年的筹备，东航广东分公司终于通过了补充运行合格审定，从而成为东航第 16 家分公司。

在此之前，东航先后在广州设立了华南营销中心，成立了东航物流公司华南分公司。目前，东航在广东地区运营着广州、深圳、汕头、湛江、珠海、佛山 6 个航点，每天始发航班约 120 个，通达国内 59 个城市，3 个国际（地区）城市，年旅客运输量超过 1 000 万人。在华南地区构建了由广东始发至上海、昆明、西安三大枢纽精品快线，并以此辐射形成至华北、东北、云南省内、西北腹地的国内航线网络和欧美、东南亚、日韩的全球航线网络。

据记者了解，新成立的东航广东分公司将在原有航线网络基础上，加大广州至上海、昆明、西安枢纽航班密度和运力投入，开拓周边汕头、珠海、湛江等省内市场。在国际方面，着力构建广东至南亚、东南亚的国际航线网络，计划开通广州、深圳至柬埔寨、越南、马来西亚等国家地区航线，适时开通广州至大洋洲、美洲等国际远程航线，增强东航在华南地区的航线网络通达性，构建东航在广东地区的“空中丝绸之路”。

未来，东航广东分公司将以波音系列飞机为主，以年均 5～8 架的增长速度持续扩大机队规模。根据东航整体的航线布局安排，到“十三五”末，在广东地区运力总投入近 60 架飞机。

值得注意的是，目前在广东市场，南航占据绝对大的市场份额，此次东航南下，也意味着与同属天合联盟的南航短兵相接。不过在此之前，南航已经率先进入上海市场，成立了南航上海分公司，国航更是提前一步渗入上海市场，分享传统由东航占据主要市场份额的上海市场。在国际航线上，国航和海南航空过去一两年更是连续拿下多条上海出发的洲际航线。

不过，在航班时刻资源已经很稀有的北上广，要想拿到更多好时刻甚至开辟远程洲际航线，也不是一件容易的事。例如，最近几年南航、东航等也陆续获批在北京开设分公司，但受制于北京空域资源紧张和机场时刻紧缺的制约，很多航空公司无法取得理想的航班时刻和航权。

例如，在南航接收首架 A380 巨无霸飞机时，就表示最适合用其执飞北京始发的国际航线，然而当公司已经接收完订购的 5 架 A380 时，北京始发的国际航线却很难拿到，对于更赚钱的商务客运市场，广州显然没有北京大。

不过，计划于 2019 年建成的首都第二机场让众多航空公司看到了曙光。根据目前的初步安排，东航、南航作为北京新机场主基地航空公司，分别按照承担北京新机场航空旅客业务量 40%的目标进行基地建设，东航、南航等迁出首都机场后，腾出的空间优先满足国航的发展需求。

（资料来源：陈姗姗，2016. 东航南下成立广东分公司 三大航混战北上广[EB/OL].（2016-10-16）[2017-12-15]. http://www.yicai.com/news/5135291.html）

思考： 影响航空公司发展的具体因素有哪些？

中国航空运输区划分为东北区、华北区、华东区、中南区、西北区、西南区、新疆区七大区。对应七大区的管理局分别是东北地区管理局、华北地区管理局、华东地区管理局、中南地区管理局、西北地区管理局、西南地区管理局、新疆管理局。各管理局辖区省份如表 6-1 所示。香港、澳门特别行政区的航空运输发展事宜由特别行政区政府管理。台湾地区的航空运输发展事宜由台湾当局管理。

表 6-1　中国航空运输管理局辖区省份表

管理局名称	辖区省份
东北地区管理局	黑龙江、吉林、辽宁
华北地区管理局	北京、天津、河北、山西、内蒙古
华东地区管理局	上海、江苏、浙江、山东、安徽、江西、福建
中南地区管理局	广东、广西、湖北、湖南、河南、海南
西北地区管理局	陕西、甘肃、青海、宁夏
西南地区管理局	重庆、四川、贵州、云南、西藏
新疆管理局	新疆

第一节 东 北 区

东北区位于我国东北边陲，包括黑龙江、辽宁、吉林三省。东北区矿产资源丰富，重工业突出，农业较发达，自然环境优越。

由于东北区的工业品和农产品很丰富，需要运往区外，区外也需要一定的物资运入区内，因而形成了巨大的货流。东北区与全国各地的经济联系越来越紧密，造就了一定规模的客流，巨大的客货流对交通运输也提出了相应的要求。

中国航空区规划介绍——东北区

航空运输领域本区形成了以沈阳桃仙国际机场、哈尔滨太平国际机场、长春龙嘉国际机场、大连周水子国际机场为主要中心的航线网络。

一、黑龙江运输地理布局

1. 主要航空港城市

哈尔滨，黑龙江省省会，中国东北北部的政治、经济、文化中心。全市总面积约为5.31 万平方千米，市辖区面积约为 10 198 平方千米。截至 2016 年，全市总人口约 962 万人。哈尔滨的飞机制造业在我国尤其突出，其中，运 -12 是我国第一种获得国际权威适航证的飞机，顺利打入国际市场并得到业界好评。

哈尔滨地处东北亚中心地带，是东北地区空中走廊和第一条欧亚大陆桥的重要枢纽，也是中国历史文化名城、热点旅游城市和国际冰雪文化名城。哈尔滨是我国城市发展战略定位中的“沿边开发开放中心城市”“东北亚区域中心城市”“对俄合作中心城市”，有“冰城”“天鹅项下的珍珠”“丁香城”“东方莫斯科”“东方小巴黎”之美称，还有“文化之都”“音乐之都”“冰城夏都”的美誉。

哈尔滨国际冰雪节是我国历史上第一个以冰雪活动为主题的国际性节日，每年 1 月 5 日开幕，持续一个月，是一场融体育、文化、经贸、旅游、科技等多领域活动为一体的盛会。哈尔滨因夏季气候适宜，成为有名的避暑胜地。

2. 主要民用机场

黑龙江现有民用机场 9 个，包括 1 个区域性枢纽机场、8 个支线机场，主要情况如表 6-2 所示。

表 6-2 黑龙江民用机场情况

机场名称	跑道数目	机场等级	三字代码
哈尔滨太平国际机场	1	4E	HRB
大庆萨尔图机场	1	4C	DQA
牡丹江海浪国际机场	1	4C	MDG

续表

机场名称	跑道数目	机场等级	三字代码
佳木斯东郊机场	1	4C	JMU
齐齐哈尔三家子机场	1	4C	NDG
黑河机场	1	4C	HEK
鸡西兴凯湖机场	1	4C	JXA
漠河古莲机场	1	4C	OHE
伊春林都机场	1	4C	LDS

哈尔滨太平国际机场距离哈尔滨市区 33 千米，是黑龙江最大的枢纽机场，如图 6-1 所示。哈尔滨太平国际机场地处东北亚中心位置，是东南亚至北美航线的经停点，是中国东北地区较繁忙的三大国际航空港之一。其净空条件好，机场跑道长 3 200 米，飞行区技术等级为 4E，可起降各类大中型客机。机场导航设备齐全，可提供全天候的导航服务。

图 6-1　哈尔滨太平国际机场

截至 2017 年年底，哈尔滨太平国际机场共有国航、南航、东航、深航、川航、海航、韩国韩亚等 44 家国内外航空公司投入运营，开通国内、国际航线 177 条，通航城市 100 个，已经初步形成了以哈尔滨为中心、辐射全国重要城市，延伸至俄罗斯、日本、韩国等周边国家和欧洲、美洲主要国家的空中交通网络。

二、吉林运输地理布局

1. 主要航空港城市

长春，吉林省省会，2015 年全市总面积 20 593.5 平方千米，市区面积约为 4 789 平方千米。截至 2016 年，全市总人口约 753.4 万人。长春市地处北半球中纬度地带，欧亚大陆东岸的中国东北大平原腹地，位于我国东北地区中部，地处京哈与珲乌两条交通线交会处，是吉林省的政治、经济、文化中心。

长春是近海城市，享受国家沿海开放城市有关优惠政策。根据国务院长吉图开放开发先导区的规划，开发建设以长春、吉林和图们江一带为核心，横贯中蒙大通道，向外辐射东北经济区、大图们江经济圈和东北亚经济区。

长春是中国四大园林城市之一，被誉为“北国春城”，有着深厚的近代城市底蕴和众多“伪满”时期建筑，保有中国现存三大帝王宫殿之一的伪满皇宫和八大部。此外，长春也有“汽车城”和“电影城”之称，中国第一汽车集团公司和长春电影集团均坐落于长春。

2. 主要民用机场

吉林现有民用机场 4 个，主要情况如表 6-3 所示。

表 6-3　吉林民用机场情况

机场名称	跑道数目	机场等级	三字代码
长春龙嘉国际机场	1	4E	CGQ
延吉朝阳川国际机场	1	4D	YNJ
长白山机场	1	4C	NBS
吉林二台子机场	1	4C	JIL

长春龙嘉国际机场是中国东北地区四大国际机场之一，是东北亚区域重要的航空交通枢纽，也是我国主要建设的干线机场，如图 6-2 所示。长春到珲春的高速铁路通过该机场，是东北唯一一座实现了大型机场和高速铁路无缝衔接的大型国际机场。

图 6-2　长春龙嘉国际机场

长春龙嘉国际机场于 2003 年 5 月 29 日全面开工建设，2005 年 8 月 27 日零时正式投入使用，结束了长春没有民航专用机场的历史。机场位于长春东北部的九台龙嘉镇，有高速铁路龙嘉站连接机场航站楼，是我国主要建设的干线机场和东北亚门户枢纽，项目为民航局、吉林省政府和长春市政府共同投资建设的重点工程，是吉林省“十五”期间百项重点工程之一。现为首都机场集团下属机场，可同时为省内各大城市提供航空服务。

三、辽宁航空运输地理布局

1. 主要航空港城市

沈阳，辽宁省省会，别称盛京、奉天。沈阳位于中国东北地区南部，是长江三角洲、珠江三角洲、京津冀地区通往关东地区的综合枢纽城市。沈阳全市总面积逾 1.3 万平方千米，市区面积约为 3 495 平方千米，截至 2017 年末全市人口约 829.4 万人。

沈阳故宫始建于 1625 年，是清王朝入关前清太祖努尔哈赤、清太宗皇太极建造的皇宫，又称盛京皇宫。清世祖福临在此即位称帝。沈阳故宫是国家重点文物保护单位，是中国现存最完整的两座宫殿建筑群之一，现已辟为沈阳故宫博物院。北京、沈阳两座故宫构成了中国仅存的两大完整的皇宫建筑群。

大连位于辽东半岛最南端，地处黄海、渤海之滨，北依辽阔的东北平原，南与山东半岛隔海相望，是中国东部沿海重要的经济、贸易、港口、工业、旅游城市。大连的总面积约为 12 574 平方千米，人口约 595.63 万人。大连环境绝佳，有“东北之窗”“北方明珠”“浪漫之都”之称，是中国东北对外开放的窗口和最大的港口城市。

大连是中国著名的避暑胜地和旅游热点城市，依山傍海，气候宜人，环境优美，适宜居住，夏无酷暑，冬无严寒，平均气温为 10℃左右，年降雨量 700 毫米左右，无霜期 6 个月。

2. 主要民用机场

辽宁现有民用机场 7 个，主要情况如表 6-4 所示。

表 6-4　辽宁民用机场情况

机场名称	跑道数目	机场等级	三字代码
沈阳桃仙国际机场	1	4E	SHE
大连周水子国际机场	1	4E	DLC
丹东浪头国际机场	1	4C	DDG
锦州小岭子机场	1	4C	JNZ
鞍山腾鳌机场	1	4C	AOG
朝阳机场	1	4C	CHG
长海机场	1	1B	CNI

沈阳桃仙国际机场是辽宁省的枢纽性机场，如图 6-3 所示。该机场属于国家民用二类一级机场，是中国八大区域性枢纽机场之一，是东北地区重要航空枢纽，是辽宁中部城市群（沈阳经济区）沈阳、抚顺、本溪、铁岭、辽阳、鞍山、营口、阜新共用机场。沈阳桃仙国际机场距市区 18 千米，与毗邻城市有高速公路相连。2016 年，经桃仙国际机场的航线共有 194 条。其中，国内航线 154 条，国际及港澳台地区航线 40 条，航线网络覆盖国内各主要城市，通达亚洲、欧洲、美洲、大洋洲四洲。在国内航线上，已经覆盖全国除西藏以外的所有省（自治区、直辖市）。

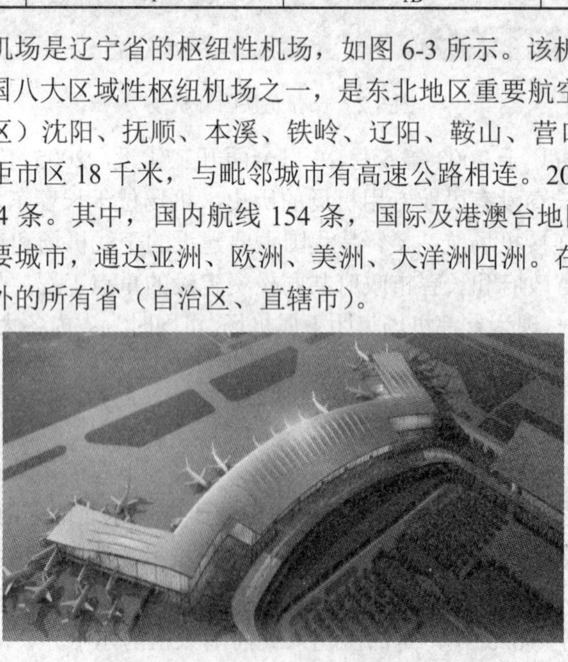

图 6-3　沈阳桃仙国际机场

大连周水子国际机场是国家一级民用国际机场，是我国东北地区四大机场之一，是辽宁南北两翼的一个重要航空港。大连周水子国际机场占地面积约为345万平方米，跑道长3 300米，航站楼面积约为13.5万平方米，装备先进的航管、通信和导航设备，各种地面设备设施齐全，符合4E级I类国际标准，可供A380以外的所有大型飞机安全起降。该航空港吸引了36家中外航空公司在大连周水子国际机场运营，开通航线146条，与13个国家及88个国内外城市通航，基本形成了覆盖全国，辐射日本、韩国，连接欧美、大洋洲、亚洲的航线网络，促进了区域经济的发展。

四、东北区主要航空公司

中国南方航空集团北方公司前身是中国北方航空公司，成立于1990年6月16日，总部在沈阳。设有吉林、大连两个分公司，天鹅、北亚两个子公司，形成了以哈尔滨、长春、大连为分支，以三亚为呼应的基地布局。根据2002年中国民航体制改革重组规划，2002年10月，中国北方航空公司与中国南方航空公司、新疆航空公司重组成新的中国南方航空股份有限公司。重组后，中国北方航空公司正式启用“中国南方航空集团北方公司”的名称，并统一使用IATA航空公司代码“CZ”，分公司总部设在沈阳。

大连航空有限责任公司（以下简称“大连航空”）成立于2011年8月8日，是由国航和大连保税正通有限公司共同出资组建。其中，国航占80%，大连保税正通有限公司占20%。2012年7月21日，大连航空有限责任公司得到了中国民航局的正式批准，是东北地区首家本土航空公司。

第二节　华　北　区

华北区主要包括北京、天津、河北、山西和内蒙古。

一、北京航空运输地理布局

1. 主要航空港城市

北京，中华人民共和国首都、直辖市、全国政治和文化中心、国际交往中心、科技创新中心，总面积约为16 410.54平方千米，截至2016年，北京常住人口2 172.9万人。

北京的西部是太行山山脉余脉的西山，北部是燕山山脉的军都山，两山在南口关沟相交，形成一个向东南展开的半圆形大山弯，人们称之为“北京弯”，它所围绕的小平原即为北京小平原。北京的气候为典型的北温带半湿润大陆性季风气候，夏季高温多雨，冬季干燥，春、秋短促。全年无霜期180～200天。年平均降雨量为483.9毫米，为华北地区降雨较多的地区之一。降水季节分配不均匀，全年降水的80%集中在夏季6月、7月、8月三个月，7月、8月有大雨。影响北京航空运输的主要天气有春天的沙尘暴、夏天的暴雨、秋天的大雾和冬天的大雪。

北京是全国的政治中心，是党中央国务院和全国人民代表大会的办公所在地。北京是对外交流的中心，现有外国驻华大使馆 137 个，国际组织和地区代表机构 17 个，外国新闻机构 190 个。在北京设立的国外驻京代表机构已超过 7 000 家，全球最大 500 家跨国公司已有 185 家来京投资，在京外国留学生 17 000 多人。北京作为政治中心，也是世界顶级的航空枢纽城市。

北京是综合性产业城市，综合实力在全国首屈一指。近年来高新技术产业、信息产业、文化创意产业、生产性服务业增幅较大。北京是中国金融业和商业中心，国家金融宏观调控部门在北京，四大国有银行的总部在北京，许多全国性保险公司的总部在北京。同时，很多国有企业总部也在北京。从北京的产业结构看，对航空运输的需求也非常大，这也成为北京发展航空运输业的强大经济基础。北京同时是全国教育最为发达的地区，截至 2016 年，北京共有普通高等院校 91 所，其中包括北京大学、清华大学、中国人民大学、北京师范大学等全国著名的学府。全年本专科在校生达到 58.8 万人，北京市共有 58 所高等学校和 81 个科研机构是研究生培养单位，在校研究生达到 29.2 万人。北京拥有世界第三、亚洲第一大图书馆——中国国家图书馆，其前身为京师图书馆。北京大学图书馆和中国科学院国家科学图书馆也是亚洲较大的图书馆。

北京是全国最大的科学技术研究基地，有中国科学院、中国工程院等科学研究机构和号称中国硅谷的北京中关村科技园区，北京是全球拥有世界遗产最多的城市（7 处），是全球首个拥有世界地质公园的首都城市。北京对外开放的旅游景点达 200 多处，有世界上最大的皇宫——故宫、天坛、北海公园、颐和园和圆明园，还有八达岭长城、慕田峪长城，以及世界上最大的四合院恭王府等名胜古迹。北京市共有文物古迹 7 309 项，99 处全国重点文物保护单位（含长城和京杭大运河的北京段）、326 处市级文物保护单位、5 处国家地质公园、15 处国家森林公园。图 6-4 所示为北京故宫。

图 6-4　北京故宫

2. 主要民用机场

北京现有民用机场 2 个，主要情况如表 6-5 所示。

表 6-5　北京民用机场情况

机场名称	跑道数目	机场等级	三字代码
北京首都国际机场	3	4F	PEK
北京南苑机场	1	4C	NAY

（1）北京首都国际机场

北京首都国际机场是“中国第一国门”，是中国重要的大型国际航空港；是中国的空中门户和对外交流的重要窗口，如图 6-5 所示。北京首都国际机场建成于 1958 年，运营 60 年来，伴随着历史的脚步，始终昂扬向前。尤其是改革开放以来，随着中国经济的快速发展，并得益于北京得天独厚的政治、经济、文化和地理位置优势，北京首都国际机场的年旅客吞吐量从 1978 年的 103 万人次增长到 2016 年的 9 000 万人次，全球排名第 2 位。

图 6-5　北京首都国际机场

为了满足旅客数量不断增长的需求，北京首都国际机场从 1965 年开始先后进行了三期共 8 次大规模的改扩建。1980 年 1 月 1 日，1 号航站楼正式启用，1999 年 11 月 1 日，2 号航站楼全面投入运营。自 2004 年 3 月 28 日开工，历经 3 年多奋战，北京首都国际机场以又好又快的“中国速度”完成了目前世界上最大单体航站楼——3 号航站楼的建设工程。随后，在试运行不到两个月的时间里，北京首都国际机场组织了 6 次近万人的大规模演练，最终实现了 3 号航站楼的成功接收和顺畅运营，赢得了世界同行的高度评价。自此，北京首都国际机场的硬件资源得以有效扩充，成为亚太地区首家，也是唯一一家拥有 3 个航站楼、3 条跑道、双塔台同时运行的机场，跨入世界超大型机场行列。

作为欧洲、亚洲及北美洲航线的核心节点，北京首都国际机场有着得天独厚的地理位置、方便快捷的中转流程、紧密高效的协同合作，使其成为连接亚、欧、美三大航空市场最为便捷的航空枢纽。国航、东航、南航、海航等中国国内主要航空公司均已在北京首都国际机场设立运营基地。星空联盟、天合联盟和寰宇一家世界三大航空联盟也都视北京首都国际机场为重要的中转枢纽。随着日益完善的国际航线网络的形成，北京首都国际机场成为世界繁忙的机场之一，每天有 94 家航空公司的近 1 700 个航班将北京与世界上 54 个国家的 244 个城市紧密连接。

（2）北京南苑机场

北京南苑机场，位于北京市丰台区，是中国历史上第一座机场。该机场原来是军用机场，现在已经对民航开放，是中国联合航空的基地机场。北京南苑机场距离南四环 3 千米，距离天安门广场 13 千米，拥有一座年处理能力达 120 万人次的航站楼，机场飞行区等级为 4C。

3. 北京主要航空公司

（1）中国国际航空公司

中国国际航空公司，简称“国航”，成立于 1988 年 7 月 1 日，是中国目前资产最多和运输量最大的航空运输企业。国航的总部位于中国首都北京。国航的企业标志由一只艺术化的凤凰、邓小平同志书写的“中国国际航空公司”及英文“AIR CHINA”构成。

目前，国航是中国唯一悬挂中华人民共和国国旗和承担中国国家领导人出国访问专机任务的航空公司，并承担外国元首和政府首脑在国内的专包机任务。国航是中国最大的国有航空运输企业，也是中国民航安全水平高、综合规模较大的航空公司。国航是世界最大的航空联盟——星空联盟成员。国航是 2008 年北京奥运会航空客运合作伙伴，具有国内航空公司第一的品牌价值（2009 年 6 月，国航的品牌价值荣登世界品牌实验室“中国 500 最具价值品牌排行榜”，也是中国民航唯一一家进入“世界品牌 500 强”的企业），在航空客运、货运及相关服务方面，均处于国内领先地位。

国航总部设在北京，辖有浙江、重庆、内蒙古、天津、上海、湖北、贵州和西藏等分公司，另设华南基地、工程技术分公司及公务机分公司等。旗下全资子公司为中国国际货运航空有限公司，控股北京飞机维修工程有限公司、澳门航空有限公司、深圳航空、河南航空、北京航空。国航还参股国泰航空、西藏航空、大连航空等企业，是山东航空集团有限公司的最大股东。此外，于 1980 年 5 月 1 日在北京成立的，现国航旗下的北京航空食品有限公司，是我国《中外合资经营企业法》颁布后成立的第一家中外合资企业。截至 2017 年 6 月 30 日，国航拥有以波音、空中客车为主的各型飞机 628 架，平均机龄 6.53 年。国航经营客运航线已达 408 条，其中国际航线 106 条，地区航线 15 条，国内航线 287 条；通航国家（地区）39 个；通航城市 184 个，其中国际 66 个，地区 3 个，国内 115 个。国航通过与星空联盟成员等航空公司的合作，将服务进一步拓展到 191 个国家的 1 307 个目的地。

（2）中国国际货运航空有限公司

中国国际货运航空有限公司（以下简称“国货航”），英文名称为 Air China Cargo Co., Ltd.，简称 Air China Cargo，总部设在北京，以上海为远程货机主运营基地，是中国唯一载国旗飞行的货运航空公司。

国货航成立于 2003 年 12 月 12 日。2011 年 3 月 18 日，国航与香港国泰航空有限公司以国货航为平台完成货运合资项目。合资后，国货航中英文名称及企业标志保持不变。截至 2017 年 6 月，国货航拥有 8 架 B777F 货机、3 架 B747-400 货机，同时，国货航拥有 4 架 B757-200SF 货机投入货邮包机运营。除此之外，国货航还独家经营中国国航全部客机腹舱。

截至 2017 年 6 月，国货航以北京、上海为枢纽，先后开通了上海始发通往欧洲的法兰克福、阿姆斯特丹、萨拉戈萨，北美的纽约、芝加哥、洛杉矶、达拉斯、埃德蒙顿，日本东京、大阪等地的国际货机航班，以及成都、重庆、天津、郑州、台北等地的国内、地区的货机航班。同时，依托国航的全球航线网络，国货航在全球的空运航线达到 425 条，全球通航点达 190 个。另外，国货航在欧洲、美国、日本、亚太等全球各地，拥有 1 500 余条全球地面卡车航线作为货机和客机腹舱网络的补充，使货物快速通达全球各地。通过不断完善产品体系，目前国货航形成了快运、安运、鲜运、骏运、专运、珍运、标运、邮件等多种产品形式，可满足客户多样化的需求。曾在国内的汶川地震、雅安地震和国际上的巴基斯坦地震、印度洋海啸、墨西哥甲型流感、智利地震、日本地震、利比里亚“埃博拉”疫情、尼泊尔地震等重大灾害援助中，多次成功完成紧急救灾包机任务。

（3）中国联合航空有限公司

中国联合航空有限公司（以下简称“中联航”）是东航旗下的全资子公司，中联航以北京南苑机场为主运营基地，下设中联航河北分公司（河北石家庄），北京南苑联合机场管理服务有限公司（北京南苑），佛山沙堤机场管理有限公司（广东佛山）。

中联航以“实惠、便捷、舒心”为品牌定位，积极打造责任心强、技术精湛、经验丰富的飞行、机务、乘务、运控等专业队伍。截至目前，中联航拥有 31 架波音 737 飞机，通航城市 70 余座，每天执行进出港航班 170 余次。自开航以来，中联航一直保持着良好的安全飞行纪录，2014 年，中联航安全运送旅客超过 600 万人次。2014 年 7 月，中联航宣布向低成本航空公司转型，中联航转型工作的全面开启标志着国有大型企业首次进入低成本航空市场。

二、天津航空运输地理布局

1. 主要航空港城市

天津，直辖市、国家中心城市、超大城市、环渤海地区经济中心、首批沿海开放城市；全国先进制造研发基地、北方国际航运核心区、金融创新运营示范区、改革开放先行区。

天津位于华北平原北部，东临渤海，北依燕山；处于海河下游，地跨海河两岸，是北京通往东北、华东地区铁路的交通咽喉和远洋航运的港口，有“河海要冲”和“畿辅门户”之称。天津地处北温带，位于中纬度亚欧大陆东岸，主要受季风环流的支配，是东亚季风盛行的地区，属暖温带半湿润季风性气候。临近渤海湾，海洋气候对天津的影响比较明显。天津的主要气候特征是四季分明，春季多风，干旱少雨；夏季炎热，雨水集中；秋高气爽，冷暖适中；冬季寒冷，干燥少雪。影响天津航空运输的天气条件主要是春季的风沙、夏季的暴雨和秋冬季节的大雾。

天津是中国北方最大的沿海开放城市，2005 年天津滨海新区被纳入国家“十一五”规划和国家发展战略，滨海新区被批准为国家综合配套改革试验区，天津的经济重新展现出活力。2006 年 3 月 22 日，国务院常务会议将天津完整定位为“环渤海地区经济中心，国际港口城市，北方经济中心，生态城市”，并将“推进滨海新区开发开放”纳入“十一五”规划和国家战略，设立为国家综合配套改革试验区。2009 年 11 月 10 日，国务院批复同意天津市调整滨海新区行政区划，经济进入高速发展时代，增速连续多年位于全国领先位置，天津已经形成了中国唯一“双城双港”城市形态。2014 年 12 月 12 日，位于天津滨海新区的中国（天津）自由贸易试验区正式获得国家批准。2015 年 4 月 21 日，中国（天津）自由贸易试验区正式挂牌。中国（天津）自由贸易试验区为中国北方第一个自贸区。

天津港是世界等级最高、中国最大的人工深水港、吞吐量世界第四的综合性港口，位于滨海新区，如图 6-6 所示。它服务和辐射京津冀及中西部地区的 14 个省（自治区、直辖市），总面积近 500 万平方千米，占全国面积的 52%，是蒙古国等内陆国家的主要出海口，航线通达世界 180 多个国家和地区及全球 500 多个港口。天津在渤海西岸的盐碱滩涂上建成的吞吐量两亿吨的第二港口——天津南港（也称为天津港的南港区）于 2011 年 8 月 31 日开港试通航。

图 6-6　天津港

2008 年 9 月，空中客车 A320 系列飞机天津总装线正式投产。这是继法国、德国之外的空中客车的第三条总装生产线，也是第一个位于欧洲以外的空中客车飞机总装线。截至 2015 年年底，空中客车 A 320 系列飞机天津总装线已交付飞机近 260 架。民航局国内唯一的国家级民航科技产业化基地落户天津。

天津的教育在中国近现代史上举足轻重。著名爱国教育家张伯苓和严修于 1904 年创办南开中学，是南开系列学校的发源地，培养了周恩来等知名人士。1919 年，南开大学成立，开时代先声，实行男女同校，这在北方私立大学中为第一家。中国民航系统著名的高等学府——中国民航大学也设在天津。

2008 年，京津城际高铁开始运营，天津滨海机场开展空铁联运业务，以分担首都机场客流。京津冀协调发展为天津航空业发展带来了新的机遇和挑战，天津将以海空两港为核心、轨道交通为骨干，全面提高航运服务辐射功能和全球资源配置能力，构筑现代综合交通网络体系。

2. 主要民用机场

天津滨海国际机场是天津唯一的机场，位于天津东丽区，距天津市中心 13 千米，距天津港 30 千米，距北京 134 千米，是国内干线机场、国际定期航班机场、国家一类航空口岸，中国主要的航空货运中心之一，如图 6-7 所示。其地理位置优越，具有较强的铁路、高速公路、轨道等综合交通优势，基础设施完善，市政资源配套齐全。天津滨海国际机场代理国内外客货运包机业务，并提供一条龙服务；同时，为各航空公司提供地面代理业务。机场基地航空公司有中国国际航空公司天津分公司、天津航空有限责任公司、奥凯航空公司、厦门航空公司、银河货运有限公司。

图 6-7 天津滨海国际机场

天津滨海国际机场主营业务包括飞机起降服务、航空地面服务、广告业务、房屋场地租赁、停车场服务、省际包车客运、市内包车客运等。天津机场现有跑道 2 条，第一跑道 3 600 米，第二跑道 3 200 米，飞行区等级为 4F 级，可满足各类大型飞机全载起降。航站楼面积达 36.4 万平方米，货库面积达 7.4 万平方米，具有管制二次雷达、卫星通信终端、机场数据传输网络等先进的导航通信设备及完善的地面保障设施。

3. 主要航空公司

（1）天津航空有限责任公司

天津航空有限责任公司（以下简称“天津航空”）是总部位于中国天津的一家民用支线航空公司，前身是大新华快运航空有限公司，由海南航空集团有限公司、天津保税区投资有限公司及海南航空股份有限公司共同出资组建，于 2009 年 6 月 8 日成立，基地设在天津滨海国际机场。

天津航空拥有以 A320、E190、A330 等机型为主的年轻豪华机队，总机队规模近 90 架。经过近几年的快速发展，天津航空逐步建立起包含天津、西安、呼和浩特、乌鲁木齐等 8 大枢纽的区域航线网络，共计开通国际、国内航线 250 余条，拥有超过 30 条国际航线，航线网络遍布全国及日本、韩国、俄罗斯、泰国等周边国家和地区，可直飞英国、新西兰，通航城市 100 余座，2016 年旅客运输量达到 1 200 余万人次。2016 年 5 月，伴随 A330 宽体客机的加入，天津航空逐步开通天津—重庆—伦敦、天津—莫斯科洲际航线，进一步丰富航线网络，完成国际化转型。

（2）奥凯航空有限公司

奥凯航空有限公司（以下简称“奥凯航空”）是中国大陆第一批获准成立的民营资本控股的航空公司，是大陆第一家民营航空公司。总部位于北京，主要基地为天津滨海国际机场。该公司经营航空货运、快递业务，兼营旅游包机业务。在通用航空市场，奥凯航空提供在中国海域及中国陆地范围内的科学考察服务，并将开展医疗救护、航测、高压巡线等航空服务。2005 年 3 月 11 日正式投入商业运营。截至 2016 年 8 月，奥凯航空拥有 34 架飞机（20 架波音 737 系列客机、1 架波音 737 系列货机、13 架新舟 60 飞机），累计执飞 100 多条国内外航线，运送旅客超过 2 055 万人次。

三、河北航空运输地理布局

1. 主要航空港城市

石家庄，河北省省会，地处河北省西南部，旧称石门。石家庄辖区总面积约为 15 848 平方千米，市区面积约 2 240 平方千米。石家庄市地处河北省中南部，环渤海湾经济区。石家庄是全国铁路运输的主要枢纽之一，京广、石太、石德、朔黄四条铁路干线交会于此。石家庄跨华北平原和太行山地两大地貌单元，是全国粮、菜、肉、蛋、果主产区之一，农业集约化和产业化水平较高，生产规模位居全国 36 个重点城市第一位，被国家确定为优质小麦生产基地，素有“北方粮仓”之称。因毛泽东曾在石家庄市平山县西柏坡指挥震惊中外的三大战役，这里又被誉为“新中国的摇篮”。石家庄是中国较大的医药工业基地和重要的纺织基地之一，是国家确认的首批生物产业基地，也是河北的工业大市。

2. 主要民用机场

河北现有民用机场 5 个，主要情况如表 6-6 所示。

表 6-6 河北民用机场情况

机场名称	跑道数目	机场等级	三字代码
石家庄正定国际机场	1	4E	SJW
秦皇岛山海关机场	1	4C	SHP
邯郸马头机场	1	4C	HDG
唐山三女河机场	1	4C	TVS
张家口宁远机场	1	4C	ZQZ

河北最大的枢纽机场是石家庄正定国际机场。石家庄正定国际机场位于历史文化名城正定，距石家庄市区 34 千米，现有京港澳高速、107 国道、京石高铁连接市区，交通便捷，区位优势独特。石家庄正定国际机场为国内 4E 级干线机场，是冀中南城市圈的中心、首都经济圈的重要一环，是首都国际机场的主要分流、备降机场，是中联航河北分公司、春秋航空公司、河北航空公司和中国邮政航空公司运营基地，是中国北方重要的国际航空货运中转基地，是河北省重要的空中交通门户和对外开放窗口。

石家庄正定国际机场跑道全长 3 400 米、宽 45 米，每侧道肩 7.5 米、总宽 60 米，建有等长平行滑行道 1 条，快速出口滑行道 2 条，可保障世界各类大型飞机起降。2012 年 12 月 26 日，京广高铁全线贯通，石家庄正定国际机场高铁候机楼同日启运。该候机楼面积为 1 500 平方米，旅客在此可以办理购票、值机、候机、行李托运等乘机手续，搭乘免费摆渡车 3 分钟可直达候机楼。石家庄正定国际机场实现了高铁和航空的高效衔接，正在努力打造首都航空新通道，构建京津冀旅游新线路。石家庄正定国际机场通航城市已达 60 多个，开通了至韩国、泰国、俄罗斯等国家及我国台湾等地区的航线。

3. 主要航空公司

河北航空有限公司，简称“河北航空”，成立于 2010 年 6 月 29 日，是经民航局和河北省政府批准成立的现代化航空公司。2014 年，厦门航空有限公司（以下简称“厦航”）对河北航空进行了战略重组，厦航持有河北航空 99.23%的股权。河北航空拥有飞机 22 架，其中波音 737-800 型飞机 14 架，波音 737-700 型飞机 2 架，E190 型飞机 6 架。公司成立以来先后开通航线百余条，在国内旅客吞吐量排行前 20 位的机场中实现全部通航，初步构建了石家庄通往全国主要城市的干线网络和以石家庄机场为枢纽的省内外支线网络。

四、山西航空运输地理布局

1. 主要航空港城市

太原，山西省省会，国家历史文化名城、国家园林城市、太原都市圈核心城市，山西政治、经济、文化、交通和国际交流中心，有着 4 700 多年历史、2 500 多年建城史。太原三面环山，黄河第二大支流汾河自北向南流经，是中国北方军事、文化重镇，世界晋商都会，中国能源、重工业基地之一。太原辖 6 个市辖区、3 个县，代管 1 个县级市，市政府驻杏花岭区新建路。太原市区总面积约为 6 988 平方千米，总人口为 429.89 万人。

工业、农业是太原市国民经济的主要产业。以不锈钢生产基地、新型装备制造工业基地和镁铝合金加工制造基地“三大基地”为代表的优势产业发展态势良好。

2. 主要民用机场

山西现有民用机场 6 个，主要情况如表 6-7 所示。

表 6-7 山西民用机场情况

机场名称	跑道数目	机场等级	三字代码
太原武宿国际机场	1	4E	TYN
运城张孝机场	1	4D	YCU
长治王村机场	1	4D	CIH
吕梁大武机场	1	4C	LLV
大同云冈机场	1	4C	DAT
忻州五台山机场	1	4C	WUT

太原武宿国际机场位于太原市东南方向，距太原市区 13.2 千米，始建于 1939 年，曾于 1968 年、1992 年和 2007 年进行过三次改扩建。经过 2007 年的扩建，航站楼面积为 8.08 万平方米，跑道及滑行道延长至 3 600 米，并加宽跑道及滑行道道肩，飞行区等级由 4D 升级为 4E 级，可满足当前最大机型 A380 等飞机的备降要求；新建站坪 21 万平方米，增加机位 18 个。2007 年，经中国民航局批准，太原武宿机场更名为“太原武宿国际机场”。

3. 主要航空公司

山西航空有限责任公司于 1997 年 3 月开始航班飞行。经营范围包括由山西省始发至相邻省之间的支线航空客、货运输业务等。总部设在太原，运营基地设在太原武宿国际机场。

2001 年 7 月经民航局和山西省人民政府批准，山西省航空公司、海南航空集团、长安航空有限责任公司重组成立山西航空有限责任公司。成为海南航空集团控股的航空企业。2002 年 10 月，根据民航局关于海南航空集团实施合并运行的批复，海南航空集团旗下四家航空公司（海南航空、中国新华航空、长安航空、山西航空）统一使用海南航空“HU”两字代码（IATA 代码）、统一 CI 标志、统一安全责任，实施了合并运行，实行了代码、机队、营销网络、地面保障和各类资源的共享。

五、内蒙古航空运输地理布局

1. 主要航空港城市

呼和浩特，内蒙古自治区首府，是内蒙古政治、经济、文化、科教和金融中心，呼包银城市群核心城市。全市土地总面积约为 1.72 万平方千米，常住人口近 300 万人。

呼和浩特是综合性的产业城市。呼和浩特有“中国乳都”之称，拥有伊利、蒙牛两大国内知名乳业品牌，已形成了当地最具活力的乳业产业链条。呼和浩特已建成大唐托电、呼市热电厂、北方金桥等电厂，电力装机容量在全国地级市中位居前列。电子信息产业已成为呼和浩特市六大支柱产业之一。呼和浩特的生物制药及发酵工业起步较早，建成了全国较大的生物发酵基地，生物制药及发酵工业已成为呼和浩特的支柱产业。呼和浩特的服务业由以传统服务业为主向以现代服务业为主转变，并以金融、物流、旅游为依托，促进新兴服务业逐步发展壮大。呼和浩特的文化是一种典型的游牧文化与农耕文化的结合体，每年举行的那达慕大会和内蒙古乌兰牧骑艺术节吸引大批中外游客，促进了当地航空运输业的发展。

2. 主要民用机场

内蒙古现有民用机场 10 个，主要情况如表 6-8 所示。

表 6-8　内蒙古民用机场情况

机场名称	跑道数目	机场等级	三字代码
呼和浩特白塔国际机场	1	4E	HET
通辽机场	1	4D	TGO
包头二里半机场	1	4D	BAV
呼伦贝尔东山国际机场	1	4C	HLD
赤峰玉龙机场	1	4C	CIF
鄂尔多斯伊金霍洛国际机场	1	4C	DSN
二连浩特赛乌苏国际机场	1	4C	ERL
阿尔山伊尔施机场	1	4C	YIE
乌海机场	1	3C	WUA
锡林浩特机场	1	4C	XIL

呼和浩特白塔国际机场是内蒙古最大的航空枢纽，是首都机场的主要备降机场之一，是国家一类口岸机场和国际机场。该机场位于内蒙古呼和浩特东 14.3 千米处，跑道中心距万部华严经塔（俗称白塔）5.6 千米，始建于 1958 年，1993 年被国际民用航空组织正式确认并成为国内 14 个国际定期航班机场之一，航站楼建筑面积为 5.5 万平方米。呼和浩特白塔国际机场共有 42 家航空公司参与运营，运营航线 132 条，通航城市 80 个。该机场属于内蒙古民航机场集团公司全资子公司。自开设运行以来，随着地区经济的快速发展，该机场运输生产取得阶段性突破，2017 年突破了 1 035 万人次，迈入了国内中型机场行列。

第三节　华　东　区

华东区包括上海、江苏、浙江、山东、安徽、江西和福建。

一、上海航空运输地理布局

1. 主要航空港城市

上海，直辖市，中国国家中心城市，中国的经济、金融、贸易、航运中心，首批沿海开放城市。上海地处长江入海口，隔东海与日本九州岛相望，南濒杭州湾，西与江苏、浙江两省相接。2016 年末，全市总面积为 6 340.5 与平方千米，总人口 2 415.27 万人(2015 年常住人口)。

上海属亚热带季风性气候，四季分明，日照充分，雨量充沛。上海气候温和湿润，春秋较短，冬夏较长。1 月份最冷，平均气温约为 4℃，通常 7 月份最热，平均气温约为 28℃。夏季的台风，秋冬季的大雾、大雪是影响上海航空运输的主要天气。

上海是中国重要的经济、交通、科技、工业、金融、会展和航运中心，是世界上规模和面积较大的都会区之一。2014 年，上海 GDP 总量居中国城市第一，亚洲城市第二。上海港货物吞吐量和集装箱吞吐量均居世界第一，是一个良好的滨江滨海国际性港口。上海也是中国大陆首个自贸区“中国（上海）自由贸易试验区”所在地。上海与江苏、浙江、安徽共同构成的长江三角洲城市群，已成为国际六大世界级城市群之一。上海已形成由铁路、水路、公路、航空、轨道 5 种运输方式组成的、具有超大规模的综合交通运输网络。上海港是中国最大的枢纽港，共有 35 个客运站，长途班线 1 611 条，可抵达全国 14 个省市的 660 个地方。上海已形成了由地面道路、高架道路、越江隧道、大桥、地铁及高架式轨道交通组成的立体型市内交通网络。

上海是中国金融中心，它囊括了中国大多数的金融市场机构：上海证券交易所、期货交易所、中国金融交易所、上海钻石交易所、黄金交易所、金融衍生品交易所、银行间债券市场、中国外汇交易中心。

2013 年 9 月 29 日，中国（上海）自由贸易试验区正式成立，中国（上海）自由贸易试验区是中国政府设立在上海的区域性自由贸易园区，位于浦东境内，属中国自由贸易区范畴。涵盖上海市外高桥保税区、外高桥保税物流园区、洋山保税港区和上海浦东机场综合保税区四个海关特殊监管区域。上海自由贸易区的建立为上海对外贸易和外向型经济发展带来了更大的活力。正在向现代化国际大都市目标迈进的上海，肩负着面向世界、推动长江三角洲地区一体化和长江经济带发展的重任，在全国经济建设和社会发展中具有十分重要的地位和作用。土地面积仅占全国 0.06%的上海，完成的生产总值占全国的比重为 3.7%，集装箱吞吐量占全国的 17.4%，关区进出口商品总额占全国的 20.7%。

上海是全国的文化艺术中心和教育中心，拥有一大批全国一流的高校。上海实行全面创新改革试验，积极实施重大科技专项，集成电路装备、高端医疗设备、北斗导航等成果加快产业化，C919 大型客机总装下线，ARJ21 支线客机交付使用。

上海在自然条件、地理位置、经济基础、科技和人才方面具备成为世界级航空枢纽城市的有利条件。国家和上海市政府正在推进上海建设世界级航运中心的国家战略，以建设辐射全球的国际海空枢纽中心。

2. 主要民用机场

上海是中国大陆地区唯一拥有两个大型民用机场的城市，即上海浦东国际机场和上海虹桥国际机场，主要情况如表 6-9 所示。

表 6-9　上海民用机场情况

机场名称	跑道数目	机场等级	三字代码
上海浦东国际机场	3	4F	PVG
上海虹桥国际机场	2	4E	SHA

（1）上海浦东国际机场

上海浦东国际机场位于中国上海浦东新区滨海地带，如图 6-8 所示。该机场日均起降航班达 800 架次左右，航班量已占整个上海机场的 60%左右。通航浦东国际机场的中外航空公司已达 60 家左右，航线覆盖 90 多个国际（地区）城市、60 多个国内城市。该机场拥有 4 条跑道，分别为 3 800 米（两条）、3 400 米、4 000 米。截至 2016 年，浦东机场已吸引 37 家航空公司在此运营全货机业务，全货机通航 31 个国家，共 112 个通航点，每周全货机起降近 1 000 架次。截至 2017 年，已有 110 家航空公司开通了飞往上海两大机场的定期航班，联通全球 47 个国家和地区的 297 个通航点。上海浦东国际机场 2017 年旅客吞吐量首次突破 7 000 万人次，成为北京、香港之后，我国第三大国际机场。

图 6-8　上海浦东国际机场

（2）上海虹桥国际机场

上海虹桥国际机场位于上海市西郊，距市中心约 13 千米，如图 6-9 所示。上海虹桥国际机场开通中国国内航线、港澳台地区航线，以及日、韩等国际航线。大部分的国际航线由上海浦东国际机场负责。2011 年，上海虹桥国际机场共保障飞机起降 22.98 万架次，完成旅客吞吐量 3 311.65 万人次，货邮吞吐量 45.36 万吨，并在当年被 SKYTRAX 评为四星级机场。2017 年，该机场的旅客总吞吐量达到 1.12 亿人次，创下历史新高。

图 6-9　上海虹桥国际机场

二、江苏航空运输地理布局

1. 主要航空港城市

南京，江苏省省会，地处中国东部地区，长江下游，濒江近海，总面积为 6 587.02 平方千米。截至 2017 年，常住人口 833.5 万人。南京位于长江下游中部富庶地区，江苏省西南部，是国家区域中心城市（华东），长江三角洲辐射带动中西部地区发展的国家重要门户城市。

南京是中国重要的农业和商品粮基地、淡水渔业基地，是国家重要综合性工业生产基地、现代服务中心和先进制造业基地，国家信息化与工业化融合试验区。南京是国家发改委定位的“全国重要区域金融商务中心”，是长江三角洲地区仅次于上海的商贸中心城市和区域性金融中心。南京是中国服务外包基地和国家软件出口创新基地，中国唯一的国家科技体制综合改革试点城市，软件产业是南京着力培育的第一大主导产业和支柱产业。会展业、文化产业也是南京的主导产业。南京的综合实力仅次于北京、上海，居全国第三位，拥有的国家重点学科数目居全国第三位。南京是国家重要的科研基地，南京高校和研究所主持的项目在国家科技三大奖中均获得过一等奖。南京是六朝古都，旅游资源丰富，比较著名的旅游景点有夫子庙、秦淮风光、钟山等。图 6-10 所示为南京秦淮风光。

图 6-10　南京秦淮风光

南京是连接华北、华东和华中铁路交通的重要枢纽，国家东部地区铁路交通枢纽中心，是国家四纵四横铁路格局中南北、东西干线的重要交会点，全国路网格局重要枢纽。它是中国兴办民用航空较早的城市之一，先后共修建过 13 个机场，南京第一座机场是中华民国临时政府于 1912 年建立的小营机场。南京是中国重要的航运中心，长江国际航运物流中心。南京港是中国沿海主要港口，国家重要的主枢纽港和对外开放一类口岸，是华东地区及长江流域江海换装、水陆中转、货物集散和对外开放的多功能江海型港口。

2. 主要民用机场

江苏现有民用机场 9 个，主要情况如表 6-10 所示。其中，大型枢纽机场是南京禄口国际机场、苏南硕放国际机场。

表 6-10 江苏民用机场情况

机场名称	跑道数目	机场等级	三字代码
南京禄口国际机场	1	4F	NKG
苏南硕放国际机场	1	4E	WUX
常州奔牛国际机场	1	4E	CZX
连云港白塔埠机场	1	4D	LYG
徐州观音国际机场	1	4D	XUZ
南通兴东国际机场	1	4D	NTG
盐城南洋国际机场	1	4C	YNZ
淮安涟水机场	1	4C	HIA
扬州泰州国际机场	1	4C	YTY

（1）南京禄口国际机场

南京禄口国际机场坐落于南京市江宁区禄口镇，是由江苏省政府投资、管理的中国重要的干线机场，是华东地区的主要货运机场，如图 6-11 所示。该机场于 1995 年 2 月 28 日开工建设，1997 年 7 月 1 日正式通航。南京禄口国际机场的战略定位是“中国大型枢纽机场，航空货运和快件集散中心”。

图 6-11 南京禄口国际机场

截至2016年，南京禄口国际机场的航线通达国内60个主要城市，以及国际和地区的32个城市，包含5家基地航空公司在内的54家航空公司在本场运营客、货运定期航班和包机业务，覆盖国内、辐射亚洲、连接欧美、通达大洋洲的航线网络布局已初步建成。2016年，南京禄口国际机场已连续实现第20个安全年，全年完成旅客吞吐量2 235万人次，货运吞吐量34.12万吨。

（2）苏南硕放国际机场

苏南硕放国际机场，位于江苏省无锡市高新技术产业开发区硕放街道，西北距无锡市中心12千米。该机场飞行跑道长3 200米，宽50米，飞行区等级为4E。苏南硕放国际机场于2004年2月18日正式开通民用航班，2007年9月28日启用新航站区，可满足波音757及以下机型全载起降。2009年实施的跑道加厚工程，可满足波音747型飞机减载起降的要求。

三、浙江航空运输地理布局

1. 主要航空港城市

杭州，浙江省省会，位于中国东南沿海、浙江省北部，钱塘江下游、京杭大运河南端，是浙江省、经济、文化和科教中心，中国七大古都之一，中国重要的电子商务中心之一。杭州市总面积为16 596平方千米，人口为884.4万人。

杭州物产丰富，素有“鱼米之乡”“丝绸之府”“人间天堂”之美誉。它的农业生产条件得天独厚，农作物、林木、畜禽种类繁多，杭州蚕桑、西湖龙井茶闻名全国。杭州有着江、河、湖、山交融的自然环境，世界上最长的人工运河——京杭大运河和以大涌潮闻名的钱塘江都流经此地。

杭州经济基础雄厚，特别是电子商务发达，阿里巴巴公司总部就设在杭州。杭州是国家信息化试点城市、电子商务试点城市、电子政务试点城市、数字电视试点城市、国家软件产业化基地和集成电路设计产业化基地。浙江省高等教育事业起步较早，今浙江大学的前身——求是书院，是中国近代史上效法西方学制最早创办的几所新式高等学校之一。

图6-12　杭州西湖

杭州以风景秀丽著称，素有“上有天堂，下有苏杭”的美誉。市内人文古迹众多，西湖及其周边有大量的自然及人文景观遗迹。杭州是吴越文化的发源地之一，历史文化积淀深厚。图6-12所示为杭州西湖风景。

2. 主要民用机场

浙江现有民用机场 7 个，主要情况如表 6-11 所示。

表 6-11　浙江民用机场情况

机场名称	跑道数目	机场等级	三字代码
杭州萧山国际机场	1	4F	HGH
宁波栎社国际机场	1	4E	NGB
温州龙湾国际机场	1	4D	WNZ
台州路桥机场	1	4C	HYN
舟山普陀山机场	1	4C	HSN
义乌机场	1	4C	YIW
衢州机场	1	4C	JUZ

（1）杭州萧山国际机场

杭州萧山国际机场位于杭州市东部，距市中心 27 千米，是中国重要的干线机场、国际定期航班机场、对外开放的一类航空口岸和国际航班备降机场，是浙江省第一空中门户，如图 6-13 所示。依托浙江省及周边地区充足的客货资源和旺盛的航空市场需求，杭州萧山国际机场建成通航以来，运输生产能力迅猛增长，航线网络日趋规模。

图 6-13　杭州萧山国际机场

截至 2017 年 10 月，杭州萧山国际机场航线通达 109 个中国内地城市、45 个国际及地区城市，建立了以杭州为中心，覆盖国内，连接东亚、东南亚及欧美、非洲的客货航线网络。每天有近 800 架次航班在这里起降，参与运营的航空公司有 60 家，年运送旅客超过 2 500 万人次、货物 40 万吨。目前，杭州萧山国际机场是中国内地五大航空口岸、十大机场和世界百强机场之一。

（2）宁波栎社国际机场

宁波栎社国际机场位于浙东鄞西平原，距宁波市区仅 12 千米，位于城市发展的黄金地段，通往机场的高架路与甬金高速出口相连接，客流往返与物流运输均十分便利，实现了区域与高速路的无缝对接。2015 年年底，轻轨 2 号线竣工，机场与火车、汽车客运中心紧密相连，形成了快速而立体的交通网络，进一步扩大了机场对周边地区的辐射能力。

宁波栎社国际机场在用航站楼于2002年10月启用，候机楼总面积为4.35万平方米，机坪面积19万平方米，停机位20个，现飞行区跑道长3 200米，配备国际先进的通信导航和航行管制设备，达到4E级标准，可满足波音747等大型飞机起降。目前，已引进低成本航空公司16家、通航城市78个、航线95条。

（3）温州龙湾国际机场

温州龙湾国际机场地处温州市龙湾区，距市行政中心约22千米，周边300千米范围内没有大型机场，是大陆离台湾空中航距最近的机场，具有发展航空运输业得天独厚的区位优势。累计通航城市112个，其中国际（地区）城市26个；实际营运城市65个，其中国际（地区）城市15个；在温州龙湾国际机场营运的航空公司有41家，其中国航设有温州分公司，东航、南航、上海航空、重庆航空设有过夜基地。

温州龙湾国际机场目前占地面积为278.8万平方米，飞行区等级为4D，拥有一条长3 200米、宽60米跑道，一条3 200米平行滑行道，高峰小时可起降28架次，可保障A330-200及以下机型起降，能够满足年旅客吞吐量1 500万人次的容量要求。

四、山东航空运输地理布局

1. 主要航空港城市

济南，山东省省会，是山东省政治、文化、教育中心。济南因泉水众多而被称为“泉城”。济南总面积为7 998平方千米，总人口723.31万人。济南东西连通山东半岛与华中地区，是环渤海经济区和京沪经济轴上的重要交会点。济南已成功举办亚洲杯、全运会、园林花卉博览会、中国艺术节等多项国际和国家级盛会。济南作为泉城，旅游资源丰富，如趵突泉（图6-14）、大明湖等。济南具有良好的农业资源，悠久的蔬菜种植传统，如章丘蔬菜。济南的工业制造成绩显著，如小鸭牌全自动滚筒洗衣机、轻骑牌系列摩托车等名牌远销海内外。

图6-14　济南趵突泉

青岛地处山东半岛东南部沿海，胶东半岛东部，东、南濒临黄海，隔海与朝鲜半岛相望。青岛拥有国际性海港和区域性枢纽空港。青岛全市总面积为11 292平方千米，全市人口为920.4万人。

青岛地处北温带季风区域，属温带海洋性季风气候，气候适宜，有道教名山崂山、栈桥、奥帆中心等著名景点，每年举办国际啤酒节、国际海洋节、国际钢琴与小提琴大赛等活动。青岛工业突出，诞生了海尔、海信、青岛啤酒、双星等一批企业和品牌。图6-15所示为青岛崂山。

图6-15 青岛崂山

2. 主要民用机场

山东现有民用机场8个，主要情况如表6-12所示。其中，青岛流亭国际机场是省内最大的航空枢纽。

表6-12 山东民用机场情况

机场名称	跑道数目	机场等级	三字代码
济南遥墙国际机场	1	4E	TNA
青岛流亭国际机场	1	4E	TAO
烟台蓬莱国际机场	1	4E	YNT
威海大水泊国际机场	1	4D	WEH
潍坊机场	1	4D	WEF
东营胜利机场	1	4D	DOY
临沂沭埠岭机场	1	4C	LYI
济宁曲阜机场	1	4C	JNG

（1）济南遥墙国际机场

济南遥墙国际机场位于济南市东北方向，距市中心区域30千米，如图6-16所示。飞行区等级为4E级，可起降波音747-400及以下各型飞机；机坪共44万平方米，可同时停放37架C类以上飞机，设有24个登机桥（26个接机口）。截至2017年，济南遥墙国际机场旅客吞吐量突破1 432.12万人次，共有33家航空公司在济南遥墙国际机场投放了运力，该机场执行航线150余条，其中，国际航线15条，地区航线2条。山东航空公司、东航山东分公司、北部湾航空公司在本场设有飞行基地。

图 6-16　济南遥墙国际机场

（2）青岛流亭国际机场

青岛流亭国际机场位于青岛城阳区，距离市中心 23 千米，如图 6-17 所示。机场候机楼面积达 12 万平方米，可满足年旅客吞吐量 1 800 万人次，高峰小时 5 120 人次的运输需求。机场保障等级为 4E 级，能够满足波音 747 大型飞机的满载起降。已有国航、东航、南航、汉莎、大韩、韩亚、全日空、港龙、UPS 公司等 34 家国内外航空公司在青岛流亭国际机场投入运营，已开通 121 条定期航线，通航国内 61 个城市和国际（地区）16 个城市，每周航班密度近 3 000 架次，基本形成“沟通南北、辐射西部、连接日韩、面向世界”的开放型航线布局。

图 6-17　青岛流亭国际机场

五、安徽航空运输地理布局

1. 主要航空港城市

合肥，安徽省省会、合肥都市圈中心城市、皖江城市带核心城市，是国务院批准确定的中国中东部地区重要中心城市、全国重要的科研教育基地和综合交通枢纽。合肥总面积 11 408.48 平方千米，常住人口 779 万人。合肥是国家重要的科教中心，是全国首座国家科技创新型试点城市、世界科技城市联盟会员城市、中日韩围棋三国赛的永久举办地。截至 2016 年，合肥有高等院校 56 所，国家实验室 3 所，国家重大科学装置 4 座，是仅次于北京的国家重大科学工程布局重点城市。

2. 主要民用机场

安徽现有民用机场 5 个，主要情况如表 6-13 所示。

表 6-13　安徽民用机场情况

机场名称	跑道数目	机场等级	三字代码
合肥新桥国际机场	1	4E	HFE
黄山屯溪国际机场	1	4D	TXN
安庆天柱山机场	1	4C	AQG
阜阳西关机场	1	4C	FUG
池州九华山机场	1	4C	JUH

合肥新桥国际机场位于合肥市肥西县高刘镇，已于 2013 年 5 月 30 日零点正式启用，距合肥市中心 31.8 千米，是国内 4E 级枢纽干线机场，如图 6-18 所示。合肥新桥国际机场每周有 630 余架次航班从这里起航，执飞国内航线，除西藏、武汉、南京外基本通达全国各地；国际航线通达新加坡，韩国首尔、济州岛，泰国曼谷，日本大阪，菲律宾；国内地区航线通达中国台北、高雄，香港，澳门等。

图 6-18　合肥新桥国际机场

六、江西航空运输地理布局

1. 主要航空港城市

南昌，江西省省会，是江西省的政治、经济、文化、商业、教育、科技和交通中心，长江中游城市群中心城市之一，鄱阳湖生态经济区核心城市，中国重要的综合交通枢纽和现代制造业基地。截至 2016 年年底，南昌市常住总人口 537.14 万人。南昌地处江西省中部偏北，赣江、抚河下游，濒临中国第一大淡水湖鄱阳湖西南岸，自古就有“粤户闽庭，吴头楚尾”“襟三江而带五湖”之称。南昌是国家历史文化名城，有着 2 200 多年的建城史，因南方繁荣昌盛而得名，一直都是府、州、省、道治所。1927 年 8 月 1 日，南昌起义，在此诞生了中国共产党第一支独立领导的人民军队，是著名的革命英雄城市，被誉为“军旗升起的地方”，南昌起义纪念馆如图 6-19 所示。

图 6-19　南昌起义纪念馆

2. 主要民用机场

江西现有民用机场 6 个，主要情况如表 6-14 所示。

表 6-14　江西民用机场情况

机场名称	跑道数目	机场等级	三字代码
南昌昌北国际机场	1	4E	KHN
九江庐山机场	1	4C	JIU
赣州黄金机场	1	4C	KOW
景德镇罗家机场	1	4C	JDZ
井冈山机场	1	4C	JGS
宜春明月山机场	1	4C	YIC

南昌昌北国际机场是位于南昌以北 28 千米处的一座民用机场，距离九江 107 千米，距离庐山风景名胜区不到 90 千米，隶属于江西省机场集团公司，并由其运营管理，为南昌及其周边地区提供航空服务。南昌昌北国际机场是一座现代化的 4E 级干线机场，可满足 A330、波音 777、波音 747 等各类大、中型客机全重起降。截至 2017 年年底，在南昌机场运营的国内外航空公司已达 47 家，开通定期通航城市 67 个，累计开通定期航线 116 条，初步形成了以南昌为中心，基本覆盖省会城市和国内主要城市，连接泰国、越南、柬埔寨、印度尼西亚等东南亚国家的空中交通网络。2017 年，南昌昌北国际机场完成旅客吞吐量 1 093 万人次，航班起降 8.9 万架次。

七、福建航空运输布局

1. 主要航空港城市

福州，福建省省会，位于福建省东部、闽江下游及沿海地区。建城于公元前 202 年，历史上长期作为福建的政治中心。福州是海峡西岸经济区政治、经济、文化、科研中心及现代金融服务业中心，首批 14 个对外开放的沿海港口城市之一，海上丝绸之路门户及中国（福建）自由贸易试验区三片区之一；福州也是近代中国最早开放的 5 个通商口岸之一，福州马尾是中国近代海军的摇篮，中国船政文化的发祥地；福州全市陆地总面积 11 968 平方千米，其中市区面积 1 786 平方千米，占福建省的 1/3。

厦门是中国海滨城市，位于福建省东南端。作为中国较早实行对外开放政策的 4 个经济特区之一、5 个开发开放类国家综合配套改革试验区之一，厦门是两岸新兴产业和现代服务业合作示范区、东南国际航运中心、两岸区域性金融服务中心和两岸贸易中心。厦门的主体——厦门岛，面积约为 157.76 平方千米（含鼓浪屿），是厦门经济特区的发祥地，岛上有厦门最早的商业和政治中心。厦门是现代化国际性港口风景旅游城市，厦门的鼓浪屿是国家第一批 5A 级旅游景区。美国前总统尼克松曾赞美厦门为“东方夏威夷”。

2. 主要民用机场

福建现有民用机场 5 个，主要情况如表 6-15 所示。其中，主要的枢纽机场有福州长乐国际机场和厦门高崎国际机场。

表 6-15　福建民用机场情况

机场名称	跑道数目	机场等级	三字代码
福州长乐国际机场	1	4E	FOC
厦门高崎国际机场	1	4E	XMN
泉州晋江国际机场	1	4D	JJN
武夷山机场	1	4C	JIN
元翔（龙岩）冠豸山机场	1	4C	LCX

（1）福州长乐国际机场

福州长乐国际机场位于福州市长乐漳港镇，是一座大型现代化国际航空港，距离福州市中心约 45 千米，如图 6-20 所示。该机场飞行区等级为 4E，拥有一条长 3 600 米的跑道，停机坪面积为 30 万平方米，候机楼总面积为 13.7 万平方米，航空货站建筑面积为 1.8 万平方米。机场可起降波音 747-400 等大型飞机，福州长乐国际机场已被民航局确定为“海上丝绸之路”门户枢纽机场。该机场运营航空公司共 34 家，国内外航线 103 条，通航城市 75 个，其中 12 个国际城市和 4 个地区城市。2017 年 2 月，福州长乐国际机场开通福州—纽约航线，福州成为继北京、上海、广州之后，我国第四个可以直飞纽约的内地城市。

图 6-20　福州长乐国际机场

（2）厦门高崎国际机场

厦门高崎国际机场自 1983 年通航以来，逐步发展成为中国东南沿海重要的区域性航空枢纽。目前，厦门高崎国际机场飞行区等级为 4E 级，可起降波音 747-8 等大型飞机，拥有 1 条 3 400 米长跑道和 2 条平行滑行道及 10 条联络道。2014 年 12 月 28 日，T4 候机楼正式启用，开启双楼运行新时代。2016 年，在该机场营运的航空公司有 40 家，其中国内航空公司 25 家，国际及地区航空公司 15 家。厦门高崎国际机场已通航 109 个城市，其中国内 83 个，国际 20 个，地区 6 个；境内外航线 182 条，其中境内航线 145 条，国际及地区航线 37 条。2016 年，厦门高崎国际机场累计保障安全飞行 18.35 万架次，完成旅客吞吐量 2 273.76 万人次，完成货邮吞吐量 32.84 万吨。

八、华东区主要航空公司

1. 中国东方航空集团

中国东方航空集团总部位于上海，是我国三大国有骨干航空运输集团之一。经过持续的产业结构调整和资源优化整合，基本形成了以航空运输业为核心，通用航空、航空食品、进出口、金融期货、传媒广告、实业投资等相关产业为支撑的航空运输集成服务体系。

作为集团核心主业的中国东方航空股份有限公司（简称“东航”），1997 年成为首家在纽约、香港、上海三地上市的中国航企。东航运营的现代化机队由 600 多架客货运飞机组成，主力机型平均机龄不到 5.5 年，是全球规模航企中较年轻的机队之一。作为天合联盟成员，东航年旅客运输量超过 1 亿人次，位列全球第七位；航线网络通达全球 177 个国家、1 062 个目的地，“东方万里行”常旅客会员可享受天合联盟 20 家航空公司的会员权益及全球 672 间机场贵宾室。

近年来，东航荣膺“中国民航飞行安全五星奖”，荣登《财富》杂志（中文版）“最具创新力中国公司 25 强”、企业社会责任排行榜十强，连续多年被国际品牌机构 WPP 评为“中国最具价值品牌 30 强”，净资产回报率位列央企前列。

东航主要从事国内和国际航空的客、货、邮、行李运输、通用航空等业务及延伸服务，辖山东、安徽、江西、山西、甘肃、西北、云南、四川、浙江、北京分公司。控股中国货运航空有限公司、中国东方航空江苏有限公司、上海航空股份有限公司、中国联合航空有限公司，参股中国东方航空武汉有限责任公司、全资拥有东方通用航空股份有限公司。

东航在航空运输主营业务方面，实施“中枢网络运营”战略，建立以上海为中心、依托长江三角洲地区、连接全球市场、客货并重的航空运输网络。航线除了国内航线外，也经营从上海等地至国际各大城市的国际航线，拥有贯通中国东西部，连接亚洲、欧洲、大洋洲和美洲的航线网络。构建统一运营管理模式，建立起与世界水平接近的飞行安全技术、空中和地面服务、机务维修、市场营销、运行控制等支柱性业务体系。东航机队主要的机型包括空中客车 A320、A330、A340，以及波音 737 和 ERJ-145 等。

2. 春秋航空股份有限公司

春秋航空股份有限公司（以下简称“春秋航空”）作为中国首批民营航空公司之一，于 2005 年 7 月 18 日开航，是国内第一家，也是国内最大的低成本航空公司，现拥有 81 架飞机（75 架空中客车 A320 飞机、6 架波音 737）。春秋航空总部位于上海，目前拥有上海虹桥、浦东，沈阳，石家庄，深圳 5 个国内基地，以及日本大阪、名古屋，泰国曼谷，韩国济州等海外基地，共飞了 120 多条国内航线及旅游胜地的航线。

春秋航空创新起步、安全、平稳运行，是唯一一家不进中航信、不通过机票代理，以 B2C 网上销售和手机直销为主要销售渠道的航空公司。春秋航空是自 2004 年以来新航空公司中唯一获民航局“安全先进单位”表彰奖的航空公司。

春秋航空提倡节俭、环保的出行和生活方式，将一切不必要服务以简单的方式让旅客自由选择，如品种丰富的机上餐饮，在随身免费携带 7 千克行李的基础上自主选择行李套餐，高度自由的产品搭配组合，从极简出行直至服务至臻的商务经济座，让每一张机票都成为旅客设计的艺术品，令春秋航空的飞行与众不同。春秋航空实行廉价航空运行模式，开航以来总平均票价低于同航线市场价 40%左右，向旅客让利超过 200 亿元，总平均客座率保持在 95%左右，居全球同行业之首。

3. 上海吉祥航空股份有限公司

上海吉祥航空股份有限公司（以下简称“吉祥航空”），系上海均瑶（集团）有限公司控股子公司。吉祥航空以上海为主运营基地和维修基地，以上海虹桥国际机场和浦东国际机场为飞行基地，同时以南京为第二基地，开拓日本、韩国和俄罗斯等国际航线，经营范围包括国内航空客货邮运输、商务旅游包机业务等。

吉祥航空于 2006 年 9 月 25 日开航运营。截至 2017 年年底，已拥有 60 架全新空中客车 A320 系列飞机，平均机龄 3 年，是世界上较年轻的机队之一，很好地保障了飞行的舒适性和正点率。在硬件上独特地做到全新飞机、最宽间距、可调头靠，在服务上不断追求美丽、贴心、精致的特色。

吉祥航空的市场目标定位在中高端公务、商务和休闲旅游市场，航线网络以上海为中心，现已开通 80 余条国内航线、港澳台地区航线及东南亚、东北亚国际航线，年运送旅客超过 1 000 万人次。公司开航至今，保持了良好的安全运行记录。2009 年 7 月，吉祥航空获得国际航空运输协会运行安全审计认证（IATA Operational Safety Audit，IOSA）注册证书。2017 年，吉祥航空正式成为星空联盟优连伙伴。

4. 中国货运航空有限公司

中国货运航空有限公司，简称“中货航”，由东航与中国远洋运输（集团）总公司共同投资。该公司成立于 1998 年，是中国首家专营航空货邮的企业。中货航总部设在上海虹桥国际机场，并同时在浦东国际机场设有基地。中货航拥有众多货运航线，并经营着东航客机腹舱的货运业务，为全球客户提供货物运输、处理、中转等服务。

中货航现有 6 架 MD-11 货机、2 架 B747-400 货机、湿租 2 架 A300-600 货机。随着中货航的不断发展，将在保证运力增长的前提下逐步用 B777 货机替代 MD-11 货机。截至 2015 年，中货航形成以 B777 货机为主、B747-400 货机为辅的远程货机机队和以 A300-600 货机为主的地区型货机机队，中货航的机队规模和运输能力在上海保持优势并在国内名列前茅。

5. 中国邮政航空有限公司

中国邮政航空有限公司于 1995 年 11 月 25 日成立，1997 年 2 月 27 日正式投入运营，是国内专营特快邮件和货物运输的航空公司，总部位于北京，运营基地为南京禄口国际机场。企业标志为“EMS”，体现了立体、全方位的快速运输目标，寓意真诚服务社会和对速度、安全的追求。邮政航空公司机队以波音 757、波音 737 为主的全货机机队规模达 37 架，其中波音 757 全货机 15 架，波音 737 全货机 22 架。采用“全夜航”集散模式，形成了以南京为枢纽中心，上海、武汉为辅助中心，连接国内外 33 个节点城市，形成覆盖华北、华东、东北、华中、华南、西南、西北 7 个地区、台湾台北，以及韩国首尔、日本大阪的航线网络的集散式航线网络，在国内 304 个城市间实现 EMS 邮件“限时递”“次日递”“次晨达”等业务品牌，形成了“人无我有，人有我优，领先一步”的竞争优势，为中国邮政航空快速网提供了可靠的运力支撑。

6. 山东航空集团有限公司

被誉为“齐鲁之翼”的山东航空集团有限公司（以下简称“山航集团”）是由中国国际航空股份有限公司、山东省财金投资集团有限公司等 9 家股东合资组成的从事航空运输相关产业经营的企业集团公司，主营航空运输业务。截至 2016 年 9 月，拥有波音 737 系列等飞机 122 架，在济南、青岛、烟台、厦门、重庆、北京、乌鲁木齐、贵阳等地设有分公司和飞行基地，形成了以山东、厦门、重庆为支点的“大三角”航线网络。目前经营国内、国际、地区航线共 200 多条，每周 3 700 多个航班飞往全国 80 多个大、中城市，开通台湾地区航线，开通韩国、日本、泰国、柬埔寨、印度等国际航线。

7. 厦门航空

厦门航空成立于 1984 年 7 月 25 日，是由民航局与福建合作创办的中国首家按现代企业制度运营的航空公司。厦门航空是中国唯一使用全波音系列飞机的航空公司，截至 2017 年，厦门航空拥有波音系列的飞机 149 架，累计安全飞行 350 万个小时。同时，厦门航空设有河北航空、江西航空两家子公司，福州、北京、天津、杭州、湖南等分公司和泉州运行基地，经营国内外航线 350 条，航线网络遍及全国，随着墨尔本、温哥华、西雅图等洲际航线的陆续开通，实现了航线网络对欧洲、美洲及大洋洲的全覆盖，并借助天合联盟将航线网络延伸至全球，年旅客运输量超过 2 300 万人次，保持着 30 年持续盈利的行业纪录。

第四节 中 南 区

中南区包括广东、广西、湖北、湖南、河南、海南。

一、广东航空运输地理布局

1. 主要航空港城市

广州，广东省省会，位于广东省中南部，东江、西江、北江交汇处，珠江三角洲北缘，濒临中国南海。广州是中国重要的工业基地、华南地区的综合性工业制造中心，形成了门类齐全、轻工业较为发达、重工业有一定基础的外向型现代工业体系。商业网点多、行业齐全、辐射面广、流通渠道通畅。广州拥有商业网点 10 万多个，为中国十大城市之冠。大型购物商场、大型货仓式批发零售自选商场、灯光夜市、集贸市场等构成了多元化的市场网络。广州是华南地区的金融中心，华南地区融资能力最强的中心城市，也是中国外资银行第二批放开准入的城市。

2. 主要民用机场

广东现有民用机场 8 个，主要情况如表 6-16 所示。

表 6-16　广东民用机场情况

机场名称	跑道数目	机场等级	三字代码
广州白云国际机场	3	4F	CAN
深圳宝安国际机场	2	4F	SZX
珠海金湾国际机场	2	4E	ZUH
揭阳潮汕国际机场	1	4D	SWA
湛江机场	1	4D	ZHA
佛山沙堤机场	1	4C	FUO
梅县机场	1	4C	MXZ
惠州平潭机场	1	4C	HUZ

（1）广州白云国际机场

广州白云国际机场建于 2000 年 8 月，是中国三大国际枢纽机场之一，也是亚洲乃至世界较为繁忙的机场之一。截至 2016 年 9 月，广州白云国际机场航线网络已覆盖全球 216 个航点（国内航点 131 个，国际及地区航点 85 个），通达全球 43 个国家和地区；已有 70 家航空公司在白云机场运营，其中外航和地区公司 44 家。2004 年 8 月 5 日，新白云机场启用，业务迅猛发展。2010 年，国际机场理事会（Airports Council International，ACI）全球机场旅客满意度测评中居第七位，晋升“世界十佳服务机场”。2016 年，实现年旅客吞吐量 5 978 万人次，跻身世界超大型繁忙机场行列。

（2）深圳宝安国际机场

深圳宝安国际机场位于深圳市宝安区，距离深圳市区 32 千米。深圳宝安国际机场位于珠江口东岸的一片滨海平原上，场地辽阔，净空条件优良，可供大型客货机起降，符合大型国际机场运行标准，飞行区等级为 4E，拥有 4E 第一跑道（长 3 400 米、宽 45 米）、4F 第二跑道（长 3 800 米、宽 60 米）、滑行道各 1 条，可供世界上最大型客货机起降。目前，深圳宝安国际机场开通 188 条国际、国内航线，可到达 138 个国内、国际城市和地区。2016 年，年旅客量突破 4 000 万人次大关。

二、广西航空运输地理布局

1. 主要航空港城市

南宁，广西壮族自治区首府，广西政治、经济、文化、交通中心，北部湾经济区核心城市，中国东盟博览会永久举办地。南宁是一座历史悠久的文化古城，也是一个以壮族为主的多民族和睦相处的现代化城市，壮族是世代居住在本地的土著民族。得天独厚的自然条件，使南宁满城皆绿，四季常青，有“绿城”的美誉。南宁地处中国华南、西南和东南亚经济圈的结合部，位于广西中部偏南，是环北部湾沿岸重要的中心城市，中国面向东盟国家的区域性国际城市。

2. 主要民用机场

广西现有民用机场 7 个，主要情况如表 6-17 所示。其中，枢纽机场有南宁吴圩国际机场和桂林两江国际机场。

表 6-17　广西民用机场情况

机场名称	跑道数目	机场等级	三字代码
桂林两江国际机场	1	4F	KWL
南宁吴圩国际机场	1	4E	NNG
北海福成机场	1	4D	BHY
柳州白莲机场	1	4D	LZH
百色巴马机场	1	4C	AEB
梧州长洲岛机场	1	4C	WUZ
河池金城江机场	1	4C	HCJ

（1）桂林两江国际机场

桂林两江国际机场位于桂林市西南方向的临桂县两江镇，距桂林市中心约 28 千米。桂林两江国际机场建有一条长 3 200 米、宽 45 米的 4F 级南北向跑道，一条平行滑行道，装备导航、通信、监视和后勤保障等系统。2016 年，该机场开通航线 104 条，其中国际航线 9 条，国内航线 92 条，地区航线 3 条，通航城市达 67 个。

（2）南宁吴圩国际机场

南宁吴圩国际机场坐落于南宁西南 32 千米的吴圩镇，是一座军民合用机场，隶属于广西机场管理集团有限责任公司，并由其运营管理，为南宁及其周边地区提供航空服务。它是广西最大的机场，是重要的省会干线机场，并定位为面向东盟的门户枢纽机场。机场跑道长 3 200 米、宽 45 米，两侧道各宽 7.5 米，可起降波音 747 同类及以下机型。

三、湖北航空运输地理布局

1. 主要航空港城市

武汉，湖北省省会，中国中部地区最大城市和唯一的副省级城市，中国内陆地区最繁华都市和区域中心城市。武汉地处江汉平原东部，世界第三大河长江及其最大支流汉水横贯市境中央，将武汉城区一分为三，形成了武昌、汉口、汉阳三镇隔江鼎立的格局，构成了极具特色的滨江滨湖水域生态环境，中国三大明楼之一黄鹤楼就位于长江边，如图 6-21 所示。武汉有着优越的地理位置，是中国内陆最大的水陆空综合交通枢纽，是承东启西、接南转北的国家地理中心，历来有“九省通衢”之称。武汉是中国重要的科研教育基地，普通高校和本科院校数仅次于北京，居全国第二，教育部直属全国重点大学数量居全国第三。

图 6-21　武汉黄鹤楼

2. 主要民用机场

湖北现有民用机场 5 个，主要情况如表 6-18 所示。

表 6-18　湖北民用机场情况

机场名称	跑道数目	机场等级	三字代码
武汉天河国际机场	1	4F	WUH
宜昌三峡机场	1	4D	YIH
襄阳刘集机场	1	4D	XFN
恩施许家坪机场	1	4C	ENH
神农架红坪机场	1	4C	HPG

武汉天河国际机场，距离武汉市区约 26 千米，是中国大陆地区繁忙的民用机场之一，如图 6-22 所示。武汉天河国际机场被民航局定位为“全国重要的枢纽机场”，是其指定的华中地区唯一的综合枢纽机场和最大的飞机检修基地，机场设施完备，可起降各种大型客机。武汉天河国际机场飞行区等级为 4F 级，能够起降空中客车 A380 特大型飞机。该机场是中国邮政航空全国两个辅助中心之一（另一个为上海）。友和道通航空运营基地也设在武汉天河国际机场。

图 6-22　武汉天河国际机场

四、湖南航空运输地理布局

1. 主要航空港城市

长沙，湖南省省会，地处湖南省东部偏北，是湖南省的政治、经济、文化、科教和商贸中心。长沙是楚文明和湘楚文化的发源地，有 3 000 年的历史文化，约有 2 400 年建城史，在春秋战国时期始建城，属楚国。因屈原和贾谊的影响而被称为“屈贾之乡”。长沙又称“楚汉名城”，马王堆汉墓和走马楼简牍等重要文物的出土反映其深厚的楚文化及湘楚文化底蕴，位于岳麓山下的岳麓书院为湖南文化教育的象征。历史上长沙涌现了众多名人，留下众多的历史文化遗迹，成为首批国家历史文化名城。图 6-23 所示为马王堆汉墓出土文物。

图 6-23　长沙马王堆汉墓出土文物

2. 主要民用机场

湖南现有民用机场 6 个，主要情况如表 6-19 所示。

表 6-19　湖南民用机场情况

机场名称	跑道数目	机场等级	三字代码
长沙黄花国际机场	1	4E	CSX
张家界荷花国际机场	1	4D	DYG
常德桃花源机场	1	4D	CGD
怀化芷江机场	1	4C	HJJ
永州零陵机场	1	4C	LLF
衡阳南岳机场	1	4C	HNY

（1）长沙黄花国际机场

长沙黄花国际机场位于长沙县黄花镇，距离长沙城区约 20 千米，由湖南省机场管理集团有限公司运营管理。1986 年按 4D 级规模动工兴建，于 1989 年启用，目前飞行区等级已由 4D 升为 4E，现有跑道长度 3 200 米，是国内主要干线机场之一，是湖南省规模最大的航空港。该机场拥有通往国内、国际（地区）73 个城市共 123 条定期航线，共有 43 家中外航空公司在长沙运营，有南航、厦门航空、奥凯航空在此设立运营基地，机场每周航班执行密度超过 3 000 架次，航班可供座位数每周达 35 万个。

（2）张家界荷花国际机场

张家界荷花国际机场，1994 年 8 月 18 日通航，是湖南省第二家国际机场，武陵山区唯一的国际航空口岸，飞行区等级为 4D。跑道长 2 600 米、宽 45 米，可供 250 座以下中型飞机起降。停机坪面积 12 万平方米，停机位 19 个。截至 2017 年年底，该机场通航城市 74 个，分别与 23 个国际和地区城市、51 个国内城市通航，与南航、东航、国航等十多家航空公司建立了长期合作关系。

五、河南航空运输地理布局

1. 主要航空港城市

郑州，河南省省会，地处华北平原南部，是商文明的发源地。郑州地处中国地理中心，是全国重要的铁路、航空、高速公路、电力、邮政电信主要枢纽城市，中国中部地区重要的工业城市。目前有汽车、装备制造、煤电铝、食品、纺织服装、电子信息等六大优势产业。氧化铝产量占全国总产量的50%，拥有亚洲最大、最先进的大中型客车生产企业，冷冻食品占全国市场份额的40%以上。

得益于其独特的地理位置，郑州也是历史上著名商埠之地，至今仍是中部地区重要的物资集散地，每年都会举办全国性、区域性大型商贸活动。郑州商品交易所是三大全国商品交易所之一。全市各类文物古迹达10 000余处，包括登封“天地之中”历史建筑群、黄帝故里、商城遗址等历史名胜。图6-24所示为黄帝故里。

图6-24　黄帝故里

2. 主要民用机场

河南现有民用机场3个，主要情况如表6-20所示。

表6-20　河南民用机场情况

机场名称	跑道数目	机场等级	三字代码
郑州新郑国际机场	1	4E	CGO
南阳姜营机场	1	4D	NNY
洛阳北郊机场	1	4D	LYA

郑州新郑国际机场是我国重要的干线机场、国家一类航空口岸，机场位于郑州市东南，距离市区约25千米，如图6-25所示。飞行区等级为4E，跑道长3 400米、宽45米，可满足波音747以下机型全载起降。该机场运营的货运航空公司21家，开通货运航线34条，全货机通航点37个，其中国际地区27个、国内10个。客运航空公司41

家，航线 187 条，客运通航城市 95 个。郑州新郑国际机场基本形成了覆盖全国和东南亚干支结合的航线网络。

图 6-25　郑州新郑国际机场

六、海南航空运输地理布局

1. 主要航空港城市

海口，海南省省会，地处海南岛北部，北濒琼州海峡，截至 2016 年年底，常住人口 224.6 万人，是全省政治、经济、科技、文化中心和最大的交通枢纽。海南岛四周环海，海运是交通的重点。海口市地处热带，热带资源呈现多样性，富于海滨自然特色风光景观。

三亚，位于海南岛南端，是中国最南部的热带海滨旅游城市，是中国空气质量较好的城市，也是全国最长寿地区之一。三亚市别称“鹿城”，位居中国四大一线旅游城市“三威杭厦”之首，拥有全岛最美丽的海滨风光。陆地总面积 1 921 平方千米，海域面积 3 500 平方千米，常住人口为 76.4 万人（2017 年末），主要有汉族、黎族、苗族、回族、壮族等民族。三亚是海南省南部的中心城市和交通通信枢纽，也是中国东南沿海对外开放黄金海岸线上南端的对外贸易重要口岸之一。

2. 主要民用机场

海南现有民用机场 2 个，主要情况如表 6-21 所示。

表 6-21　海南民用机场情况

机场名称	跑道数目	机场等级	三字代码
三亚凤凰国际机场	1	4E	SYX
海口美兰国际机场	1	4E	HAK

（1）三亚凤凰国际机场

三亚凤凰国际机场（以下简称“凤凰机场”）位于三亚市西北 11 千米处，名胜美景环布周围，东边是美丽的三亚湾及“鹿回头”，西边是闻名遐迩的“天涯海角”，北靠凤凰山，南临中国南海，是一座现代化的 4E 级民用机场。凤凰机场是国内干线机场，跑道长 3 400 米、宽 60 米，可满足波音 747、空中客车 A340 等大型飞机全载起降的要求。截至 2016 年 5 月，该机场已成立 4 家基地公司，执飞三亚的航空公司达到 44 家，其中国内航空公司 28 家、国际及地区航空公司 16 家；开通航线 161 条，其中国内航线 134 条，国际及地区航线 27 条；通航城市 97 个，其中国内城市 70 个，国际及地区城市 27 个；航线网络覆盖全国主要省会城市、重点旅游城市，以及俄罗斯、蒙古等国家及中亚、东亚、东南亚地区。

（2）海口美兰国际机场

海口美兰国际机场于 1999 年 5 月 25 日正式通航，并于 2002 年 11 月在香港成功上市，是我国重要的国内干线机场之一。机场飞行区等级为 4E 级，机场跑道长 3 600 米、宽 45 米；平行滑行道长 3 600 米、宽 23 米，可满足波音 747-400 等大型飞机全重起降要求。该机场共开通航线 249 条，境外航线 21 条，与 139 个城市通航。2011 年 12 月 21 日，海口美兰国际机场成为国内首家拥有离岛免税店的机场。

七、中南区主要航空公司

1. 中国南方航空股份有限公司

中国南方航空股份有限公司，简称“南航”，总部设在广州，以蓝色垂直尾翼镶红色木棉花为公司标志，是中国运输飞机最多、航线网络最发达、年客运量最大的航空公司。截至 2017 年年底，南航经营客货运输机 750 架，机队规模居亚洲第一、世界第四，是全球第一家同时运营空客 A380 和波音 787 的航空公司。

南航围绕广州、北京、乌鲁木齐、重庆核心枢纽，打造国际化规模网络型航空公司，形成密集覆盖国内，全面辐射亚洲，有效连接欧洲、美洲、大洋洲、非洲的发达航线网络。南航每天有 2 000 多个航班飞至全球 40 多个国家和地区的 208 个目的地，投入市场的座位数可达 30 万个。通过与天合联盟成员密切合作，南航航线网络通达全球 1 062 个目的地，连接 177 个国家和地区。南航致力于搭建“广州之路”国际航空枢纽，广州已成为中国大陆进出大洋洲、东南亚的第一门户。截至 2017 年年底，南航在“一带一路”沿线 38 个国家和地区的 68 个城市开通了 172 条航线，每周投入 2 200 多个航班，承运旅客 1 500 多万人次。

南航拥有独立培养飞行员的能力，在珠海拥有亚洲最大的飞行训练基地；机务维修实力雄厚，旗下广州飞机维修工程有限公司建有亚洲最大的飞机维修机库，与德国 MTU 公司合建有国内最大、维修等级最高的航空发动机维修基地；自主研发的飞行运行控制系统和发动机性能监控系统均获得国家科技进步二等奖，是国内航空业最先进的 IT 系统；建有年货邮吞吐量 80 万吨的超级货站，以及年配餐能力超过 3 000 万份的专业航空配餐中心。

2. 海南航空股份有限公司

海南航空股份有限公司，简称“海南航空”或“海航”，于1993年1月成立，起步于中国最大的经济特区海南省，致力于为旅客提供全方位无缝隙的航空服务。从1993年至今，在以海口为主要基地的基础上，先后建立了北京、西安、太原、乌鲁木齐、广州、大连、深圳7个航空营运基地/分公司。

航线网络遍布中国，覆盖亚洲，辐射欧洲、北美洲和大洋洲，开通了国内外航线1 400余条，通航城市近110个。自开航以来，连续安全运营25年，保持了良好的安全记录，4次荣评德国航空事故数据评估中心（JACDEC）全球最安全航空公司十强。海南航空拥有波音737、787系列和空中客车A330系列为主的年轻豪华机队。截至2017年，共运营飞机超过300架，适用于客运和货运飞行，为旅客打造拥有独立空间的宽敞舒适的全新商务舱。自2011年起，海南航空凭借高品质的服务水平及持续多年的服务创新，连续7次荣膺“SKYTRAX全球五星级航空公司”，并成为中国内地首家跻身SKYTRAX“全球最佳航空公司TOP10”行列的航企。

第五节 西 北 区

西北区包括陕西、甘肃、青海和宁夏。

一、陕西航空运输地理布局

1. 主要航空港城市

西安，陕西省省会，地处关中平原中部，北濒渭河，南依秦岭，是国家历史文化名城。2008年经国务院批复，被定位为国家重要的科研、教育和工业基地，我国西部地区重要的中心城市。

西安古称长安，拥有7 000多年文明史、3 100多年建城史、1 100多年建都史，与雅典、开罗、罗马并称世界四大古都，是中华文明和中华民族重要发祥地之一，丝绸之路的起点。西安是国家重要的科教中心，拥有西安交通大学、西北工业大学、西安电子科技大学等7所985或211重点大学。目前，西安已有6处遗产被列入《世界遗产名录》，分别是秦始皇帝陵博物院（图6-26）、大雁塔、小雁塔、唐长安城大明宫遗址、汉长安城未央宫遗址、兴教寺塔。西安飞机工业（集团）有限责任公司（以下简称“西

图6-26 秦始皇帝陵博物院

飞”）是科研、生产一体化的特大型航空工业企业，是我国大中型军民用飞机的研制生产基地。

2. 主要民用机场

陕西现有民用机场 5 个，主要情况如表 6-22 所示。

表 6-22 陕西民用机场情况

机场名称	跑道数目	机场等级	三字代码
西安咸阳国际机场	1	4F	XIY
延安机场	1	4C	ENY
榆林榆阳机场	1	4C	UYN
汉中城固机场	1	4C	HZG
安康机场	1	3C	AKA

西安咸阳国际机场是我国主要的干线机场、国际定期航班机场和全国十大机场之一，如图 6-27 所示。机场飞行区等级为 4F 级，拥有 2 条跑道，可满足空客 A380 客机的起降。西安咸阳国际机场以其“承接东西，连接南北”的区位优势，成为中国国内干线重要的航空港和国际定期航班机场，是民航局规划建设的八大区域性枢纽机场之一，也是中国东方航空集团西北公司、海南航空集团长安公司、南方航空集团西安分公司、天津航空西安分公司、幸福航空有限责任公司、深圳航空西安分公司的基地机场。截至 2016 年年底，西安咸阳国际机场与国内外 62 家航空公司建立了航空业务往来，开辟的通航点达 171 个，航线 313 条。

图 6-27 西安咸阳国际机场

二、甘肃航空运输地理布局

1. 主要航空港城市

兰州，甘肃省省会，西北地区重要的工业基地和综合交通枢纽，西部地区重要的中心城市之一，丝绸之路经济带的重要节点城市。兰州是唯一黄河穿越市区中心而过的省会城市。2012 年 8 月 28 日，国务院批复设立西北地区第一个、中国第五个国家级新区——兰州新区，要把建设兰州新区作为深入实施西部大开发战略的重要举措，并于2020年将兰州发展为西北地区现代化大都市。

2. 主要民用机场

甘肃现有民用机场8个，主要情况如表6-23所示。

表6-23 甘肃民用机场情况

机场名称	跑道数目	机场等级	三字代码
兰州中川国际机场	1	4E	LHW
嘉峪关机场	1	4C	JGN
敦煌国际机场	1	4D	DNH
金昌金川机场	1	4C	JIC
张掖甘州机场	1	4C	YZY
庆阳西峰机场	1	4C	IQN
甘南夏河机场	1	4C	GXH
天水麦积山机场	1	3C	THQ

兰州中川国际机场始建于20世纪60年代，1970年7月通航，是兰州市的空中门户，为西北地区的重要航空港、国际备降机场。兰州中川国际机场飞行区等级为4E级，跑道长4 000米、宽60米，可保证大中型飞机安全起降。2013年，兰州中川机场更名为“兰州中川国际机场”，正式成为国际航空口岸。

兰州中川国际机场是西北较大的航空枢纽之一。截至2016年11月，该机场开通前往国内外共85个城市的149条航线。其中，国内城市66个，航线128条；国际及地区城市19个，航线21条。兰州中川国际机场作为向西部开放的重要门户机场，在服务于国家“一带一路”倡议中发挥了重要的作用。

三、青海航空运输地理布局

1. 主要航空港城市

西宁，青海省省会，古称西平郡、青唐城，取“西陲安宁”之意，是青海省第一大城市，也是青藏高原最大的城市；是青海省政治、经济、文化、教育、科教、交通和通信中心；是国务院确定的内陆开放城市。西宁位于青海省东部，湟水中游河谷盆地，是青藏高原的东方门户，古“丝绸之路”南路和“唐蕃古道”的必经之地，自古就是西北交通要道和军事重地，素有“西海锁钥”“海藏咽喉”之称，是世界高海拔城市之一。源远流长的历史文化，得天独厚的自然资源，绚丽多彩的民俗风情，使西宁成为青藏高原一颗璀璨的明珠。

2. 主要民用机场

青海现有民用机场4个，主要情况如表6-24所示。

表 6-24　青海民用机场情况

机场名称	跑道数目	机场等级	三字代码
西宁曹家堡机场	1	4E	XNN
格尔木机场	1	4D	GOQ
玉树机场	1	4C	YUS
德令哈机场	1	4C	HXD

西宁曹家堡机场隶属于西部机场集团青海机场有限公司，属高原机场，海拔 2 184 米，距市中心 28 千米，坐落在湟水河畔，小峡之中。西宁曹家堡机场是国内 4E 级干线机场，是青藏高原重要交通枢纽和青海省主要对外口岸。跑道长 3 800 米、宽 45 米，可满足大型飞机如空中客车 A330 及其以下机型起降。目前，机场开通北京、上海、西安、太原、兰州等大中城市航班。

四、宁夏航空运输地理布局

1. 主要航空港城市

银川，宁夏回族自治区首府，是全区军事、政治、经济、文化科研、交通和金融商业中心，以发展轻纺工业为主，机械、化工、建材工业协调发展的综合性工业城市。银川地处宁夏平原中部，西依贺兰山，东临黄河，是发展中的区域性中心城市，中国—阿拉伯国家博览会的永久举办地。

银川是历史悠久的塞上古城，史上西夏王朝的首都，是国家历史文化名城，民间传说中又称“凤凰城”，古称“兴庆府”“宁夏城”，素有“塞上江南、鱼米之乡”的美誉，城西有著名的国家级风景区西夏王陵，如图 6-28 所示。

图 6-28　西夏王陵

2. 主要民用机场

宁夏现有民用机场 3 个，主要情况如表 6-25 所示。

表 6-25　宁夏民用机场情况

机场名称	跑道数目	机场等级	三字代码
银川河东国际机场	1	4E	INC
中卫沙坡头机场	1	4C	ZHY
固原六盘山机场	1	4C	GYU

银川河东国际机场位于银川市灵武市临河镇黄河东岸，距银川市区 19 千米。它始建于 1995 年，1997 年 9 月投入使用，现已成为银川市改革开放的重要窗口。机场现有一条长 3 600 米的跑道，飞行区等级为 4E 级，可满足空客 A380 和波音 747-800 外的所有机型起降，属国内干线机场。银川河东国际机场现有 31 家航空运输企业在运营，已开通了 86 条航班，其中有通往 63 个国内城市的 76 条国内航线航班，9 个城市的 10 条国际地区航线航班。

第六节　西　南　区

西南区包括重庆、四川、贵州、云南和西藏。

一、重庆航空运输地理布局

1. 主要航空港城市

重庆，中国著名历史文化名城，有文字记载的历史 3 000 多年。宋光宗赵惇先封恭王再即帝位，称为“双重喜庆”，重庆由此得名。1891 年，成为中国最早对外开埠的内陆通商口岸。1929 年，正式建市。抗日战争时期，重庆是国民政府陪都和世界反法西斯战争远东指挥中心。在重庆形成的“红岩精神”，是我们国家和民族的宝贵精神财富。1997 年，重庆成为我国第四个直辖市。

图 6-29　长江三峡风光

重庆面积 8.24 万平方千米，山地占 76%，有“山城”之称，属亚热带季风性湿润气候，长江横贯全境，流程 691 千米。旅游资源丰富，有长江三峡、世界文化遗产大足石刻、世界自然遗产武隆喀斯特和南川金佛山等壮丽景观。图 6-29 所示为长江三峡风光。

2. 主要民用机场

重庆现有民用机场 3 个，主要情况如表 6-26 所示。

表 6-26 重庆民用机场情况

机场名称	跑道数目	机场等级	三字代码
重庆江北国际机场	3	4F	CKJ
重庆万州机场	1	4C	WXN
黔江武陵山机场	1	4C	JIQ

重庆江北国际机场是中国民航区域性枢纽之一，位于重庆市东北部，距市中心 19 千米，于 1990 年 1 月 22 日建成投用，飞行区等级为 4F 级，如图 6-30 所示。目前，该机场拥有 3 条跑道（其中，第一跑道长 3 200 米，第二跑道长 3 600 米，第三跑道长 3 800 米），可起降空客 A380 等大型客机，可保障年旅客吞吐量 4 500 万人次，货邮吞吐量 110 万吨，年飞机起降 37.3 万架次的运行需要。

图 6-30 重庆江北国际机场

截至 2017 年 8 月，重庆江北国际机场通航城市达 155 个，其中国内城市 110 个，实现了全国各省会城市及主要旅游城市全覆盖。国际（地区）航线达 61 条，基本构建起重庆至欧洲、北美、中亚、东南亚等地较为完善的客、货运航线网络，对重庆产业结构调整、经济社会发展起到了积极的推动作用。

二、四川航空运输地理布局

1. 主要航空港城市

成都，四川省省会，1993 年被国务院确定为西南地区的科技、商贸、金融中心和交通、通信枢纽，是设立外国领事馆数量最多、开通国际航线数量最多的西部城市。2015 年，成都由国务院批复并升格为国家重要的高新技术产业基地、商贸物流中心和综合交通枢纽，西部地区重要的中心城市。

成都位于四川盆地西部，成都平原腹地，东北与德阳市、东南与资阳市毗邻，西南与雅安市、西北与阿坝藏族羌族自治州接壤，南与眉山市相连。全市土地面积 14 335 平方千米，常住人口 1 398.93 万人。成都是“首批国家历史文化名城”和“中国最佳旅游城市”，承载着 3 000 余年的历史，拥有青城山—都江堰、武侯祠、杜甫草堂、金沙遗址、明蜀王陵、望江楼、青羊宫等众多名胜古迹和人文景观。

2. 主要民用机场

四川现有民用机场 10 个，主要情况如表 6-27 所示。

表 6-27 四川民用机场情况

机场名称	跑道数目	机场等级	三字代码
成都双流国际机场	2	4F	CTU
绵阳南郊机场	1	4D	MIG
西昌青山机场	1	4D	XIC
九寨黄龙机场	1	4D	JZH
康定机场	1	4C	KGT
宜宾菜坝机场	1	4C	YBP
达州河市机场	1	4C	DAX
南充高坪机场	1	4C	NAO
攀枝花保安营机场	1	4C	PZI
泸州蓝田机场	1	4C	LZO

成都双流国际机场，是中国中西部地区较繁忙的民用枢纽机场、中国西南地区的航空枢纽和客货集散地。该机场是前往拉萨贡嘎机场的最大中转机场，也是前往昌都邦达机场、林芝米林机场的唯一中转机场。该机场位于成都双流县北部，距成都市中心约 16 千米，有高速公路与市区相通。西跑道长 3 600 米、宽 45 米，东跑道长 3 600 米、宽 60 米，西跑道南端为Ⅱ类精密进近仪表着陆系统。截至 2018 年 1 月底，成都双流国际机场通航航线 317 条，其中国内 193 条，经停国内转国际 18 条，国际地区 106 条，航线通达全球五大洲。

三、贵州航空运输地理布局

1. 主要航空港城市

贵阳，贵州省省会，总面积 8 034 平方千米，2017 年全市总人口 486.20 万人。西南地区重要的中心城市，全国重要的生态休闲度假旅游城市。贵阳是一座具有高原特色的现代化都市，中国首个国家森林城市、循环经济试点城市。以温度适宜、湿度适中、风速有利、紫外线辐射低、空气清洁、水质优良、海拔适宜、夏季低耗能等气候优势，荣登“中国十大避暑旅游城市”榜首，被中国气象学会授予“中国避暑之都”称号。贵阳是国家级大数据产业集聚区，全国领先的大数据技术创新与应用服务示范基地和产业集聚发展的"中国数谷"。

2. 主要民用机场

贵州现有民用机场10个，主要情况如表6-28所示。

表6-28 贵州民用机场情况

机场名称	跑道数目	机场等级	三字代码
贵阳龙洞堡国际机场	1	4E	KWE
兴义万峰林国际机场	1	4D	ACX
铜仁凤凰机场	1	4D	TEN
荔波机场	1	4C	LLB
黎平机场	1	4C	HZH
安顺黄果树机场	1	4C	AVA
遵义新舟机场	1	4C	ZYI
毕节飞雄机场	1	4C	BFJ
凯里黄平机场	1	4C	KJH
六盘水月照机场	1	4C	LPF

贵阳龙洞堡国际机场于1997年5月28日正式投入运营，位于贵阳市东郊，海拔1 139米，距市中心11千米。2007年年底，贵阳龙洞堡国际机场由4D升级为4E级机场。该机场主跑道长3 200米、宽60米，平行滑行道与主跑道长度一致，具备3条快速脱离道和3条垂直联络道，可接受除A380外所有机型全重起降。目前，贵阳龙洞堡国际机场始发国内航线90条、国际航线14条、地区航线2条、经停航线32条，遍及国内近70个大中城市及日本、韩国、新加坡、泰国、马来西亚等国家和地区，有36家航空公司执飞。

四、云南航空运输地理布局

1. 主要航空港城市

昆明，享"春城"之美誉，云南省省会，总面积21 473平方千米，2016年总人口667.7万人。昆明是中国面向东南亚、南亚开放的门户城市，国家级历史文化名城，我国重要的旅游、商贸城市，西部地区重要的中心城市之一。昆明地处云贵高原中部，山原地貌，地势大致北高南低，多溶洞和熔岩地貌，熔岩盆地有石林坝子，属北亚热带低纬高原山地季风气候，年平均气温为16.5℃，年均降雨量为1 450毫米，无霜期278天，气候宜人。

昆明是一个多民族汇集的城市，世居26个民族，形成聚居村或混居村街的有汉族、彝族、回族、白族、苗族、哈尼族、壮族、傣族、傈僳族等民族。无论是待人接物的礼仪、风味独特的饮食、绚丽多彩的服饰，还是风格各异的民居建筑、妙趣横生的婚嫁，都能使人感受到鲜明的民族特色。

昆明农业特色突出，"斗南花卉""呈贡蔬菜"成为国内外知名品牌。昆明工业形成了以机械、冶金、烟草加工等为主的体系，是云南的工业基地和西南地区重要的工业城市，第三产业中，商贸、旅游、信息、现代服务业快速发展。

2. 主要民用机场

云南现有民用机场10个，主要情况如表6-29所示。

表6-29 云南民用机场情况

机场名称	跑道数目	机场等级	三字代码
昆明长水国际机场	1	4F	KMG
丽江三义国际机场	1	4D	LJG
迪庆香格里拉机场	1	4D	DIG
文山普者黑机场	1	4C	WNH
临沧博尚机场	1	4C	LNJ
普洱思茅机场	1	4C	SYM
保山云瑞机场	1	4C	BSD
昭通机场	1	4C	ZAT
腾冲驼峰机场	1	3C	TCZ
德宏芒市机场	1	3C	LUM

昆明长水国际机场是全球百强机场之一，是中国面向东南亚、南亚和连接欧亚非的国家门户枢纽机场，中国西南部地区唯一的国家门户枢纽机场。与乌鲁木齐地窝堡国际机场并列为我国两大国家门户枢纽机场。该机场是继北京首都国际机场、上海浦东国际机场、广州白云国际机场之后第四家实现双跑道独立运营模式的机场。

昆明长水国际机场是云南省的主要机场，是中国东方航空云南公司的枢纽机场。它也是祥鹏航空、四川航空、昆明航空和瑞丽航空的基地机场。该机场主营定期的客货运输业务，入驻机场服务的航空公司还包括春秋航空、成都航空、厦门航空等国内航空公司，老挝航空、大韩航空、胜安航空、新加坡航空等国际航空公司，以及地区航空公司。2017年，昆明长水国际机场共开通客货运航线358条，其中，国内航线280条，国际及地区航线78条；通航城市177个，其中，国际地区通航城市51个。

五、西藏航空运输地理布局

1. 主要航空港城市

拉萨，西藏自治区首府，西藏的政治、经济、文化和宗教中心，也是藏传佛教圣地。拉萨位于西藏高原的中部、喜马拉雅山脉北侧，海拔3 650米，地处雅鲁藏布江支流拉萨河中游河谷平原，拉萨河流经此地，在南郊注入雅鲁藏布江。

拉萨全年多晴朗天气，降雨稀少，冬无严寒，夏无酷暑，气候宜人。全年日照时间在3 000小时以上，素有“日光城”的美誉。拉萨境内蕴藏着丰富的各类资源，相对于其他地市，具有较明显的资源优势。作为首批中国历史文化名城，拉萨因风光秀丽、历史悠久、风俗民情独特、宗教色彩浓厚而闻名于世。

2. 主要民用机场

拉萨贡嘎国际机场位于西藏自治区山南地区贡嘎县甲竹林镇，海拔 3 600 米，属于高高原机场，跑道长 4 000 米、宽 45 米，机场等级为 4E，可供波音 747、空客 A340 等大型飞机起降，是世界上海拔最高的民用机场之一。

六、主要航空公司

1. 四川航空股份有限公司

四川航空股份有限公司，简称“川航”，成立于 2002 年 8 月 28 日，四川航空集团有限责任公司持有川航 40%的股份，为第一大股东。其他股东分别为中国南方航空股份有限公司、中国东方航空股份有限公司、山东航空股份有限公司、成都银杏金阁投资有限公司。川航改制前为四川航空公司，该公司成立于 1986 年 9 月 19 日，1988 年 7 月 14 日正式开航营运。作为中国极具特色的航空公司之一，川航以安全为品牌核心价值，现运营中国国内最大的全空客机队 130 架，执飞国内、地区、国际航线超过 240 条，航线网络覆盖亚洲、欧洲、大洋洲及北美洲地区。

随着机队规模壮大和自身实力增强，川航加快了网络化转型和国际化步伐。在成都总部以外，川航已设有重庆分公司、云南分公司，以及哈尔滨、北京、杭州、西安、三亚 5 个运行基地，并已开通温哥华、墨尔本、悉尼、莫斯科、迪拜、东京、大阪、新加坡、布拉格等国际航线，每年为超过 2 300 万的旅客提供深具“中国元素，四川味道”的航空服务。

2. 西藏航空有限公司

西藏航空有限公司是民航局批准成立的国内首家以高原为基地运行的航空公司。公司主运行基地位于拉萨贡嘎国际机场，于 2011 年 7 月 26 日正式首航，首航航线为拉萨—阿里。西藏航空已经顺利实现了拉萨停放飞机过夜和拉萨贡嘎机场夜航常态化，结束了西藏 46 年来无飞行过夜基地和常态化夜航的历史。西藏航空目前为全空中客车机队，机型包括 A319、A320、A330。其中，具有卓越高原运行能力的 A319 和 A330 均进行了特殊改装（动力方面），A319 选装了 CFM-5B 发动机，A330 选装了罗罗公司的 Trent772C 发动机。西藏航空有限公司航线网络覆盖西藏自治区内所有民航机场，并陆续开通连接全国各省会、直辖市的航线。2016 年 7 月 6 日，西藏航空首条国际航线拉萨—苏梅岛航线开通。

第七节　新　疆　区

一、新疆航空运输地理布局

1. 主要航空港城市

乌鲁木齐，新疆维吾尔自治区首府，全疆政治、经济、文化中心。市域面积约为 14 216

平方千米，辖七区一县。截至2016年年底，常住人口为351.96万人。乌鲁木齐是蒙古语，意为“优美的牧场”，是世界上距离海洋和海岸线最远的城市。

乌鲁木齐地势起伏悬殊，山地面积广大。乌鲁木齐属中温带大陆性干旱气候，最热的是7月和8月，平均气温为25.7℃；最冷的是1月，平均气温为–15.2℃。

乌鲁木齐地处亚欧第二座大陆桥经济带，是中国西部地区重要的经济中心。乌鲁木齐毗邻中亚各国，自古以来就是沟通东西商贸的重要枢纽，对中亚地区具有较强的辐射作用。乌鲁木齐已形成石化、冶金、纺织、机械制造、高新技术、建材、医药、食品、轻工业、电子信息十大产业集群，产业门类齐全，产业结构日趋合理，特别是石化、冶金等产业的发展在同行业中处于领先地位，已成为第二产业支柱。新疆与周边8个国家陆路接壤，拥有17个沿边一类口岸和10个二类口岸，乌鲁木齐不仅是新疆最大的商品集散地，而且是中亚地区重要的进出口贸易集散地，已成为世界投资者开拓中亚市场的重要平台。

乌鲁木齐是新疆乃至全国重要的旅游集散地和目的地，天山山脉分布着高山冰雪景观、山地森林景观、草原景观，为游客观光、探险提供了丰富的内容，各民族的文化艺术、风情习俗，构成了具有民族特色的旅游人文景观。新疆国际大巴扎、新疆民街、二道桥民族风情一条街等带有浓郁新疆民俗风情的景区景点，享誉国内外。丝绸之路冰雪风情游、丝绸之路服装服饰节等带有丝绸之路文化特色的节庆会展活动，已成为乌鲁木齐特有的城市名片。图6-31所示为天山山脉。

图6-31 天山山脉

2. 主要民用机场

新疆现有民用机场10个，主要情况如表6-30所示。

表 6-30 新疆民用机场情况

机场名称	跑道数目	机场等级	三字代码
乌鲁木齐地窝堡国际机场	1	4E	URC
喀什机场	1	4E	KHG
吐鲁番交河机场	1	4E	TLQ
和田机场	1	4D	HTN
库尔勒机场	1	4D	KRL
克拉玛依机场	1	4D	KRY
哈密机场	1	4C	HMI
阿克苏温宿机场	1	4C	AKU
库车龟兹机场	1	4C	KCA
布尔津喀纳斯机场	1	4C	KJI

乌鲁木齐地窝堡国际机场，飞行区等级为 4E，跑道长 3 600 米、宽 45 米，滑行道长 3 600 米、宽 28 米，可满足年旅客吞吐量 1 730 万人次，年货邮吞吐量 27.5 万吨，年起降 15.5 万架次的保障能力。该机场位于乌鲁木齐市西北方向 16.8 千米处，是我国西部重要的枢纽机场之一。截至 2017 年，在该机场运营的航空公司已达 51 家，运营航线 264 条，有 17 个国家、24 个国外城市和 75 个国内城市与乌鲁木齐地窝堡国际机场通航。

3. 主要航空公司

乌鲁木齐航空有限责任公司，简称“乌鲁木齐航空”，总部及运营基地位于乌鲁木齐地窝堡国际机场。于 2014 年 8 月 28 日获得民航局新疆管理局颁发的运行合格证，并于 2014 年 8 月 29 日成功首飞。乌鲁木齐航空运营 12 架波音 737-800 客机、1 架 E-190 客机，已通航 34 个城市，为新疆区域社会经济的发展，为“一带一路”倡议做出积极贡献。乌鲁木齐航空的标志融入了新疆艾德莱丝绸与飞翔的和平鸽两种元素，三色相融，表示古丝绸之路有 3 条路线经过新疆，诠释了新疆地区的历史文化特征，体现了乌鲁木齐航空与当地文化的沟通交融；和平鸽则寓意“和平友好”这一概念，象征着民族团结与共同发展。

第八节 港澳台地区

一、香港航空运输地理布局

1. 主要航空港城市

香港，地处中国华南地区，珠江口以东，南海沿岸，北接广东省深圳市，西接珠江，与澳门特别行政区、珠海市及中山市隔着珠江口相望，其余两面与南海邻接。香港是一座高度繁荣的国际大都市，全境由香港岛、九龙半岛、新界等三大区域组成。截至 2017 年年底，总人口约 740.98 万人，人口密度居全球第三。

香港属亚热带季风气候，年平均气温 22.8℃。夏天炎热且潮湿，7～9 月是台风较多的季节，冬天凉爽而干燥。影响香港航空运输的主要天气是台风、暴雨。

1840 年之前的香港还是一个小渔村。1842～1997 年，香港被英国占领并统治。第二次世界大战后的香港经济和社会迅速发展，东西方文化在此交汇，成为“亚洲四小龙”之一。1997 年 7 月 1 日，中国政府正式恢复对香港行使主权，在香港设立香港特别行政区，实行“一国两制”。

香港是国际和亚太地区重要的航运枢纽和极具竞争力的城市之一，连续 21 年经济自由度指数位居世界首位。香港经济以服务业为主，与服务贸易有关的主要行业包括旅游和旅游业、与贸易相关的服务、运输服务、金融和银行服务及专业服务。

2. 主要民用机场

香港国际机场是世界上最繁忙的航空港之一，如图 6-32 所示。从香港国际机场出发，可于 5 小时内飞抵全球半数人口居住地。

图 6-32　香港国际机场

香港国际机场由香港机场管理局负责管理及运作。2017 年，香港国际机场的总客运量达 7 290 万人次，总航空货运量为 494 万吨。机场连接全球超过 220 个航点，包括超过 50 个内地城市、超过 100 家航空公司在机场营运，每天提供约 1 100 次航班。香港国际机场是国泰航空、国泰港龙航空、香港航空、香港快运航空、香港华民航空及甘泉航空的基地机场。香港国际机场自 1998 年 7 月启用以来，坚守安全、营运效率、顾客服务及环境四大原则，因此先后超过 60 次获选为全球最佳机场。

二、澳门航空运输地理布局

1. 主要航空港城市

澳门，位于广东省南部的珠江三角洲，地处珠江口西岸，隔海东望即是香港，北面邻接广东省珠海市。澳门由澳门半岛、氹仔及路环三部分组成。

澳门属亚热带季风气候，同时带有热带气候的特征，年平均气温 22.3℃，春、夏季潮湿多雨，秋、冬季的湿度相对较低且雨量较少。台风季节为 5～10 月，以 7～9 月最为频密。

1999 年 12 月 20 日，中国政府正式恢复对澳门行使主权，在澳门设立澳门特别行政区，实行“一国两制”。澳门是世界人口密度最高的地区之一。其著名的轻工业、旅游业等使澳门成为全球较发达、富裕的地区之一。澳门是中国人均 GDP 最高的城市，主要以第二产业和第三产业为主。澳门制造业是以纺织制衣业为主，且以劳动密集型和外向型为模式发展，大部分产品销往美国及欧洲。澳门旅游景点有大三巴牌坊、妈阁庙等。

2. 主要民用机场

澳门国际机场是位于澳门氹仔岛上的一座民用机场，距离市区约 10 千米，由澳门国际机场专营股份有限公司运营管理，为澳门提供航空服务，如图 6-33 所示。它是澳门仅有的一座机场，也是继日本大阪关西机场之后，全球第二个、中国第一个完全由填海造陆而建成的机场。澳门国际机场于 1995 年 11 月正式投入运营，海拔 6 米，跑道长 3 360 米、宽 45 米，配备二类仪表着陆系统。机场客运航站楼每小时最高可处理单向 2 000 人次流量，每年可接待旅客 600 万人次。此外，澳门国际机场还设有货运设施，占地 8 000 平方米的有盖储存仓库 24 小时运作。澳门国际机场主营国内、地区和国际定期的客货运输业务，约有 20 家航空公司在机场提供航班服务。它是澳门航空的枢纽机场。

图 6-33　澳门国际机场

澳门国际机场自开航以来，已迅速成为全球经济发展最快的珠江三角洲与世界各地之间的重要桥梁。与澳门比邻的是珠海经济特区，邻近海陆、交通便利，如此得天独厚的地理位置，使澳门国际机场成为亚太地区理想的货运及速递中心。

澳门国际机场专营股份有限公司属私营机构，成立于 1989 年 1 月 18 日。它是澳门国际机场的承建商及业权人，由澳门特别行政区政府委任为澳门国际机场的经营者，获授 25 年的专营合约，负责机场的兴建和营运。

三、台湾航空运输地理布局

1. 主要航空港城市

台湾，是中国第一大岛，位于中国大陆东南沿海的大陆架上，是中国与亚太地区各国海上联系的重要交通枢纽及战略要地。北回归线穿过台湾中南部的嘉义、花莲等地，将台湾南北划分为两个气候区，中部及北部属亚热带季风气候，南部属热带季风气候，整体气候夏季长且潮湿，冬季较短且温暖。台湾是中国受台风影响较多的地区之一，6～9月是台风季。

对外贸易是台湾的经济命脉，中国大陆是台湾最大的贸易伙伴，其次为美国和日本。台湾经济以中小型企业为主。台湾的电子信息产业在全球产业链中地位举足轻重，全球大多数计算机电子零组件在台湾生产。高新技术产业已取代劳动密集型产业，农业占生产总值的比重从1952年的35%降至2016年的2%，服务业与高新技术产业合计比例过半。台湾地区的阿里山、日月潭、太鲁阁峡谷、玉山、垦丁、阳明山等都是著名的自然旅游景点。台湾四面环海，海上交通发达，国际贸易依赖海上运输，共有7座国际商港，分别为高雄港、基隆港、台中港、花莲港4座主要港和苏澳港、台北港、安平港3座辅助港。高雄港位于高雄市，是台湾第一大港、世界第十三大港口，港口货物吞吐量约占台湾整体港口货物吞吐量的1/2。

台湾除台湾桃园国际机场和高雄国际机场两个主要的国际机场及台北松山机场、台中清泉岗机场两个次要的国际机场外，多数城市与离岛亦设有机场。各城市间及各离岛之间皆有常态班机往来，形成便利的航空网。台湾地区最主要的航空公司是中华航空和长荣航空。

2. 主要民用机场

台湾现有民用机场17个，包括1个枢纽机场即台湾桃园国际机场，1个大型国际机场即高雄国际机场，15个支线机场。台湾桃园国际机场位于台湾桃园市大园区，是台北市的主机场，承担台湾地区北部主要的货运及旅客出入吞吐，也是台湾地区最大、最繁忙的机场。台湾桃园国际机场与台北市相距约40千米，中间有高速公路相连，需要约40分钟车程即可抵达。台湾桃园国际机场共有2条跑道，北跑道长3 660米、宽60米，南跑道长3 800米、宽60米。台湾桃园国际机场是中华航空和长荣航空的基地机场。

四、主要航空公司

1. 国泰航空有限公司

国泰航空有限公司，简称“国泰航空”，于1946年9月24日成立，是香港第一家提供民航服务的航空公司，为太古集团成员，也是寰宇一家创始成员之一，以香港国际机场作为枢纽。旗下的子公司包括港龙航空及华民航空。截至2014年8月，国泰航空机队平均机龄为8.5年，是全球最年轻的机队之一。提供亚洲地区及全球六大洲的航线网络。国泰航空附属公司港龙航空有限公司航线网络包括亚洲各地，以连接中国内地航线业务为主要市场。国泰航空是香港华民航空有限公司的主要股东，香港华民航空是一家在亚洲地区提供定期货运服务的全货运航空公司。

2. 澳门航空股份有限公司

澳门航空股份有限公司，简称“澳门航空”，是以澳门为基地的地区性国际航空公司，成立于 1994 年 9 月 13 日，1995 年 11 月 9 日投入商务飞行。截至 2017 年 6 月，它的航空航点包括 16 个国内城市，地区、国际航线共 7 个。澳门航空拥有 11 架空客 A321 客机、3 架空客 A320 客机、4 架空客 A319 客机。

3. 中华航空股份有限公司

中华航空股份有限公司，简称“华航”，是台湾地区规模最大的民用航空公司，总部位于台北市。该公司主要的营运中心和转运站是台湾桃园国际机场，客运和货运服务并重，航点遍布亚洲、大洋洲、中东、欧洲和北美洲。其子公司华信航空负责国内和区域性航线。中华航空于 2011 年 9 月 29 日正式成为天合联盟成员。截至 2016 年 9 月 30 日，中华航空飞行至 29 个国家和地区、150 个目的地，机队有波音、空客等各型航机共 86 架，客机 68 架，货机 18 架，平均机龄 8.1 年。

4. 长荣航空股份有限公司

长荣航空股份有限公司，简称“长荣航空”，于 1991 年 7 月 1 日营运至今，飞航航点已遍及亚洲、大洋洲、欧洲、美洲四大洲的 40 余个城市，并与世界各主要航空公司联营合作，形成全球完整的客、货运网络。为了将长荣海运享誉世界的国际海运服务经验延伸至天空，长荣集团总裁张荣发先生于 1989 年 3 月成立了长荣航空，并于同年 10 月 6 日向美国波音公司及麦道道格拉斯签订购买 26 架飞机，合约总金额达 36 亿美元，引起世界航空市场之瞩目。

小　结

本章主要介绍了中国航空运输的分区及各分区的主要航空运输地理布局。我国航空区域划分为东北区、华北区、西北区、中南区、华东区、中南区、西南区、新疆区共七大航空运输区，并依次介绍了各分区的主要航空港城市、主要民用机场和主要航空公司。

思考与练习

一、选择题

1. 我国航空区域分为七大航空运输区，其中北京、天津、河北、山西、内蒙古属于（　　）。

A. 华北区　　B. 东北区

C. 西南区　　D. 中南区

2．萧山国际机场位于（　　）。

A．青岛　　B．厦门

C．杭州　　D．南京

3．（　　）不在西南地区。

A．重庆江北国际机场　　B．成都双流国际机场

C．西藏拉萨机场　　D．武汉天河国际机场

4．不属于中国民营航空公司的是（　　）。

A．春秋航空　　B．吉祥航空

C．奥凯航空　　D．厦门航空

5．高崎国际机场位于（　　）。

A．杭州　　B．厦门

C．青岛　　D．大连

二、读图分析题

根据北京市简图，回答以下问题：

1）北京有两座机场，分别是_________和____________，标出大致位置（用★标注）和三字代码。

2）总部位于北京市的民用航空公司是__________。

3）这两座机场分别承担不同的运输功能，请具体说明其功能。

三、论述题

如果有一个国内自助旅游的机会，请选择你最想旅行的 4 个城市，写出其机场名称、主要旅游景点、最吸引你的城市文化等。

实　训

实训主题：介绍中国主要的航空港城市、机场。

实训目的：掌握中国的主要航空港城市、机场概况和三字代码。

实训形式：小组活动，学生 5～6 人为一组。

实训步骤：学生以小组为单位收集、整理资料，填写表 6-31，分组进行机场介绍。

实训评价：其他小组评价+教师评价。

表 6-31　主要机场三字代码表

城市	机场	三字代码
北京		
上海		
南昌		
合肥		

续表

城市	机场	三字代码
深圳		
三亚		
郑州		
杭州		
南京		
成都		
厦门		
福州		
广州		
武汉		
长沙		
重庆		

第七章 国际航空运输布局

知识目标

1. 了解国际航空运输协会。
2. 掌握世界航空区划的相关知识。

技能目标

1. 掌握分析国际民用航空组织的主要活动的方法。
2. 学会分析国际航空运输的布局。

案例导入

世界地图是指描绘整个地球表面的地图，一般画有地形、经纬线等，并标注有地名等数据，使用者可以利用经纬线在世界地图上找出各个地方的具体位置，从而了解世界的全貌。

思考：查阅世界地图，指出世界的主要大洲、国家、重要城市。国际航空运输协会是怎样对其进行划分的？

第一节 国际航空运输协会

一、国际航空运输协会的性质与发展历程

1. 性质

国际航空运输协会（International Air Transport Association，IATA），简称“国际航协”，是世界航空运输企业自愿联合组织的非政府性的国际组织。其标志如图 7-1 所示。其宗旨是“为了世界人民的利益，促进安全、正常和经济的航空运输，扶植航空交通，并研究与此有关的问题”“对于直接或间接从事国际航空运输工作的各空运企业提供合作的途径”“与国际民航组织及其他国际组织通力合作”。

国际航空运输协会及国际航空区划

图 7-1 国际航空运输协会标志

IATA 从组织形式上是一个航空企业的行业联盟，属非官方性质的组织，但是由于世界上的大多数国家的航空公司是国家所有，即使非国有的航空公司也受到所属国政府的强力参与或控制，因此 IATA 实际上是一个半官方性质的组织。它制定运价的活动，也必须在各国政府授权下进行，它的清算所对全世界联运票价的结算是一项有助于世界空运发展的公益事业，因而 IATA 发挥着通过航空运输企业来协调和沟通政府间政策、解决实际运作困难的重要作用。

2. 发展历程

IATA 的前身是 1919 年在荷兰海牙成立并在第二次世界大战时解体的国际航空业务协会。1944 年 12 月，出席芝加哥国际民航会议的一些政府代表和顾问以及空运企业的代表聚会，商定成立一个委员会为新的组织起草章程。

1945 年 4 月 16 日，在哈瓦那会议上修改并通过了草案章程后，IATA 成立。同年 10 月，新组织正式成立，定名为 IATA，总部设在加拿大的蒙特利尔。第一届年会在加拿大蒙特利尔召开。

IATA 在全世界近 100 个国家设有办事处，280 家会员航空公司遍及全世界 180 多个国家。在中国有 13 家会员航空公司（除香港、澳门和台湾）。凡国际民航组织成员国的任一经营定期航班的空运企业，经其政府许可都可成为该协会的会员。经营国际航班的航空运输企业为正式会员，只经营国内航班的航空运输企业为准会员。

二、国际航空运输协会的组织结构与基本职能

1. 组织结构

（1）全体会议

全体会议是 IATA 的最高权力机构，每年举行一次会议，经执行委员会召集，也可随时召开特别会议。所有正式会员在决议中都拥有平等的一票表决权，如果不能参加，也可授权另一正式会员代表其出席会议并表决。全体会议的决定以多数票通过。在全体会议上，审议的问题只限于涉及 IATA 本身的重大问题，如选举协会的主席和执行委员会委员、成立有关的委员会及审议本组织的财政问题等。

（2）执行委员会

执行委员会（以下简称“执委会”）是全体会议的代表机构，对外全权代表IATA。执委会成员必须是正式会员的代表，任期分别为一年、二年和三年。执委会的职责包括管理协会的财产、设置分支机构、制定协会的政策等。执委会的理事长是IATA的最高行政和执行官员，在执委会的监督和授权下行使职责并对执委会负责。在一般情况下，执委会应在年会（即全体会议）之前召开，其他会议时间由执委会规定。执委会下设秘书长、专门委员会和内部办事机构，维持协会的日常工作。

（3）专门委员会

IATA分为运输、财务、法律和技术委员会。各委员会由专家、区域代表及其他人员组成并报执委会和大会批准。运输委员会有30名成员，财务委员会有25名成员，技术委员会有30名成员，法律委员会有30名成员。

（4）分支机构

IATA总部设在加拿大蒙特利尔，主要机构还设在日内瓦、伦敦和新加坡。国际航空运输协会还在安曼、雅典、曼谷、达卡、中国香港、雅加达、吉达、吉隆坡、迈阿密、内罗毕、纽约、波多黎各、里约热内卢、圣地亚哥、华沙和华盛顿设有地区办事处。

2. 基本职能

IATA的基本职能包括：国际航空运输规则的统一；业务代理；空运企业间的财务结算；技术上合作；参与机场活动；协调国际航空客货运价；航空法律工作；帮助发展中国家的航空公司培训高级和专门人员。

资料链接 7-1

IATA发布了财务数据调查报告，2017年3月，全球航空公司股价环比下跌1.5%，其中北美航空公司股价环比下跌6.3%，亚太航空公司股价环比上涨1.1%，欧洲航空公司股价环比上涨3.1%。尽管北美航空公司股价环比出现下跌，但与2016年同期相比，北美航空公司股价依旧强势增长7.1%，全球航空公司股价同比增长12.8%。

2017年2月，全球航空客运需求（按照收入客公里计算）同比增长4.8%，亚太航空公司国际客运量同比增长5.2%，在过去数月中保持强劲势头。亚洲境内客运量依然强劲，且亚洲至欧洲航线的运营状况因2016年恐怖袭击事件而遭遇下滑后，已呈继续好转之势，运力增加2.9%，载客率增长1.7%，达到79.8%。2月，全球航空货运需求（按照货运吨公里计算）比2016年增长8.4%。亚太航空公司是货运需求同比增幅最大的地区，2月货运量同比增长11.8%（经闰年调整后的增幅超15%）；运力同比增长2.0%。跨亚太和亚太境内主要货运航线的贸易增长也体现出需求增势强劲，在过去6个月内业绩显著，目前货运量已回归至2010年全球金融危机后经济反弹期的水平。

（资料来源：http://news.carnoc.com/list/400/400049.html，节选）

思考：这则新闻主要体现了IATA的哪些职能？你能说出其全部职能吗？

三、国际航空运输协会的主要活动与成员

1. 主要活动

（1）同业活动

同业活动是指代表会员进行会外活动，向具有权威的国际组织和国家当局申述意见，以维护会员利益的活动。

（2）协调活动

协调活动是指监督世界性的销售代表系统，建立经营标准和程序，协调国际航空运价的活动。

（3）行业服务活动

行业服务活动是指承办出版物、财务金融、市场调研、会议、培训等服务项目的活动。

通过上述活动，统一国际航空运输的规则和承运条件，办理业务代理及空运企业间的财务结算，协调运价和班期时刻，促进技术合作，参与机场活动，进行人员培训等。

2. 成员

IATA 的会员分为正式会员和准会员两类。IATA 会籍向获得符合国际民航组织成员国身份的政府所颁发执照的任何提供定期航班的经营性公司开放。国际航空运输协会正式会员向直接从事国际经营的航空公司开放，而国际航空运输协会准会员身份只向国内航空公司开放。国际航空运输协会现有 200 多家会员航空公司。截至 2017 年 3 月，中国共有 27 家航空公司成为 IATA 会员公司，是全世界拥有会员最多的国家。

第二节　国际民用航空组织

一、国际民用航空组织概述

国际民用航空组织（International Civil Aviation Organization，ICAO）是协调世界各国政府在民用航空领域内各种经济和法律事务、制定航空技术国际标准的组织。该组织正式成立于 1947 年 4 月，总部设于加拿大蒙特利尔，其前身为根据 1919 年《巴黎公约》成立的空中航行国际委员会。第二次世界大战以后，航空技术得到巨大发展，世界上形成了一个包括客货运输在内的航线网络，但随之也引起了一系列急需国际社会协商解决的政治上和技术上的问题。因此，1944 年 11 月 1 日～12 月 7 日，52 个国家参加了在芝加哥召开的国际民用航空会议，签订了《国际民用航空公约》（又称《芝加哥公约》），并按照公约规定成立了过渡性临时国际民用航空组织，直至 1947 年 4 月 4 日《芝加哥公约》生效，国际民用航空组织正式成立，同年 5 月 13 日正式成为联合国的一个专门机构。其标志如图 7-2 所示。

图 7-2　国际民用航空组织标志

ICAO 的最主要工作是修订现行国际民航法规条款并制定新的法律文书，制定并刷新关于航行的国际技术标准和建议措施。其宗旨在于确保全世界国际民用航空安全有秩序地发展，鼓励为和平用途的航空器的设计和操作技术，鼓励发展国际民用航空应用的航路、机场和航行设施，以满足世界人民对安全、正常、有效和经济的航空运输的需要，防止因不合理的竞争而造成经济上的浪费，并保证缔约国的权利充分受到尊重，每一个缔约国均有经营国际空运企业的公平机会，避免缔约国之间的差别待遇，促进国际航行的飞行安全和国际民用航空的发展。

二、ICAO 与 IATA 的区别

1. 性质不同

ICAO 是官方组织，成员是各缔约国，属于联合国下属机构，以国际民用航空公约及其 18 个附件为主要规则。

IATA 是半官方性质的组织。从组织形式上看，IATA 是一个航空企业的行业联盟，成员是各航空公司，属非官方组织，但是其大多数成员都是国家航空公司，即使非国有的航空公司也受到所属国家政府的强力参与或控制。

2. 侧重点不同

ICAO 侧重于各成员国之间的标准、条例和政策的协调、监督和管理。例如，制定或修订现行国际民航法规、条款和关于航行的国际技术标准或建议措施，进行安全监察、安全保卫或空防安全活动，实施国际民航组织通信、导航、监视/空中交通管制系统，简化手续、统计、技术合作、培训等。

IATA 侧重于航空运输行业内部和各航空公司及货运代理人之间的组织、协调、管理和服务，如运价协调（TACT 运价）、运输服务（旅客、货运、机场服务）、代理人服务（CASS 货运结算系统）及相关的技术、法律等服务。

3. 所规定的机场代码不同

ICAO 规定的机场代码由 4 个英文字母组成，四字代码一般应用于空中交通管理和飞行策划等领域，机场代码有区域性的结构，不会重复。通常首字母代表所属大洲，第

二个字母代表国家，剩余的两个字母则用于分辨城市。部分幅员广大的国家，则以首字母代表国家，其余 3 个字母用于分辨城市。例如，北京首都国际机场的 ICAO 四字代码为 ZBAA，其中 Z 代表中国，B 代表华北地区，AA 代表排在华北地区第一的机场——北京首都国际机场。

IATA 规定的机场代码由 3 个英文字母组成，机场三字代码在航空货物运输中普遍使用，一般公众及航空运输代理人所使用的是 IATA 机场代码。例如，北京首都国际机场的 IATA 三字代码为 PEK、纽约肯尼迪国际机场的 IATA 三字代码为 JFK 等。

4. 所规定的航空公司代码不同

ICAO 规定的航空公司代码通常为 3 个字母，如 CCA（中国国际航空）、SIA（新加坡航空）、CQH（春秋航空）、CEB（菲律宾宿务太平洋航空）。

IATA 规定的航空公司代码通常为两个字母，也有数字和字母结合的，如 CA（中国国际航空）、SQ（新加坡航空）、9C（春秋航空）、5J（菲律宾宿务太平洋航空）。

资料链接 7-2

2017 年 4 月 19 日，ICAO 亚太区 A-CDM 工作小组会暨技术研讨会在云南昆明举行。来自亚太地区 30 多个国家的 120 余名嘉宾参加了本次会议，共商 A-CDM 下一阶段在亚太区各机场的推进与落实。

民航局运行监控中心主任李宗冀强调，未来机场协同决策将着重推进几个工作：一是要建立统一的技术标准、数据标准和数据共享的规则；二是要在更加广泛的范围，实现机场协同决策数据共享，最大限度发挥数据的效能；三是要拓展数据采集手段，使数据收集得更加客观、准确、及时；四是提升各种手持和车载等设备的适用性，为不同保障节点的人员，开发适合他们工作场景的设备；五是在数据应用方面下工夫，从数据的沙漠中发现更多的“金子”；六是系统建设与工作流程再造相结合。

ICAO 亚太办事处区域经理 Shane Summer 认为，相比于扩建机场，提升现有机场的运行效率，才是改善容量、扩大容量的重要方式。无论是空中交通管理，还是机场协作，都要求我们建立 A-CDM 系统。

IATA 空中交通协调及全球政策主任 Joel Morin 强调，A-CDM 的落实必须要因地制宜，没有所谓一刀切的概念。欧洲的 A-CDM 虽然起步非常早，但只是适应了欧洲相关的实际，不能盲目地照搬他们的做法。ICAO A-CDM 全系统信息管理在时间上应该得到统一，同时这个时刻也应该得到共享。需要让航空公司有机会加入 A-CDM 整个系统中。

……

昆明机场刚刚完成 A-CDM 第一阶段，正在努力实现第二阶段。中国千万级以上的机场实现第二阶段后，民航的准点问题、容量问题会得到很大的缓解。

（资料来源：http ://news.carnoc.com/list/400/400123.html，有删减）

思考：为什么要召开研讨会？ICAO 的作用是什么？

第三节 国际航空区域划分

一、国际航空协会业务分区

为了制定国际航空运输中运价的计算规则，国际航空运输协会把世界划分为3个运输会议区域（IATA traffic conference areas）及一些下属次区，这样划分出的区域称为“国际航协运输会议区”。

二、IATA一区概况

IATA一区（TC1）包括南美洲、北美洲大陆及其附属岛屿，格陵兰岛、百慕大、西印度洋群岛、加勒比群岛、夏威夷群岛（含中途岛和巴尔米拉岛）。该区分为4个次区（sub-area）：北美洲次区、中美洲次区、南美洲次区、加勒比海岛屿次区。IATA一区概况如表7-1所示。

表7-1 IATA一区概况

北美洲次区	CA（加拿大）、MX（墨西哥）、US（美国）、PM（法属圣皮埃尔和密克隆岛）
中美洲次区	BZ（伯利兹）、GT（危地马拉）、CR（哥斯达黎加）、HN（洪都拉斯）、SV（萨尔瓦多）、NI（尼加拉瓜）
南美洲次区	AR（阿根廷）、BO（玻利维亚）、BR（巴西）、CL（智利）、CO（哥伦比亚）、EC（厄瓜多尔）、GF（法属圭亚那）、GY（圭亚那）、PA（巴拿马）、PE（秘鲁）、PY（巴拉圭）、SR（苏里南）、UY（乌拉圭）、VE（委内瑞拉）
加勒比海岛屿次区	BS（巴哈马）、GY（圭亚那）、BM（百慕大群岛）、SR（苏里南）、GF（法属圭亚那）、加勒比海群岛
	加勒比海群岛（岛国）： AI（安圭拉）、AG（安提瓜和巴布达）、AW（阿鲁巴岛）、BB（巴巴多斯）、KY（英属开曼群岛）、CU（古巴）、DM（多米尼克）、DO（多米尼加共和国）、GD（格林纳达）、GP（瓜德罗普岛）、HT（海地）、JM（牙买加）、MS（英属蒙特塞拉特岛）、AN（荷属安的列斯群岛）、KN（圣基茨和尼维斯）、LC（圣卢西亚）、VC（英属圣文森特岛）、TT（特立尼达和多巴哥）、TC（英属特克斯和凯科斯群岛）、VG（英属维尔京群岛）

1. 北美洲次区

北美洲位于西半球北部，东面是大西洋，西面是太平洋，北面是北冰洋，南面通过中美地峡与南美洲连接，为世界第二大洲。北美洲次区包括阿拉斯加、加拿大、美国、夏威夷、墨西哥、圣皮埃尔及密克隆。

北美洲是世界上经济较发达的地区之一，美国和加拿大工业基础雄厚、外产能力巨大、科技先进，墨西哥的经济也很发达。与经济发达相对应，北美洲是世界上交通最发达的大陆，北美洲机场的数量、分布密度也居各区之首。

2. 中美洲次区

中美洲地处墨西哥以南、哥伦比亚以北，东邻加勒比海，西濒太平洋。中美洲次区包括危地马拉、伯利兹、萨尔瓦多、洪都拉斯、尼加拉瓜、哥斯达黎加等国家。该地区以农业经济为主，经济基础较弱，航空运输发展水平较低。

3. 南美洲次区

南美洲位于西半球南部，东临大西洋，南隔德雷克海峡与南极洲相望，西濒太平洋，北濒加勒比海。

南美洲次区包括巴西、阿根廷、智利、巴拉圭、乌拉圭等国家。该地区近代历史上经历过多次大规模的独立解放运动，独立后的南美各国经过艰难的发展历程，在第一次世界大战之后经济才得到较快的发展，其中以巴西和阿根廷发展最快，其航空运输业也最为发达。

4. 加勒比海岛屿次区

加勒比海岛屿次区位于中美洲加勒比海附近，包括百慕大群岛、加勒比海群岛、圭亚那、苏里南等国家和地区。该区经济较不发达，航空运输业发展水平较低。

三、IATA 一区部分国家介绍

(一) 加拿大

1. 加拿大概况

加拿大（Canada）位于北美洲北部，东临大西洋，西濒太平洋，西北部邻美国阿拉斯加州，南接美国本土，北靠北冰洋，北极圈穿过北部。海岸线长约 24 万千米，是世界上海岸线最长的国家。加拿大国土面积位居世界第二位，约 998 万平方千米，人口总数截至 2017 年 10 月约为 3 689 万人，是世界上人口密度较低的国家之一。加拿大人口集中在东部和西部沿海及靠近美国的哈得逊河流域和五大湖地区一带，多伦多、蒙特利尔和温哥华这 3 个加拿大最大的城市，居住人口占总人口的 35%。

加拿大旅游业发达，在世界旅游收入最高国家中排名第九位。旅游的最佳季节是 5～10 月，在这段时间可以享受加拿大独特的清凉夏季和层林尽染的秋季。

加拿大是西方七大工业国家之一，制造业和高科技产业较发达。资源工业、初级制造业和农业也是该国国民经济的主要支柱。加拿大以贸易立国，对外资、外贸依赖很大，其最大的对外贸易国是美国，经济受美国影响很深。

加拿大是世界空运大国，其机场集中分布于南部的美加边境一带，加拿大机场约有 1 300 个，仅次于美国，居世界第二位。

2. 加拿大主要航空公司

加拿大航空公司是加拿大的国家航空公司，其前身是环加拿大航空，成立于 1936 年 4 月 11 日，同年 9 月 1 日首次飞行，总部设在魁北克省蒙特利尔。1965 年 1 月 1 日，正式更名为加拿大航空。其标志如图 7-3 所示。20 世纪 70 年代末，加拿大航空成为独立的国营企业。1997 年 5 月，加拿大航空成为星空联盟创会成员。加拿大航空公司是加拿大境内航线、美加越境航线及往返加拿大国际航线最大的承运航空公司。其主要基地在多伦多皮尔逊国际机场、蒙特利尔特鲁多国际机场和温哥华国际机场。

AIR CANADA

图 7-3　加拿大航空标志

3. 加拿大主要城市及机场

（1）多伦多

多伦多（Toronto）是加拿大南部的城市之一，坐落在安大略湖西北岸的南安大略地区，是加拿大安大略省的省会，也是加拿大最大的城市。人口位居北美洲第四，仅次于墨西哥城、纽约、洛杉矶。

多伦多是全球最多元化的都市之一，49%的居民来自全球各国共 100 多个民族的移民，140 多种语言汇集在这个北美大都市，由于这里的犯罪率极低、环境怡人，多伦多被评为全球最宜居的城市之一，连续多年占据全球宜居城市排行前十名，但多伦多也是加拿大消费指数较高的城市。

多伦多是加拿大的经济中心，也是世界上最大的金融中心之一。在经济上的领先地位在于金融、商业服务、电信、宇航、交通运输、媒体、艺术、电影、电视制作、出版、软件、医药研究、教育、旅游、体育等产业。多伦多证券交易所是世界第七大交易所，总部设于市内，有多数加拿大公司在这里上市。

多伦多具备多机场体系，由两个最具活跃的商业机场组成：皮尔逊国际机场和汉密尔顿机场。

皮尔逊国际机场距离市区 27 千米，邻接密西沙加市，隶属于加拿大国家机场系统，是世界较繁忙的机场之一。机场服务整个多伦多地区，是加拿大航空的主要枢纽。

汉密尔顿机场距离市中心约 100 千米，现已逐渐发展成为多伦多地区的货运中心。

（2）蒙特利尔

蒙特利尔（Montreal）地处加拿大魁北克省西南部圣劳伦斯河中的蒙特利尔岛及周边小岛上，曾经是加拿大经济首都，拥有加拿大最多的人口及最发达的经济，但是在 1976 年被安大略省的多伦多超过。作为加拿大最重要的经济中心之一，蒙特利尔的航空工业、金融、设计、电影工业等行业发达，被联合国教科文组织认定为设计之城，也被认为“世界最佳宜居城市”。

蒙特利尔是讲英语和法语的双语城市，法语是城市里常用的语言，使用人口占城市总人口的 60.5%，这使蒙特利尔成为世界上仅次于巴黎的第二大法语城市。众多的移民和旅游者的到来，使蒙特利尔航空运输需求巨大。但该地区天气变化较大、降水丰富，降雪量大，对飞行及机场的正常运行影响较大。

蒙特利尔的多机场体系由两个机场组成：特鲁多机场和米拉贝尔机场。两个国际机场连接着全球超过 115 个目的地。特鲁多机场向所有国际、国内航班开放，为承运人和旅客提供全方位的转机服务。米拉贝尔机场则瞄准货运和旅游包机航班。

特鲁多机场，原称多佛尔国际机场。2004 年 1 月 1 日，为纪念加拿大前总理皮埃尔·特鲁多，改称蒙特利尔皮埃尔·埃利奥特·特鲁多国际机场，简称蒙特利尔特鲁多机场或特鲁多机场。它位于加拿大魁北克省蒙特利尔市以西，多佛尔市境内。特鲁多机场作为一所国际机场服务于蒙特利尔与周边地区，按照旅客流量计算是魁北克省最繁忙的机场，也是加拿大第三繁忙的机场，仅次于多伦多皮尔逊国际机场与温哥华国际机场。该机场是加拿大航空与越洋航空的总部所在地，提供直飞非洲、中美洲、南美洲、加勒比海地区、欧洲、美国、墨西哥和加拿大其他城市的直飞航班，也是加拿大唯一一座拥有直飞非洲航班的机场，同时拥有北美最大的免税商店。

（3）温哥华

温哥华（Vancouver）位于加拿大西南部太平洋沿岸，处于与中国黑龙江省相近的高纬度，但因为太平洋季风和暖流影响，东北部有纵贯北美大陆的落基山脉挡住美洲大陆的寒冷干燥，使温哥华四季宜人，是加拿大冬季最暖的城市，也是著名的旅游胜地。

温哥华冬季不冻，港口条件优越，可供远洋巨轮出入，并有定期航线通往亚洲、大洋洲、欧洲和拉丁美洲各国，是加拿大西部农、林、矿产品的主要集散中心。温哥华陆运发达，有多条铁路和公路通往全国各地并与美国西雅图等城市直接联系。

温哥华国际机场距离市中心西南方约 15 千米，是加拿大第二繁忙的国际机场，每日有不停站直航航班前往美国各城市、亚洲、欧洲、墨西哥及加勒比海等多个目的地。

（二）美国

1. 美国概况

美利坚合众国（The United States of America），简称美国，是由华盛顿哥伦比亚特区、50 个州和关岛等众多海外领土组成的联邦共和立宪制国家，面积约 937 万平方千米，截至 2018 年 3 月，人口约为 3.27 亿人。其位于北美洲中部，北与加拿大接壤，东濒大西洋，西临太平洋，南靠墨西哥湾，西北部的阿拉斯加州与美国大陆相隔、与加拿大相望。夏威夷州则位于太平洋中部，离美国本土 3 200 千米。美国幅员辽阔，有森林、沙漠、山脉、高原和平地多种地理环境。

美国是一个多元文化的移民国家，每年超过 100 万人移民美国，英语是其通用语言。

美国具有高度发达的现代市场经济，是世界第一经济强国。其政治、经济、军事、文化、创新等实力领衔全球。作为世界第一军事大国，其高等教育水平和科研技术水平及民用航天技术方面，也是当之无愧的世界第一，其科研经费投入之大、研究型高校企业之多、科研成果之丰富堪称世界典范。

美国拥有完整而便捷的交通运输网络，运输工具和手段多种多样。为了连接国土，美国设计并建造了高通行量、高速度的高速公路，美国的国家交通系统主要是依赖高速公路网。美国水运发达，拥有许多港口，如洛杉矶港、纽约港。五大湖区每个大湖都与密西西比河的航运网络广泛连接。在空运方面，2004 年美国航空运输总周转量位居世界第一，约为 1 449.59 亿吨公里，德国以 216.8 亿吨公里位居第二，其次是中国、日本和英国，分别为 240.76 亿吨公里、224.3 亿吨公里和 222.6 亿吨公里。航空运输在美国国内交通运输中的比重逐年提高，目前美国国内客货空运约占世界总量的 50%。

2. 美国主要航空公司

（1）美国航空公司

美国航空公司作为寰宇一家的创始成员之一，成立于 1930 年，2015 年 10 月起联合全美航空公司正式运营，成为世界上最大的航空公司。美国航空遍布 260 余个通航城市，包括美国本土 150 个城市及 40 个国家的城市。美国航空的国际航线接近 100 条，包括伦敦、马德里、圣保罗、东京和上海等重要国际大都市。其标志如图 7-4 所示。

图 7-4 美国航空公司标志

美国航空主要运营基地有奥黑尔国际机场、达拉斯—沃思堡国际机场、洛杉矶国际机场、迈阿密国际机场、纽约肯尼迪国际机场等。

资料链接 7-3

从 2015 年 10 月 17 日开始，全美航空公司与美国航空公司联手打造的全球最大的航空公司将正式运营。当天，美国一些国际机场的航站楼也将全美航空公司的名字从列表中删除，取而代之的是美国航空公司。

2013 年 2 月 14 日，美国航空母公司 AMR 公司与全美航空原母公司全美航空集团宣布合并，并获得双方董事局批准，联手组建全球航空业巨无霸。美国航空母公司 AMR 的债权人将会持有新公司 72%的股权，而全美航空的股东将持有其余的 28%股权。

2013 年 11 月 27 日，合并案获得美国司法部批准。

2013 年 12 月 9 日，美国航空母公司 AMR 和全美航空集团正式宣布，两家公司之间的合并交易已经完成，从而创造出全球最大的航空运营商。

为见证 10 月 16 日全美航空公司历史性的最后一次飞行，早在 7 月份，全美航空公司往返于费城—旧金山的空中客车 A321 客机头等舱座位就已被旅客抢购一空。

从 17 日午夜起，全美航空公司的官方网站也将消失，全美航空公司所有航班均以美国航空营运。据称，为了保证两家公司合并的平稳过渡，美国航空公司已经投入了数百万美元增加新的标志、新的雇员等。

未来一段时间，带有全美航空公司标志的飞机还将继续运营。据称，直到 2016 年底，全美航空公司的飞机才能全部“改头换面”，换成美国航空公司的标志。

全美航空公司成立于 1939 年，隶属于全美航空集团，总部位于美国亚利桑那州坦佩。全美航空曾是美国的第五大航空公司，航线包含北美洲、中美洲、加勒比海与欧洲等地区的全球 240 多个目的地。2005 年 5 月，曾宣布以 15 亿美元的代价与美国航空母公司合并。2013 年 2 月，全美航空集团与美国航空原母公司 AMR 公司宣布合并，联手组建全球最大的航空公司。

近年来，由于航空业亏损，为生存发展的需要，美国司法部门批准了几起大航空公司的合并案件。2008 年，达美航空吞并西北航空成为美国第一大航空公司；2010 年，美国联合航空公司与美国大陆航空公司合并。

随着航空业竞争的加剧，业内掀起了合并潮，目前美国民航业主要由达美航空公司、美国航空公司、西南航空公司、美联航空公司四大航空公司主导。数据表示，目前这四大航空公司操控着美国约 87%国内航线市场份额。16 日上午 10:36，全美航空公司 1939 号航班从费城起飞，经停夏洛特市、凤凰城，飞往旧金山，这是有着 76 年历史的全美航空公司运营的最后一架航班。当晚 21:55，该航班将从旧金山起飞并于 17 日晨返回费城，全美航空公司也将随之宣告退出历史舞台。

（资料来源：http://www.chinanews.com/gj/2015/10-17/7574246.shtml，有改动）

思考：航空公司合并后的优势有哪些？

（2）美国联合航空公司

美国联合航空公司成立于 1926 年，当时的身份是作为波音航空运输公司、太平洋航空运输公司、国家航空运输公司和瓦尼航空公司 4 家公司的管理公司，总部位于美国伊利诺伊州芝加哥市郊，其主要枢纽机场为芝加哥奥黑尔国际机场、丹佛国际机场、旧金山国际机场等，是星空联盟的创始成员之一。美国联合航空公司主要经营美国中西部及西岸国内航线网络，跨越大西洋及太平洋等洲际航线，开拓国际航线为联合航空带来更多高消费旅客，避开美国本地市场来自廉价航空公司的竞争。美国联合航空公司标志如图 7-5 所示。

UNITED

图 7-5　美国联合航空公司标志

（3）美国西南航空公司

美国西南航空公司于 1971 年创建，总部设于得克萨斯州达拉斯。在美国国内它的通航城市最多，以“廉价航空”闻名。根据美国民航业 2010 年的统计数据，以载客量计算，美国西南航空公司是美国第二大航空公司。美国西南航空公司主要运营基地有达拉斯—沃斯堡机场、休斯敦霍比机场、纳什维尔国际机场、拉斯维加斯麦卡伦国际机场、芝加哥中途机场等。美国西南航空公司标志如图 7-6 所示。

图 7-6　美国西南航空公司标志

（4）达美航空公司

达美航空公司成立于 1928 年，总部位于美国佐治亚州亚特兰大。2008 年，达美航空与西北航空合并，组建成为达美航空，是美国第三大航空公司。达美航空是天合联盟的创始成员航空公司之一，服务范围覆盖了世界六大洲 64 个国家的 351 个目的地。达美航空主要运营基地有亚特兰大哈兹菲尔德-杰克逊国际机场、底特律都会韦恩县机场、纽约肯尼迪国际机场、明尼阿波利斯-圣保罗国际机场、盐湖城国际机场等。达美航空公司标志如图 7-7 所示。

图 7-7　达美航空公司标志

资料链接 7-4

2017 年，美联航 UA3411 航班因超售暴力驱客事件引发世界各国新闻媒体和社会公众普遍关注。虽然美国当局的调查报告尚未公布，无法对事件的具体细节进行核查，但美联航在处理拒载旅客方面存在问题是不可否认的。超售是民航业的普遍做法，美联航事件的教训值得我国民航主管部门和航空公司认真研究，引以为戒。

超售是指超过航班飞机最大允许座位数的销售行为。航空公司之所以采取这一销售策略，是由航空运输合同的特性决定的。一般情况下，民航客票的有效期为一年。旅客因故未乘机，也可以根据客票使用条件，在支付部分费用或不支付费用的情况下，改期乘机或退票。而对于航空公司而言，旅客未乘机即是座位的虚耗，是经济利益的直接损失。因此，为提高客座率，避免座位虚耗，超售成为世界各航空公司普遍采取的做法。超售可能导致少数旅客“溢出”，航空公司因超售而拒载旅客的行为属于违约，应当承担违约责任。世界各国政府并未禁止航空公司进行超售，而是通过立法予以规范，以保护消费者合法权益。

美国的《Oversales》（14 CFR Part250）对超售进行了详细规定。该规章要求，在航班超售的情形下，每个承运人应当寻找放弃登机的志愿者，并和旅客协商给予一定数额和形式的补偿。每个承运人应当制定优先登机规则及标准，当超售航班无法征集到足够志愿者的情形下，承运人可以根据其优先登机规则，拒绝其他旅客登机。该规则及标准不应使任何特定旅客遭受不公平或不合理的偏见。

该规章对优先登机规则涉及因素予以列举，包括但不限于：①旅客办理乘机手续的时间；②旅客在到达登机口要求承运人指定座位前是否已经有座位分配；③旅客所支付的票价；④旅客的常旅客身份；⑤旅客的残疾或无人陪伴儿童状态。

该规章要求航空公司对非自愿被拒绝登机旅客，应根据后续航班到达情况支付相应的赔偿。在国内运输中：①如果承运人在做出安排时提供了替代运输，在旅客最初航班计划到达时间之后1小时内，计划到达旅客的第一个经停地机场，或者若没有经停地机场则到达旅客的目的地机场，不要求承运人支付任何赔偿；②如果承运人在做出安排时提供了替代运输，在超过旅客最初航班计划到达时间之后1小时且少于2小时，赔偿应当为至旅客目的地或第一个经停地票价的200%，上限为675美元；③如果承运人在做出安排时提供的替代运输，未能在旅客最初航班计划到达时间之后2小时内，赔偿应当为至旅客目的地或第一个经停票价的400%，上限为1 350美元。

在国际运输中，赔偿金额与国内运输一致，但替代运输到达时间略有不同，分别为1小时内、大于1小时少于4小时、超过4小时。

此外，该规章同时要求承运人要公开披露详细的超售及登机程序。例如，每个承运人应当在显著的公共场所持续地展示通知，以便旅行中的公众能够清楚地看到并易于阅读，该通知应当以至少1/4英寸高的黑体字打印。

（资料来源：王旭，2017. 假若美联航事件发生在中国，我们准备好了吗[EB/OL].（2017-04-14）[2017-12-15]. http://news.carnoc.com/list/399/399529.html，节选，有改动）

思考：美联航对于超售处置是否存在问题？我国航空公司对于美联航超售事件有何借鉴意义？

3. 美国主要城市及机场

（1）华盛顿

华盛顿哥伦比亚特区（Washington D.C.），简称华盛顿，1790年作为美国的首都而设立，由美国国会直接管辖的特别行政区划，不属于美国的任何一个州。特区靠近弗吉尼亚州和马里兰州，位于美国的东北部、中大西洋地区。2016年，华盛顿哥伦比亚特区人口为68.1万人，占美国总人口数0.21%。

华盛顿是美国的政治中心，因此经济色彩不浓，是大多数美国联邦政府机关与各国驻美国大使馆的所在地，也是世界银行、国际货币基金组织、美洲国家组织等国际组织总部的所在地，还拥有为数众多的博物馆与文化史迹。

一般所指的华盛顿都会区机场有3个，但均不在华盛顿哥伦比亚特区内。

巴尔的摩-华盛顿国际机场，在马里兰州巴尔的摩以南16千米处，位于华盛顿东北48千米处，是美国西南航空主要营运点之一。目前，主营国内外客货运航线的巴尔的摩-华盛顿国际机场为全球超过30个航空公司提供服务。2010年，在国际机场理事会的世界机场服务质量调查中，该机场被评为“服务质量最佳机场”。

华盛顿里根国家机场，位于弗吉尼亚州阿灵顿，距离特区约11千米。以全美航空和达美航空的接驳班机为主。

华盛顿-杜勒斯国际机场，位于弗吉尼亚州，是联合航空及独立航空的转运中心。

（2）纽约

纽约（New York）位于美国纽约州东南部大西洋沿岸，是美国第一大城市及第一大港。

纽约是一座世界级国际化大都市，也是世界第一大经济中心，其 GDP 于 2013 年超越东京，位居世界第一。截至 2017 年，纽约的地区生产总值为 9 007 亿美元，直接影响着全球的金融、媒体、政治、娱乐及时尚界。

纽约是美国人口最多的城市，也是多族裔聚居的多元化城市，拥有来自 97 个国家和地区的移民，在此使用的语言达到 800 种。截至 2017 年，纽约市大约有 851 万人，居住在 789 平方千米的土地上。而纽约大都市圈则有 2 000 万人左右。纽约市中心曼哈顿的唐人街是西半球最为密集的华人聚居地。

纽约在商业和金融方面也发挥着巨大的影响力。纽约的金融区，以曼哈顿下城及华尔街为龙头，被称为世界的金融中心。世界 500 强企业中，有 56 家企业总部位于纽约。纽约证券交易所是世界第二大证交所，它曾是最大的交易所，全球市值为 15 万亿美元，直到 1996 年它的交易量被纳斯达克超过。纽约都会区主要有三大机场，均由纽约新泽西港务局管理。

纽约约翰·菲茨杰拉德·肯尼迪国际机场，距离曼哈顿约24千米，是纽约市的主要国际机场，是全世界最大的机场之一。该机场是美国最大的国际机场，是美国达美航空公司的中枢之一，飞纽约的国际航班大多降落此地。

纽瓦克机场成立于 1928 年，位于美国新泽西州纽瓦克市与伊丽莎白市境内，距离曼哈顿西南方 26 千米，是纽约大都会区最早的机场。纽瓦克机场是全美第十大繁忙的机场、全美第五大国际直飞机场。

拉瓜迪亚机场在纽约中心区域的东北方向，距离曼哈顿约 15 千米，20 世纪三四十年代投入使用，是纽约都会区的 3 个主要机场中最小的一个。该机场主要以国内航线为主，也通航部分欧洲和美洲的国际航点。

（3）洛杉矶

洛杉矶（Los Angeles）位于美国加利福尼亚州西南部，是美国第二大城市。大量的移民使洛杉矶成为一个多民族、多种文化色彩的国际化城市。

洛杉矶是全世界的工商业、国际贸易、科教、文化、娱乐和体育中心之一。拥有美国西部最大的海港，也是美国石油化工、海洋、航天工业和电子业的最大基地之一。洛杉矶拥有许多世界知名的高等教育机构。在娱乐方面，好莱坞、迪士尼乐园、环球影城等都位于洛杉矶。

洛杉矶国际机场位于大洛杉矶地区的西部，距离市中心约 27 千米，建有 124 条跑道、1 个主体航站楼（分为 8 个候机大厅）。该机场自 1948 年投入商用航班营运以来一直是洛杉矶地区的主要机场，也是美联航空在美西地区的两大枢纽之一。同时，洛杉矶国际机场也是美西地区最大的国际门户，大多数飞洛杉矶的国际航空公司选择了这里。

四、IATA 二区概况

IATA 二区（TC2）包括欧洲、非洲及其附属岛屿，阿森松岛和乌拉尔山以西的亚洲部分（包括伊朗）。IATA 二区分为欧洲次区、非洲次区、中东次区，如表 7-2 所示。

表 7-2　IATA 二区概况

欧洲次区	AL（阿尔巴尼亚）、AD（安道尔）、AM（亚美尼亚）、AT（奥地利）、AZ（阿塞拜疆）、BY（白俄罗斯）、BE（比利时）、BA（波黑）、BG（保加利亚）、CY（塞浦路斯）、CZ（捷克）、DE（德国）、DK（丹麦）、EE（爱沙尼亚）、FI（芬兰）、FR（法国）、GE（格鲁吉亚）、GI（直布罗陀）、GR（希腊）、HU（匈牙利）、HR（克罗地亚）、IS（冰岛）、IE（爱尔兰）、IT（意大利）、LV（拉脱维亚）、LI（列支敦士登）、LT（立陶宛）、LU（卢森堡）、MK（马其顿）、MT（马耳他）、MD（摩尔多瓦）、MC（摩纳哥）、MA（摩洛哥）、NL（荷兰）、NO（挪威）、PL（波兰）、PT（葡萄牙）、RO（罗马尼亚）、RU（俄罗斯）、DZ（阿尔及利亚）、SM（圣马力诺）、SK（斯洛伐克）、SI（斯洛文尼亚）、ES（西班牙）、SE（瑞典）、CH（瑞士）、TN（突尼斯）、TR（土耳其）、UA（乌克兰）、GB（英国）
非洲次区	中非：MW（马拉维）、ZM（赞比亚）、ZW（津巴布韦） 东非：BI（布隆迪）、DJ（吉布提）、ER（厄立特里亚）、ET（埃塞俄比亚）、KE（肯尼亚）、RW（卢旺达）、SO（索马里）、TZ（坦桑尼亚）、UG（乌干达） 南非：BW（博茨瓦纳）、LS（莱索托）、MZ（莫桑比克）、ZA（南非）、NA（纳米比亚）、SZ（斯威士兰）LY（利比亚） 印度洋岛屿：KM（科摩罗）、MG（马达加斯加）、MV（马尔代夫）、XM（马纳特岛）、RE（法属留尼汪岛）、SC（塞舌尔） 西非：AO（安哥拉）、BJ（贝宁）、BF（布基纳法索）、CM（喀麦隆）、CV（佛得角）、CF（中非）、TD（乍得）、CG（刚果）、CI（科特迪瓦）、CD［刚果（金）］、GQ（赤道几内亚）、GA（加蓬）、GM（冈比亚）、GH（加纳）、GN（几内亚）、GW（几内亚比绍）、LR（利比里亚）、ML（马里）、MR（毛里塔尼亚）、NE（尼日尔）、NG（尼日利亚）、ST（圣多美和普林西比）、SN（塞内加尔）、SL（塞拉利昂）、TG（多哥）
中东次区	AE（阿联酋）、BH（巴林）、EG（埃及）、IR（伊朗）、IQ（伊拉克）、IL（以色列）、JO（约旦）、KW（科威特）、LB（黎巴嫩）、OM（阿曼）、QA（卡塔尔）、SA（沙特阿拉伯）、SD（苏丹）、SY（叙利亚）、YE（也门）

1. 欧洲次区

欧洲位于东半球的西北部，东以乌拉尔山脉、乌拉尔河，东南以里海、大高加索山脉和黑海与亚洲分界，南隔地中海与非洲相望，西濒大西洋，北临北冰洋，欧洲面积约 1 016 万平方千米，位居世界第六，人口密度位居世界第三位，仅次于亚洲和非洲。

欧洲人种比较单一，99%以上人口属欧罗巴人种，是人类生活水平较高、环境及人类发展指数较高且适宜居住的大洲之一。

欧洲也是资本主义经济发展最早的一个洲，德国、法国、英国工业发展程度较高，其次是比利时、荷兰和瑞士等。该地区空运行业发达，德国、法国、英国、荷兰等在世界空运领域占有重要地位。

2. 非洲次区

非洲位于东半球的西南部，纵跨赤道南北，东濒印度洋，西临大西洋，北隔地中海和直布罗陀海峡与欧洲相望，东北以狭长的红海与苏伊士运河紧邻亚洲，面积约 3 020

万平方千米（包括附近岛屿），为世界第二大洲，仅次于亚洲。

非洲除南非和少数资源丰富的国家以外，大多数国家经济落后，较低的经济发展水平制约了公共运输的发展，非洲交通运输以公路为主，交通线路从沿海港口向内地延伸，彼此孤立，空运行业发展缓慢。

3. 中东次区

中东指地中海东部与南部区域，从地中海东部到波斯湾的大片地区。中东在地理上也指亚洲西部、非洲东北部和土耳其的欧洲部分地区，包括部分西亚和非洲埃及。中东地处亚、欧、非三大洲交界处，是沟通大西洋和印度洋的枢纽，更与里海、黑海、地中海、红海、阿拉伯海紧密相连。该地区海、陆、空运输业都比较发达，但独特的地理优势、资源优势及多种宗教信仰的冲突也为该地区带来不稳定因素，制约了航空运输业的发展。具体表现为交通地位重要但空运规模小，经济水平高但受政治军事影响明显，空运行业发展波动大。

五、IATA 二区部分国家介绍

(一) 英国

1. 英国概况

大不列颠及北爱尔兰联合王国（The United Kingdom of Great Britain and Northern Ireland），通称英国，又称联合王国（United Kingdom），是由大不列颠岛上英格兰、苏格兰、威尔士及爱尔兰岛东北部的北爱尔兰共同组成的一个君主立宪制岛国。英国被北海、英吉利海峡、凯尔特海、爱尔兰海和大西洋包围。东临北海，面对比利时、荷兰、德国、丹麦和挪威等国；西邻爱尔兰，横隔大西洋与美国、加拿大遥遥相对；北过大西洋可达冰岛；南穿英吉利海峡行 33 千米即为法国。英国国土面积 24.41 万平方千米（包括内陆水域）。其中，英格兰地区 13.04 万平方千米，苏格兰 7.88 万平方千米，威尔士 2.08 万平方千米，北爱尔兰 1.41 万平方千米。

英国现有人口约 6 605 万人（2017 年）。官方语言为英语，威尔士北部还使用威尔士语，苏格兰西北高地及北爱尔兰部分地区仍使用盖尔语。英国作为一个重要的贸易实体、经济强国及金融中心，是全球较富裕、经济较发达和生活水准较高的国家之一。航空、国防是英国工业研发的重点，极具创新力和竞争力。

英国交通基础设施较齐全。陆路、铁路、水路、航空运输均较发达。英国高速公路承担着 19.8%的交通量，A 级公路承担 44.3%的交通量。英国全国铁路和伦敦地铁分别承担了铁路系统运输量的 49%和 44%，其余由轻轨承担。英国海运承担了 95%的对外贸易运输，通过发展航运金融和海事服务，英国保持了全球航运定价中心和管理中心地位，2013 年，英国港口吞吐货物量达 5.03 亿吨。英国目前共有 50 多家航空公司，462 家机场，所有的航空公司和大多数机场为私营企业。英国最大的机场是伦敦希思罗国际机场，也是世界较繁忙的机场之一，客流量 6 590 万人次；伦敦盖特威克机场是英国第二大机场，客流量3 300万人次。

知识拓展

去英国旅游时，有以下几个方面需要注意。

（1）基本交通规则

由于交通环境的不同，英国和中国的交通法规有很大的不同，英国是靠左侧行车的国家之一，与我们靠右侧行驶的规则正好相反。特别是英国的街道上行人和自行车很少，汽车的车速一般比较快。目前，英国承认中国的驾照，中国驾照在国内公证后可以在英国合法使用一年，一年后可以换成英国正式驾照。英国境内有很多未设置红绿灯的“路口”，如斑马线人行通道，遇到这种路口时一定要减速，在确认没有行人过街时再通行，如果有行人在路边准备过街则一定要停车等行人通过后才能够通行。在英国，每个房子都有用数字和字母组成的两组编码，即唯一确定的邮政编码，这样每次只要把目的地的邮政编码输入，GPS就能很准确地进行定位。

（2）切勿插队

英国人习惯于彼此尊重，无论在何种场所都有排队的习惯，除非受空间限制，相互间隔通常都会在半米以上，以避免肢体碰撞。在英国切勿插队，如果不确定对方是否在排队，可以先问一句“Are you in the queue”，再选择排队的位置。

（3）购物不能砍价

无论商场还是市集，在英国购物最忌讳的就是讨价还价。英国人不喜欢讨价还价，他们认为一件商品的价钱合适就会买下，不合适就会走开，而卖家也同样信奉这一点。

（4）上厕所要说得委婉

在餐厅或商场需要上厕所时，尽量不要直截了当地询问别人厕所的方位，英国人更习惯于将厕所称呼为盥洗室（washroom）或者衣帽间（cloakroom）之类的委婉名词，熟人之间则会称之为“loo”。

（5）感谢陌生人

彬彬有礼的英国人出门在外经常会把感谢挂在嘴边，对于陌生人的留门、服务员的找零乃至公交车到站时都会对驾驶员表示感谢。一般来说，小事上的感谢要说“Cheers”，大事上的感谢要说“Thank you”。同样的道理，如果出门在外挡了陌生人的路或者不小心发生了肢体碰撞，也要说一声“Sorry”表示抱歉。

（资料来源：http://you.ctrip.com/summary/unitedkingdom20354/fengsu.html#40208，有改动）

2. 英国主要航空公司

（1）英国航空公司

英国航空公司成立于1924年，总部设于伦敦希思罗国际机场附近，是英国最大的国际航空公司，也是世界上历史悠久的航空公司之一。英航拥有300多架飞机，其航线覆盖90多个国家和地区约220座城市，是寰宇一家创始成员。英航的两个主要枢纽机场是伦敦希思罗国际机场（世界上较大、较繁忙的机场之一）和伦敦盖特威克机场（英国第二大机场）。英国航空公司标志如图 7-8 所示。

图 7-8　英国航空公司标志

（2）维珍大西洋航空公司

维珍大西洋航空公司，简称“维珍航空”，于 1984 年成立，主要提供来往英国的洲际长途航空服务，现已发展成为英国第二大国际航空公司，其主要基地是伦敦希思罗国际机场和伦敦盖特维克机场。维珍大西洋航空公司标志如图 7-9 所示。

图 7-9　维珍大西洋航空公司标志

3. 英国主要城市及机场

伦敦（London）位于英格兰东南部的平原，跨泰晤士河，是英国的首都，也是欧洲最大的城市，与美国纽约并列为世界上最大的金融中心之一。

伦敦是英国的政治、经济、文化、金融中心和世界著名的旅游胜地，有数量众多的名胜景点与博物馆，也是一座融合多个民族、多种文化与宗教的多元化大都市。

伦敦希思罗国际机场位于英国英格兰大伦敦希灵登区，距离伦敦市中心 24 千米，是英国航空和维珍航空的枢纽机场及英伦航空的主要机场，也是全英国乃至全世界较繁忙的机场之一，全球排行第三，仅次于亚特兰大哈兹菲尔德-杰克逊国际机场和北京首都国际机场。由于机场有众多的跨境航班，因此以跨境的客流量计算，伦敦希思罗国际机场的客流量是最高的，是全欧洲最繁忙的机场，比巴黎夏尔·戴高乐国际机场及法兰克福国际机场的客流量还高，但航班数目则比该两个机场的总和少 1/3。目前，该机场拥有 5 个候机大厅，两条跑道，在 2020 年将建成第三条跑道。

伦敦盖特威克机场是英国第二大机场，是全球较繁忙的单跑道机场，是英航及维珍航空的第二航运中心。因伦敦希斯罗国际机场一般情况下不准许航空公司经营包机服务，不少提供包机服务的航空公司都因此改为使用伦敦盖特威克机场作为基地。伦敦希斯罗国际机场对跨大西洋航线的限制亦令伦敦盖特威克机场拥有不少来往美国的航班。

（二）德国

1. 德国概况

德国，全称为德意志联邦共和国（The Federal Republic of Germany，Die Bundesrepublik

Deutschland)，位于欧洲中部，东邻波兰、捷克，南毗奥地利、瑞士，西界荷兰、比利时、卢森堡、法国，北接丹麦。首都为柏林，领土面积 357 376 平方千米，以温带气候为主，人口约 8 257.7 万人（2017 年 3 月），是欧洲联盟中人口最多的国家，以德意志人为主体民族，有少数丹麦人和索布族人。外籍人口约占人口总数的 11%，其中土耳其人最多，通用德语。居民中信奉基督教新教和罗马天主教的各占约 30%。

德国是一个高度发达的工业国，其经济总量位居欧州首位，世界第四位。其社会保障制度完善，国民具有极高的生活水平。德国在基础科学与应用研究方面十分发达，以理学、工程技术而闻名的科研机构和发达的职业教育支撑了德国的科学技术和经济发展。以汽车和精密机床为代表的高端制造业，也是德国的重要象征。

德国交通运输业十分发达，公路、水路和航空运输全面发展。特别是公路密度为世界之冠。2014 年，客运总量约 119.3 亿人次，其中轨道交通 63.6 亿人次，公路 53.8 亿人次，航空 1.87 亿人次。2016 年，德国货运总量 45.35 亿吨，其中公路运输总量 35.61 亿吨，铁路 3.64 亿吨，内河 2.21 亿吨。

2. 德国主要航空公司

（1）德国汉莎航空股份公司

德国汉莎航空股份公司，简称“汉莎航空”，为星空联盟创始成员，是一家居于世界领先地位的航空运输公司。按照载客量和机队规模计算，汉莎航空为欧洲最大的航空公司。按照旅客载运量计算，汉莎航空为世界第四大航空公司。

汉莎航空公司的总部设在科隆，由 400 多家子公司和附属公司组成，其客运和货运服务的经营中心位于法兰克福，德国境内主要枢纽机场有慕尼黑、柏林和汉堡。其业务面极为广泛，包括旅客业务、物流、修理和检修、餐饮、休闲旅行和 IT 服务。汉莎航空公司标志如图 7-10 所示。

Lufthansa

图 7-10 汉莎航空公司标志

（2）柏林航空公司

柏林航空公司的总部设于柏林，是继汉莎航空公司之后的德国第二大航空公司，也是德国乃至欧洲较大的低成本航空公司之一，该公司是寰宇一家的成员。柏林航空公司标志如图 7-11 所示。

图 7-11　柏林航空公司标志

3. 德国主要城市及机场

法兰克福（Frankfurt）是德国第五大城市，德国乃至欧洲重要工商业、金融和交通中心，位于德国西部的黑森州境内，处于莱茵河中部支流美因河的下游。

法兰克福拥有德国最大的航空枢纽、铁路枢纽。法兰克福是德国乃至欧洲重要的工商业、金融服务业和交通中心，全市拥有超过 324 家银行，经营着德国 85%的股票交易、欧洲规模最大的国际性车展。

法兰克福国际机场，位于德国黑森州法兰克福，是德国的国家航空公司——德国汉莎航空公司的一个基地。由于法兰克福的容量有限，汉莎航空公司将业务分别放在法兰克福和慕尼黑的慕尼黑国际机场，虽然客运量不及夏尔·戴高乐国际机场和伦敦希思罗国际机场，但还是欧洲第三大机场。

法兰克福国际机场比伦敦希斯罗国际机场提供更多的飞行目的地，但按旅客流量来算，法兰克福国际机场在欧洲位列第三位，排在伦敦希斯罗国际机场和巴黎夏尔·戴高乐国际机场之后。法兰克福国际机场是世界主要航空港之一，2015 年 1～11 月，该机场进出港旅客和货物吞吐量分别为 5 692 万人次和 194 万吨。

（三）法国

1. 法国概况

法国，全称为法兰西共和国（The French Republic），位于欧洲西部，与比利时、卢森堡、瑞士、德国、意大利、西班牙、安道尔、摩纳哥接壤，西北隔拉芒什海峡与英国相望，濒临北海、英吉利海峡、大西洋和地中海四大海域，地中海上的科西嘉岛是法国最大岛屿。

法国在核电、航空、航天和铁路方面居世界领先地位。核电设备能力、石油和石油加工技术居世界第二位，仅次于美国；航空和宇航工业仅次于美国和俄罗斯，居世界第三位；高速火车技术居世界领先地位。钢铁、汽车、建筑为其工业的三大支柱。

法国建有 494 个机场，其中 153 个为民用，通达 134 个国家和地区的 529 个城市。2015 年航空旅客周转量近 143 亿人次。

知识拓展

法国民俗需要注意以下几个方面。

1）法国的国花是鸢尾花。对于菊花、牡丹、玫瑰、杜鹃、水仙、金盏花和纸花，一般不宜随意送给法国人。

2）法国人大多喜爱蓝色、白色与红色，他们忌讳的颜色主要是黄色与墨绿色。

3）法国人忌讳的数字和日期是“13”与“星期五”。

4）在人际交往中，法国人对礼物十分看重，但又有其特别的讲究。给法国人赠送礼物时，宜选择具有艺术品位和纪念意义的物品，不宜选择刀、剑、剪刀、餐具或是带有明显广告标志的物品。男士向关系一般的女士赠送香水是不合适的。在接受礼品时，若不当着送礼者的面打开其包装，则是一种无礼的表现。

5）法国民众的特点如下。

① 爱好社交，善于交际。对于法国人来说社交是人生的重要内容，没有社交活动的生活是难以想象的。

② 诙谐幽默，天性浪漫。他们在人际交往中大都爽朗热情，高谈阔论，好开玩笑，讨厌不爱讲话的人，对愁眉苦脸者难以接受。受法国传统文化的影响，法国人不仅爱冒险，而且喜欢浪漫的经历。

③ 崇尚自由。法国人崇尚自由，“自由、平等、博爱”不仅被法国宪法定为本国的国家箴言，而且在国徽上明文写出。他们虽然讲究法制，但是不大喜欢集体行动。与法国人打交道，约会必须事先约定，并且应准时赴约，但也要对他们可能的姗姗来迟事先有所准备。

④ 自尊心强，偏爱“国货”。法国的时装、美食和艺术是世人有口皆碑的，在此影响之下，法国人拥有极强的民族自尊心和民族自豪感。与法国人交谈时，若能讲几句法语，则会使对方热情有加。

⑤ 骑士风度，尊重妇女。在人际交往中，法国人所采取的礼节主要有握手礼、拥抱礼和吻面礼。

（资料来源：http://you.ctrip.com/summary/france100024/fengsu.html，有改动）

2. 法国主要航空公司

法国航空公司成立于1933年10月7日，总部位于法国巴黎，是法国国营航空公司。法国航空公司是天合联盟创始成员之一，飞航业务主要围绕两个国际枢纽机场，即巴黎夏尔·戴高乐国际机场和阿姆斯特丹史基浦机场。法国航空公司标志如图7-12所示。

图 7-12 法国航空公司标志

3. 法国主要城市及机场

巴黎（Paris）位于法国北部巴黎盆地的中央，横跨塞纳河两岸，距河口（英吉利海峡）375 千米。巴黎建都距今已 1 400 多年，是法国的经济和金融中心，也是西欧的一个政治、经济和文化中心，是世界上较繁华的都市之一。

巴黎是著名的艺术之都。它是印象派美术的发源地、芭蕾舞的诞生地，还是欧洲启蒙思想运动中心、电影的故乡、现代奥林匹克运动会创始地。巴黎又是文化之都，大量的科学机构、研究院、图书馆、博物馆、电影院、剧院、音乐厅分布于全市的各个角落。

巴黎近郊有两个国际机场：夏尔·戴高乐国际机场和奥利机场。

夏尔·戴高乐国际机场位于法国首都巴黎市东北 25 千米处的一座民用机场，为巴黎大都会区提供航空服务，是法国最大最主要的国际机场，也是欧洲主要的航空中心。它是法国航空的枢纽机场，是达美航空的欧洲航空枢纽。

奥利机场于 1932 年正式投入使用，在夏尔·戴高乐国际机场建成之前，它曾是巴黎地区的主要机场。奥利机场是法国仅次于夏尔·戴高乐国际机场的第二大机场，是法国国内航线客运量最繁忙的机场，其主营国内、地区和国际定期的客货运输业务，通航至欧洲大陆、中东、非洲、加勒比地区、北美洲和东南亚国家的主要城市。2017 年，该机场年旅客吞吐量达到 3 204 万人次。

（四）南非

1. 南非概况

南非，全称为南非共和国（The Republic of South Africa），位于非洲大陆的最南端，东、南、西三面为大西洋和印度洋所环抱，北邻纳米比亚、博茨瓦纳、津巴布韦、莫桑比克和斯威士兰，另有莱索托为南非领土所包围。南非陆地面积约 121.909 万平方千米，人口约为 5 652 万人（2017 年）。南非有 11 种官方语言，英语和阿非利卡语为通用语言。南非约 80%的人口信仰基督教，其余信仰原始宗教、伊斯兰教、印度教等。

南非的财经、法律、通信、能源、交通业较为发达，拥有完备的硬件基础设施和股票交易市场，黄金、钻石生产量均占世界首位，是非洲最发达、现代化程度最高、基础设施最完善的国家，在许多领域居世界前列。

南非拥有非洲最大的集装箱港口德班和最大的散货港口理查湾，是整个非洲市场的主要货物集散地，约 98%的出口靠海运完成。在陆运方面，以铁路、公路为主，高速公路四通八达，非常便利。空运发展迅速，南非注册飞机总数为 10 189 架，约有 27 个民航机场，其中 11 个是国际机场，平均年客运量达 1 200 万人次，每周有 600 多个国内航班和 70 多个国际航班，与非洲、欧洲、亚洲及中东、南美一些国家直接通航。

2. 南非主要航空公司

南非航空公司成立于 1934 年，是南非最大的国际航空公司，以开普敦和约翰内斯堡的机场为主要基地，穿梭于 26 个国家的 34 个城市，是星空联盟成员，也是世界较早的国有航空公司之一。南非航空公司标志如图 7-13 所示。

图 7-13　南非航空公司标志

3. 主要城市及机场

约翰内斯堡（Johannesburg）位于南非东北部瓦尔河上游高地，地处世界最大金矿区和南非经济中枢区的中心，是南非最大城市和经济中心。

约翰内斯堡国际机场，全称为奥利弗·雷金纳德·坦博国际机场，每年服务约 1 600 万旅客。该机场是南非航空的基地，也是南非以至非洲最繁忙的机场。

(五) 阿联酋

1. 阿联酋概况

阿联酋，全称为阿拉伯联合酋长国（The United Arab Emirates）位于阿拉伯半岛东部，北濒波斯湾，西、南与沙特阿拉伯交界，东和东北与阿曼毗连，西北与卡塔尔为邻，总面积为 83 600 平方千米，是由阿布扎比、迪拜、沙迦、哈伊马角、富查伊拉、乌姆盖万和阿治曼 7 个酋长国组成的联邦国家。

阿联酋以石油生产和石油化工工业为主。政府在发展石化工业的同时，把发展多样化经济、扩大贸易和增加非石油收入在国内生产总值中的比重作为首要任务，努力发展水泥、炼铝、塑料制品、建筑材料、服装、食品加工等工业，重视发展农、牧、渔业；充分利用各种财源，重点发展文教、卫生事业。近年来，大力发展以信息技术为核心的知识经济，同时注重可再生能源研发。

阿联酋公路交通发达，道路质量位居世界前列。港口方面，有 12 个主要海港，迪拜杰拜勒·阿里港是全球最大的人造港和中东地区最大的港口。空运方面，阿联酋境内共有机场 39 个，其中包括阿布扎比、迪拜等 7 个国际机场。在全球航空公司的竞争排名中，阿联酋航空公司居阿拉伯国家首位。阿联酋已同包括中国在内的 155 个国家签订了双边航空协定，世界各国的 109 个航空公司有定期航班飞往阿联酋各机场。

2. 阿联酋主要航空公司

阿联酋航空公司，也称阿拉伯联合酋长国航空公司。该公司成立于 1985 年，总部位于迪拜，以迪拜国际机场为基地。阿联酋航空公司由迪拜酋长国政府拥有，是全球发展较快的航空公司之一，也是目前中东地区最大的航空公司。其航线辐射北美洲、南美洲、欧洲、亚洲、非洲及大洋洲。阿联酋航空公司标志如图 7-14 所示。

图 7-14　阿联酋航空公司标志

3. 阿联酋主要城市及机场

迪拜（Dubai）位于阿拉伯半岛中部、阿拉伯湾南岸，是海湾地区中心。迪拜与南亚次大陆隔海相望，与卡塔尔为邻、与沙特阿拉伯交界、与阿曼毗连。迪拜是阿联酋中人口最多的酋长国，常住人口约 262 万人，本地人口占 20%左右，外籍人士来自全球 200 多个国家和地区。常住迪拜的华人约 20 万人，其他外籍人士来自埃及、黎巴嫩、约旦、伊朗、印度、巴基斯坦、菲律宾等。

迪拜是中东地区的经济和金融中心，阿联酋约 70%的非石油贸易集中在此处，其经济实力位居该地区第一。迪拜也是全球性国际金融中心之一，是重要的物流、贸易、交通运输、旅游和购物中心，拥有世界上第一家七星级酒店、世界最高的摩天大楼、全球最大的购物中心、世界最大的室内滑雪场等。迪拜正以其高速的发展速度让世界惊叹，超前规划、务实奋发成为迪拜缔造发展奇迹的重要因素。

迪拜国际机场建于 1959 年，位于迪拜以东约 4.6 千米处，是中东的重要枢纽机场，也是阿联酋航空公司的枢纽港。该机场主营国内、地区和国际定期的客货运航线，每日近 300 多个迪拜航班飞往世界各地，机场每年可容纳 7 500 万人次的旅客。在国际客运量上，该机场是世界较繁忙的机场之一。2017 年，迪拜国际机场年客运吞吐量为 8 820 万人次。此外，因迪拜国际机场内拥有众多的商店，成了旅客购买阿联酋免税商品的主要场所，其对迪拜的经济发展做出了重要的贡献。

知识拓展

迪拜的风俗与禁忌，简要介绍以下几点。

（1）禁食猪肉和禁止饮酒

阿联酋是信仰伊斯兰教的国家，伊斯兰教信徒禁食猪肉和禁止饮酒，外国人可在指定的宾馆、商店购酒自饮。

（2）避开斋月游玩

对于旅行者来说，如果出行建议避开斋月期间。因为在此期间，很多当地的餐厅、商店可能都不营业。银行和政府部门也会缩短营业时间。

（3）严守自驾规则

阿联酋交通多以私家车为主，路面宽，车速快，交通法规全面、处罚严格。开车外出时，车内不要携带含酒精的饮料。严禁酒后驾车。

（4）避免暴露着装

虽然迪拜是一个文化包容度相当高的城市，但对于外国游客来说（特别是女性），在迪拜游玩时穿着尽量不要过分暴露，上衣要有袖子，短裤或裙子最好长过膝盖。

（5）男女禁忌

男女朋友甚至夫妻走在街上不能有牵手、亲吻等亲密行为；公交地铁或排队区（如机场、银行等）有女性专用席，男性不得越界。男性不要和穿有阿拉伯女性传统黑袍服饰的阿拉伯女性交谈和拍照；另外，未经允许不要将镜头伸向穿有传统服饰的阿拉伯人。

（资料来源：http://you.ctrip.com/summary/dubai1062/fengsu.html#40208，有改动）

（六）沙特阿拉伯

沙特阿拉伯，全称为沙特阿拉伯王国（Kingdom of Saudi Arabia），位于阿拉伯半岛，东濒波斯湾，西临红海，同约旦、伊拉克、科威特、阿联酋、阿曼、也门等国接壤。

石油和石化工业是沙特阿拉伯经济的主要支柱。近年来，沙特阿拉伯受益于国际油价攀升，石油出口收入丰厚，经济保持较快增长。为减少国家经济对石油出口的依赖，同时为快速增长的人口提供更多的就业机会，沙特阿拉伯政府鼓励私有经济的发展，推进多元化发展战略，于 2016 年提出“2030 愿景”和“2020 国家转型规划”。

沙特阿拉伯航空，简称“沙航”，该公司成立于 1945 年，总部位于吉达，是中东地区规模较大的航空公司之一，也是天合联盟成员。沙特阿拉伯航空公司标志如图 7-15 所示。

图 7-15　沙特阿拉伯航空公司标志

吉达阿卜杜勒-阿齐兹国王国际机场是沙特阿拉伯航空的主要枢纽。该机场于 1981 年投入使用，是位于沙特阿拉伯王国第二大城市吉达市以北 19 千米处的一座军民合用机场，由沙特阿拉伯民航总局运营管理，为吉达市提供航空服务。作为中东地区及世界上较繁忙的机场之一，吉达国际机场主营国内、地区和国际定期的客货运航线，为超过 30 家航空公司提供服务。

六、IATA 三区概况

IATA 三（TC3）指亚洲、大洋洲及其邻近岛屿，包括东印度群岛、澳大利亚、新西兰及太平洋中的岛屿。IATA 三区可以分为 4 个次区：南亚次大陆次区、东南亚次区、西南太平洋次区、日本/韩国东亚次区。IATA 三区概况如表 7-3 所示。

表 7-3　IATA 三区概况

南亚次大陆次区	AF（阿富汗）、BD（孟加拉国）、BT（不丹）、IN（印度）、MV（马尔代夫）、PK（巴基斯坦）、NP（尼泊尔）、SL（斯里兰卡）
东南亚次区	BN（文莱）、CN（中国）、KH（柬埔寨）、GU（关岛）、HK（中国香港）、ID（印度尼西亚）、KZ（哈萨克斯坦）、KG（吉尔吉斯斯坦）、LA（老挝）、MM（缅甸）、TM（土库曼斯坦）、MO（中国澳门）、MY（马来西亚）、MH（马绍尔群岛）、FM（密克罗尼西亚）、MN（蒙古国）、MM（缅甸）、MP（马里亚纳群岛）、PW（帕劳）、PH（菲律宾）、RU［俄罗斯（乌拉尔山以东）］、SG（新加坡）、TW（中国台湾）、TJ（塔吉克斯坦）、TH（泰国）、UZ（乌兹别克斯坦）、VN（越南）
西南太平洋次区	AS（美属萨摩亚）、AU（澳大利亚）、CK（库克群岛）、FJ（斐济）、PF（法属波利尼西亚）、KI（基里巴斯）、NR（瑙鲁）、NC（新喀里多尼亚）、NZ（新西兰）、NU（纽埃）、PG（巴布亚新几内亚）、WS（萨摩亚独立国）、SB（所罗门群岛）、TO（汤加）、TV（图瓦卢）、VU（瓦努阿图）、WF（瓦利斯群岛和富图纳群岛）
日本/韩国东亚次区	JP（日本）、KR（韩国）、KP（朝鲜）

1. 南亚次大陆次区

南亚次大陆次区，是喜马拉雅山脉以南的南亚大陆国家。南亚次大陆的国家大体位于印度板块，也有一些位于南亚。其中，印度、巴基斯坦、阿富汗、孟加拉国、尼泊尔和不丹位于大陆地壳上；岛国斯里兰卡位于大陆架；岛国马尔代夫位于海洋地壳。南亚次大陆北边受喜马拉雅山脉阻隔，南面阿拉伯海和孟加拉湾，西有伊朗高原的阻隔，东有印度、孟加拉国、缅甸边境的层叠山障，形成一个相对独立的地理单元，但面积又小于通常意义上的大陆，所以称为“次大陆”。

2. 东南亚次区

东南亚次区包括中亚、东亚（除日本、朝鲜、韩国）和地理上的东南亚各国和地区。中亚包括哈萨克斯坦、乌兹别克斯坦、吉尔吉斯斯坦、塔吉克斯坦和土库曼斯坦。中亚五国都属于发展中国家，空运行业发展水平较低。东南亚国家地理位置优越，是沟通亚洲、非洲、欧洲和大洋洲的必经之路。

3. 西南太平洋次区

西南太平洋次区包括大洋洲各国和地区，主要国家有澳大利亚、新西兰。大洋洲陆地总面积约 897 万平方千米，约占世界陆地面积的 6%，是世界上最小的一个洲。大洋洲地理位置优越，地处亚洲、北美洲、拉丁美洲和南极洲之间，东、西沟通太平洋和印度洋，并联系各大洲的海空航线，在世界交通和战略上都具有很重要的地位。

4. 日本/韩国东亚次区

日本/韩国东亚次区包括日本、韩国和朝鲜 3 个国家。日本和韩国经济发达，航空运输业比较发达；朝鲜属于发展中国家，航空运输业发展水平较低。

七、IATA 三区部分国家介绍

（一）印度

1. 印度概况

印度，全称为印度共和国（The Republic of India），是南亚次大陆最大的国家。其东北部同中国、尼泊尔、不丹接壤，孟加拉国夹在东北部国土之间，东部与缅甸为邻，东南部与斯里兰卡隔海相望，西北部与巴基斯坦交界。印度东临孟加拉湾，西濒阿拉伯海，海岸线长 5 560 千米。

印度经济产业多元化，涵盖农业、手工艺、纺织及服务业。工业包括纺织、化工、食品加工、制药、水泥、钢铁、石油、采矿和机械等。电子产品制造、汽车、航空和空间等新兴工业近年来发展迅速。印度是世界第二大人口大国，2/3 的人口仍然直接或间接依靠农业维生，但近年来服务业增长迅速，已成为全球软件、金融等服务业重要出口国，是世界上发展较快的国家之一。

印度铁路为国营最大部门，拥有世界第四大铁路网。其公路运输发展较快，是世界第二大公路网。海运方面，印度航海能力位居世界前列，拥有主要海港 12 个，孟买为最大港口。航空运输方面，印度经营定期航班的航空公司共 14 家，包括印度国际航空公司、印度航空公司等，有飞机 334 架。专营非定期航班的空运企业 65 家，飞机 201 架。航线通达各大洲主要城市。印度共有机场 345 个，其中，国际机场 5 个，分别位于德里、孟买、加尔各答、金奈和特里凡特琅。

2. 印度主要航空公司

（1）印度国际航空公司

印度国际航空公司总部位于孟买，原名塔塔航空公司，成立于 1932 年，后于 1948 年 3 月 8 日注册，最初的英文名称是 Air India International，以服务国内航线为主。1948 年 6 月 8 日，印度国际航空公司开始从事国际航线业务，开办首条来往孟买至伦敦的国际航线。它是印度的国家航空公司，也是印度规模最大的航空公司，星空联盟成员之一。印度国际航空公司标志如图 7-16 所示。

（2）印度捷特航空公司

印度捷特航空公司于 1993 年创办，总部位于孟买，以新德里国际机场、加尔各答国际机场、班加罗尔国际机场、金奈国际机场、伦敦希斯罗国际机场、布鲁塞尔国际机场及上海浦东国际机场作为主要运作基地。

图 7-16 印度国际航空公司标志

印度捷特航空公司于 2010 年 6 月开通了孟买—上海—旧金山的航线，从而成为印度首家开通孟买经上海直飞美国航线的航空公司。该公司目前每天有500多架次到东亚、东南亚、中东、西欧、美国及印度国内客运和货运航班，联通印度国内的 48 个航点和 16 个国际航点，是印度较好的航空公司之一，也是印度最大的私人航空公司。印度捷特航空公司标志如图 7-17 所示。

图 7-17 印度捷特航空公司标志

3. 印度主要城市及机场

（1）新德里

新德里（New Delhi）为印度首都，位于印度西北部，是印度第二大城市，仅次于孟买。新德里以姆拉斯广场为中心，市中心多宏伟的建筑群，整个城市街道成蛛网式扩散，是一座典型的放射型城市。城市西部的康瑙特市场是新德里最大的商业中心。

新德里是印度政治、经济和文化中心，也是印度北方最大的商业中心，其主要产业为 IT、电信、金融、媒体、餐饮住宿服务和旅游业。新德里还是印度交通枢纽，有多条国家级公路、铁路与该国各地相通，位于市郊的英迪拉·甘地国际机场已成为南亚最重要的国际机场之一。

英迪拉·甘地国际机场建于第二次世界大战时期，位于印度新德里以南约 23 千米处，为新德里及其周边地区服务。它是印度主要的航空港，主营国内和国际定期的客货运输业务，为机场近 50 家国内外航空公司提供服务，每年可接待旅客 4 000 多万人，是印度国际航空和捷特航空的重要枢纽机场之一。

（2）孟买

孟买（Mumbai）位于西海岸外的撒尔塞特岛，面临阿拉伯海，是印度马哈拉施特拉邦的首府，是印度人口最多的城市，也是印度最大的城市和海港。孟买港是一个天然深水良港，承担印度超过一半的客运量，货物吞吐量相当大。

孟买是印度的商业中心、娱乐业中心，吸引了多家金融机构到此，也是宝莱坞的所在地。由于其广阔的商业机会和相对较高的生活水准，孟买吸引了来自印度各地的移民，使该市成为各种社会群体和文化交融的多元化城市。

孟买贾特拉帕蒂·希瓦吉国际机场，原名萨哈尔国际机场，是孟买主要的国际机场。该机场在货运量上是印度最繁忙的机场，在客运量上仅次于新德里国际机场，是印度第二繁忙的机场。

（二）新加坡

1. 新加坡概况

新加坡，全称为新加坡共和国（Republic of Singapore），又名“狮城”，位于马来半岛南端、马六甲海峡出入口，北隔柔佛海峡与马来西亚相邻，南隔新加坡海峡与印度尼西亚相望。1965 年 8 月，新加坡脱离马来西亚，成立新加坡共和国，同年 10 月加入英联邦。

新加坡是一个多元化移民国家，总人口约 561 万人（2017 年），其中约 75%为华人，其余为马来人、印度人和其他种族。

新加坡地理位置优越，交通发达。国内交通以地铁为主，与轻轨铁路相连。水运方面，新加坡有 200 多条航线连接世界 600 多个港口，是世界上最大的燃油供应港口。航空运输方面，新加坡是世界重要的转口港及联系亚洲、欧洲、非洲、大洋洲的航空中心。

2. 新加坡主要航空公司

新加坡航空公司，简称“新航”，以樟宜国际机场为基地，主要经营国际航线，在东南亚、东亚和南亚拥有强大的航线网络，是一家国家航空公司。新加坡航空公司标志如图 7-18 所示。

图 7-18　新加坡航空公司标志

3. 新加坡主要机场

新加坡樟宜国际机场，是亚洲重要的航空枢纽。作为当今世界第五大繁忙的国际机场，樟宜国际机场飞往约 80 个国家和地区、300 多个城市，为 100 多家国际航空公司提供服务。樟宜国际机场也为新加坡提供了超过 40 000 个就业机会。

樟宜国际机场在 2015～2018 年被 Skytrax 评选为“全球最佳机场”。除此之外，还荣获“最佳休闲设施机场”奖项，并且是第七年在这个奖项类别中夺冠。获奖的休闲设施包括电影院、音乐酒吧、游泳池、午睡休息区及搭客大厦内的过境酒店。

(三) 澳大利亚

1. 澳大利亚概况

澳大利亚联邦（The Commonwealth of Australia）由澳大利亚大陆、塔斯马尼亚岛等岛屿和海外领土组成，面积约为769.2万平方千米，位于南太平洋和印度洋之间，东濒太平洋的珊瑚海和塔斯曼海，西、北、南三面临印度洋及其边缘海，是世界上唯一一个独占一个大陆的国家。

澳大利亚是一个后起的发达资本主义国家，农牧业、采矿业为澳大利亚的传统产业，盛产羊、牛、小麦和蔗糖等农副产品，同时多种矿产出口量位居全球第一。自1970年以来，澳大利亚经济经历了重大结构性调整，旅游业、服务业迅速发展，目前占国内生产总值的比重已达70%左右，高科技产业近几年发展较快，在国际市场上竞争力有所提高。

澳大利亚交通运输发达，悉尼是南太平洋主要交通运输枢纽。澳大利亚公路与铁路交织成网，联通全国各地。水运方面，澳大利亚拥有97个港口，墨尔本为全国第一大港。空运方面，截至2013年6月，注册飞机15 060架，各类机场和跑道约2 000个。2017年，国内航班数68.1万架次，运送国内旅客6 165万人次，运送国际旅客3 866万人。

知识拓展

澳大利亚划分为6个州和两个地区。6个州分别为昆士兰州、新南威尔士州、维多利亚州、南澳大利亚州、西澳大利亚州、塔斯马尼亚州。两个地区分别为北方领土地区和首都特别行政区。

澳大利亚有3个时区：东部各州采用东部标准时间（eastern standard time，EST），北方领土地区和南澳大利亚州采用中部标准时间（central standard time，CST），西澳大利亚洲采用西部标准时间（western standard time，WST）。CST比EST慢半小时，而WST则比EST慢两小时。东部标准时间，比北京时间快2个小时，夏季快3个小时。夏令时从10月的第一个星期日凌晨2:00开始，到次年4月的第一个星期日的凌晨3:00结束。

实行夏令时期间，澳大利亚大多数州将时间往前拨1小时。新南威尔士州、澳大利亚首都特别行政区、维多利亚州和南澳大利亚州从10月底到次年4月初采用夏令时。在塔斯马尼亚州，夏令时从10月初开始，到次年4月初结束。在西澳大利亚州，夏令时从10月底开始持续到次年3月底。北方领土地区和昆士兰州不设夏令时。

澳大利亚使用的是220～240伏特、50赫兹的交流电。当地的三脚插座与其他国家不同，所以最好能自备一个转换器和万能插座。

（资料来源：节选自 http://you.ctrip.com/travels/australia100048/3578100.html，有改动）

2. 澳大利亚主要航空公司

澳洲航空公司成立于 1920 年 11 月，是澳大利亚国家航空公司，也是澳大利亚第一大航空公司，是寰宇一家成员之一。澳洲航空的主要基地在悉尼金斯福德·史密斯国际机场、墨尔本国际机场和布里斯班国际机场，第二枢纽基地在佩斯国际机场、新加坡樟宜国际机场、阿德莱德国际机场和中国香港国际机场。除了经营国内的航线，澳洲航空航线网络覆盖大洋洲，延伸至东南亚、东亚及印度、英国、德国、美国、加拿大、南非等国家和地区。澳洲航空公司标志如图 7-19 所示。

图 7-19　澳洲航空公司标志

3. 澳大利亚主要城市及机场

（1）悉尼

悉尼（Sydney）位于澳大利亚的东南海岸，是新南威尔士州的首府，也是该国第一大城市。悉尼是澳大利亚的经济、金融、旅游和航运中心。世界顶级跨国企业、国内外金融机构的总部均扎根悉尼。同时，悉尼也是澳大利亚证券交易所、澳大利亚储备银行及美国 20th 世纪福克斯电影公司的所在地。

悉尼金斯福德·史密斯国际机场位于悉尼郊区，是澳大利亚的主要枢纽，澳大利亚航空、捷星航空、区域快线的枢纽机场，也是澳大利亚最繁忙的机场。

（2）墨尔本

墨尔本（Melbourne）位于澳大利亚东南部，是维多利亚州的首府、澳大利亚第二大城市，也是澳大利亚的文化和工业中心。墨尔本的音乐，艺术，电视、电影制作，舞蹈服饰等潮流文化均享誉全球。一年一度的澳大利亚网球公开赛、F1 赛车澳大利亚分站、墨尔本杯赛马等国际著名赛事都在墨尔本举行。

墨尔本国际机场，又名为图拉曼里机场，为墨尔本市及其周边地区提供航空服务。它是澳大利亚第二繁忙的机场，也是服务于墨尔本大都会区仅有的一座国际机场。

(四) 日本

1. 日本概况

日本（Japan）位于太平洋西岸，是一个由东北向西南延伸的弧形岛国，西隔东海、黄海、朝鲜海峡、日本海与中国、朝鲜、韩国、俄罗斯相望，包括北海道、本州、四国、九州四大岛及其他 6 800 多个小岛，陆地面积约 37.8 万平方千米。日本地处环太平洋火山地震带，地震、火山活动频繁。

日本是一个高度发达的资本主义国家，目前是仅次于美国、中国的世界第三大经济体，但日本国内自然资源匮乏，原料、燃料和市场严重依赖国外。制造业是日本国民经济的主要支柱。服务业，特别是金融、航运、保险及商业服务发展水平位于世界前列。由于其贸易繁荣、旅游业发达，日本交通运输产业发达，是世界航空运输大国。

2. 日本主要航空公司

（1）日本航空公司

日本航空公司总部位于东京品川区，是寰宇一家成员。该公司成立于1953年10月，最初是一个国有航空公司。1954年，日本航空开办了第一条飞往美国的跨太平洋国际航线。1987年，日本航空全面被私有化。日本航空以成田国际机场（国际线）及羽田国际机场（国内线）为基地，原为日本规模最大的航空公司，在2010年1月申请破产保护后被全日空超越，但仍拥有日本各航空业者中最多的国际线航点。日本航空公司标志如图7-20所示。

图7-20 日本航空公司标志

（2）全日空航空公司

全日空航空公司成立于1952年12月，为星空联盟成员之一，总部位于东京。全日空航空公司航线优势在日本国内及亚洲地区，原本是日本第二大航空公司，仅次于日本航空，但由于日本航空于2010年1月宣布破产，因此自2010年起，全日空航空公司正式取代日本航空成为日本最大及载客量最多的航空公司。全日空航空公司标志如图7-21所示。

图7-21 全日空航空公司标志

3. 日本主要城市及机场

东京（Tokyo）是日本的首都，位于本州岛关东平原南端，位于日本列岛中心，人口约1 351万（2016年），是世界上人口较多的城市之一。

东京是日本政治、经济、文化、交通等众多领域的枢纽中心，也是世界经济发展度与富裕程度较高的都市之一。

东京拥有全球最复杂、最密集且运输流量最高的铁道运输系统和通勤车站群，其中东京地铁系统每日平均客运量达1 080万人次，繁忙程度居全球地铁首位。

东京国际机场，又称为东京羽田国际机场，于1931年8月成立，位于东京南边东京湾岸，最初是一所国营的民航机场。该机场在第二次世界大战后被美军接管，直到1952年重新开放，是东京航空运输的出入门户，主要经营国内和少量国际航空客货运输业务。1978年新东京国际机场（后改名为成田国际机场）建成后，羽田机场成为日本国内航空运输的中心，国际航线仅剩包机业务，是全日本最大规模的机场。每年往来旅客人数约6 600万人，占全国国内航空旅客人数（约9 300万人）的半数以上。

东京成田国际机场于 1978 年建立，位于日本千叶县成田市，是日本最大的国际航空港。成田国际机场年旅客吞吐量居日本第二位，货运吞吐量居日本第一、全球第三。成田国际机场是日本航空、全日空航空、美国联合航空、美国达美航空的亚洲枢纽港。

（五）韩国

1. 韩国概况

韩国，全称为大韩民国（Republic of Korea），位于亚洲大陆东北部朝鲜半岛南部，西、南、东三面环海。总人口数约5 100万人。

韩国拥有完善的市场经济制度，经济发展快速。韩国产业以服务业和制造业为主，尤其是造船、石化、汽车、电子等行业发达，并在世界范围具有较高的市场占有率和影响力。韩国经济发展对国外市场和资源依赖程度高，贸易依存度高达60%以上。韩国大企业集团数量虽少，但在韩国经济中占有十分重要的地位，其创造的价值在国民经济中所占比重超过60%。

韩国陆、海、空交通运输均较发达。全国已建成铁路网和高速公路网。韩国造船业处于世界领先地位，海运发达，主要港口有釜山、浦项、仁川、群山、木浦、济州、丽水等。空运方面，韩国同81个国家签有航空协定，开通国际航线324条，可飞往30多个国家、90多个城市。

2. 韩国主要航空公司

（1）韩国大韩航空公司

韩国大韩航空公司成立于1969年，总部位于首尔，其前身为1946年成立的韩国国家航空。1969年，韩国国家航空被韩进运输集团收购，成为一家私营航空公司。在私有化之前，韩国国家航空是规模较小的地区性航空公司，长期受到财政赤字的困扰，其国际航线主要包括美国西雅图等城市。大韩航空公司现已发展成为韩国最大的航空公司，也是亚洲较大的航空公司之一，是天合联盟的成员。其国际枢纽港为仁川国际机场，国内枢纽港为金浦国际机场。大韩航空公司标志如图7-22所示。

（2）韩亚航空公司

韩亚航空公司成立于 1988 年，是韩国第二大航空公司，属于星空联盟成员。公司总部及国际航线枢纽机场为仁川国际机场，而国内枢纽则是金浦国际机场。韩亚航空是中国—韩国航线网络最密集、年客运量最大的航空公司，在中、韩两国的航空市场上，其市场占有率超过大韩航空。韩亚航空公司标志如图7-23所示。

KOREAN AIR SKYTEAM

图 7-22 大韩航空公司标志

ASIANA AIRLINES

图 7-23 韩亚航空公司标志

3. 韩国主要城市及机场

首尔（Seoul），旧称汉城，位于韩国西北部的汉江流域，朝鲜半岛的中部，距半岛西海岸约 30 千米，距东海岸约 185 千米，北距朝鲜首都平壤约 260 千米。首尔是韩国的首都，也是韩国政治、经济、文化中心。首尔有两个主要机场：仁川国际机场和金浦国际机场。

仁川国际机场于 2001 年投入使用，距离首尔市中心 52 千米，距离仁川海岸 15 千米，是韩国最大的民用机场。它既是韩国国际客运及货运的航空枢纽，也是韩国最大的两家航空公司大韩航空及韩亚航空的主要基地。

金浦国际机场在仁川国际机场建成以前，一直是韩国最大的国际机场，仁川国际机场投入使用后，就停止了国际航线，只运行国内航班。金浦国际机场是韩国国内航线最多的机场，有两个候机厅：一个是国内航线候机厅，另一个是都市机场候机厅。需要到仁川国际机场乘坐国际航班的旅客，可在都市机场候机厅办理登机和出境审查手续后，乘坐前往仁川国际机场的直达汽车。

小 结

本章介绍了 IATA、ICAO 和国际航协运输会议区。IATA 一区（TC1），常称为美洲区，包括南美洲、北美洲大陆及其附属岛屿，格陵兰岛、百慕大、西印度洋群岛、加勒比群岛、夏威夷群岛（含中途岛和巴尔米拉岛）。IATA 二区（TC2）包括欧洲、非洲及其附属岛屿，阿森松岛和乌拉尔山以西的亚洲部分（包括伊朗）。IATA 三区（TC3），又称为亚太区，指亚洲、大洋洲及其邻近岛屿，包括东印度群岛、澳大利亚、新西兰及太平洋中的岛屿。

思考与练习

一、选择题

1. 国际航空运输协会的性质是（　　）。

A．官方组织

B．半官方组织

C．非官方组织

2．关于国际民用航空组织的宗旨，不正确的是（　　）。

A．确保全世界国际民用航空安全有秩序地发展

B．促进国际航行的飞行安全和国际民用航空的发展

C．防止因不合理的竞争而造成经济上的浪费

D．缔约国之间实行差别待遇

3．美洲大陆属于（　　）。

A．IATA 一区　　B．IATA 二区

C．IATA 三区　　D．IATA 四区

4．澳大利亚属于（　　）。

A．欧洲次区　　B．西南太平洋次区

C．南美次区　　D．东南亚次区

5．英国的二字代码是（　　）。

A．EL　　B．CN

C．GB　　D．BE

二、名词解释

1．ICAO。

2．IATA。

3．国际航协运输会议区。

三、简答题

ICAO 与 IATA 的区别有哪些？

实　训

实训主题：介绍国外主要航空公司。

实训目的：掌握主要航空公司概况、识记标志和代码。

实训形式：小组活动，学生 3～5 人为一小组。

实训步骤：学生以小组为单位收集、整理资料，填入表 7-4，分组介绍航空公司。

实训评价：其他小组评价+教师评价。

表 7-4　航空公司介绍

标志	二字代码	航空公司名称
ANA		
QANTAS		
KOREAN AIR		
DELTA		
ASIANA AIRLINES		
UNITED		
JET AIRWAYS		
virgin atlantic		
SAUDI ARABIAN AIRLINES		
AIRFRANCE		
SOUTH AFRICAN AIRWAYS		
Lufthansa		

续表

标志	二字代码	航空公司名称
AIR CANADA		
Emirates		
एअर इंडिया AIR INDIA		
BRITISH AIRWAYS		
JAL		
SOUTHWEST AIRLINES		
SINGAPORE AIRLINES		
AA AmericanAirlines Something special in the air.		
airberlin Genau deine Airline.		

参考文献

陈林，2012．航空运输经济理论与实践[M]．北京：经济科学出版社．

郝勇，2011．民用飞机与航空运输管理概论[M]．北京：国防工业出版社．

宁红，李超，2013．航空运输地理[M]．北京：国防工业出版社．

石丽娜，周慧艳，2012．航空运输地理[M]．北京：国防工业出版社．

唐小卫，李杰，张敏，2015．航空运输地理[M]．北京：科学出版社．

吴薇薇，2014．航空运输经济学[M]．北京：科学出版社．

夏洪山，等，2016．现代航空运输管理[M]．北京：科学出版社．